그러므로
나는
의심한다

세계적인 신경과학자 보 로토의 ____ '다르게 보기'의 과학

그러므로 나는 의심한다

보 로토 지음
이충호 옮김

해나무

차례

유일한 진짜 발견 여행은……

다른 눈을 가지는 것,

다른 이의 눈을 통해 우주를 바라보는 것.

— 마르셀 프루스트Marcel Proust

머리말

부적응자 연구소

눈을 떴을 때, 우리 눈에 보이는 세상의 모습은 실제 모습 그대로일까? 우리는 과연 실재를 볼까?

사람들은 수천 년 동안 이 질문을 스스로에게 던져왔다. 플라톤의 『공화국』에 나오는 동굴 벽에 비친 그림자에서부터 영화 〈매트릭스〉에서 네오에게 빨간 알약이나 파란 알약을 건네는 모피어스에 이르기까지, 우리 눈에 보이는 것이 진짜 실재가 아닐지도 모른다는 개념은 우리를 곤혹스럽게 하고 감질나게 했다. 18세기에 철학자 이마누엘 칸트Immanuel Kant는 우리는 '딩 안 지히Ding an sich', 즉 객관적 실재의 물자체物自體에 결코 접근할 수 없다고 주장했다. 역사를 통해 위대한 사상가들은 이 곤혹스러운 질문을 반복적으로 다루어왔다. 그들은 각자 나름의 이론을 내놓았지만, 이제 신경과학이 그 답을 알려준다.

그 답은 우리가 실재를 보지 못한다는 것이다.

세계는 존재한다. 다만 우리는 그것을 있는 그대로의 모습으로 보지 못한다. 우리는 세계를 있는 그대로 경험하지 못하는데, *우리 뇌가 그렇게 진화하지 않았기 때문이다*. 이것은 일종의 역설이다. 뇌는 우리가 지각하는 것이 객관적 실재라는 인상을 주지만, 지각을 가능케 하는 감각 과정은 실제로는 우리를 실재에 직접 접근하지 못하게 막는다. 우리의 오감은 컴퓨터의 자판과 같다. 오감은 세계에서 정보가 우리에게 들어오는 수단을 제공하지만, 우리가 지각으로 경험하는 것과는 거의 아무 관계가 없다. 감각은 본질적으로 기계적 매체에 지나지 않으며, 그래서 우리가 지각하는 것에 제한적인 역할만 담당할 뿐이다. 사실, 신경 연결의 수라는 측면에서 보면, 우리 뇌가 사용하는 정보 중 눈에서 오는 것은 10%에 불과하다. 나머지는 뇌의 다른 부분들에서 오는데, 이 나머지 90%가 바로 이 책에서 주로 살펴보려고 하는 부분이다. 지각은 우리의 오감에서만 생겨나는 게 아니라, 모든 입력 정보를 이해하는 무한히 복잡한 뇌의 네트워크에서도 생겨난다. 우리는 지각신경과학perceptual neuroscience을 사용해 우리가 왜 실재를 제대로 지각하지 못하는지 살펴볼 것이다. 그러고 나서 우리의 이러한 맹점이 어떻게 일이나 사랑, 가정, 놀이에서 창조성과 혁신을 낳는지 탐구할 것이다. 나는 이 책을 이 책이 기술하는 것 그 자체가 **되게 만들려고** 애썼는데, 이 책이 기술하려고 하는 것은 바로 다르게 보는 과정을 명시적으로 보여주는 것이다.

하지만 그전에 이런 것이 과연 우리에게 그렇게 중요한 것인지 생각할 필요가 있다. 굳이 현재의 지각 방식에서 일탈할 필요가 있을까? 우리는 실재를 정확하게 본다고 *느낀다* — 적어도 대부분의 시간 동안은. 우리 뇌의 지각 모형은 분명히 우리 종의 생존에 도움이 되었고, 사바나에서 수렵 채집인으로 살아가는 삶에서부터 스마트폰으로 요금을 결제하는 현재의 삶에 이르기까지 우리가 세계에서 성공적으로 돌아다니게 해주었다. 우리는 식량과 주거지를 찾고, 직장 생활을 유지하고, 의미 있는 관계를 맺을 수 있다. 우리는 도시를 건설했고, 우주 비행사를 우주로 보냈으며, 인터넷을 발명했다. 우리는 잘 살아가고 있는 게 분명하다. 그렇다면 우리가 실재를 제대로 보지 못한다고 해서 무슨 상관이 있단 말인가?

우리가 실재를 제대로 보지 못한다고 해서 무슨 상관이 있단 말인가?

지각이 중요한 이유는 우리의 희망과 꿈, 우리가 입는 옷, 우리가 선택하는 직업, 우리가 가진 생각, 우리가 신뢰하는 사람들, 그리고 신뢰하지 않는 사람들에 이르기까지 우리가 생각하고 알고 믿는 모든 것의 기반을 이루기 때문이다. 사과 맛이나 바다 냄새에서부터 봄의 매력, 도시의 화려한 소음, 사랑의 감정, 심지어 사랑의 불가능성에 대한 대화에 이르기까지 모든 것에 지각이 관여한다. 존재를 이해하는 가장 본질적인 방법인 자아 감각은 지각과 함께 시작되어 지각과 함께 끝난다. 모든 사람은 신체의 죽음보다는 지각의 죽음을 더 두려워한다. 그래서 많은 사람들은 '신체적 죽음' 뒤에도 주변 세계를 지각하는 능력이 계속 살아남는다고 하면 매우 기뻐한다. 우리에게 삶 자체를 경험하게 해주는 것, 즉 살아 있는 삶의 모습을 실제로 보게 해주는 것이 바로 지각이기 때문이다. 하지만 대부분의 사람들은 지각이 어떻게 작용하고 왜 작용하는지, 혹은 우리 뇌가 어떻게 혹은 왜 그런 식으로 지각하도록 진화했는지 알지 못한다. 그래서 우리 뇌가 이런 식으로 지각을 하도록 진화한 방식에 심오한 *동시에* 매우 개인적인 의미가 담겨 있다.

우리 뇌는 *자연 선택* 과정을 통해 형성된 우리 조상의 지각 반사가 우리 자신의 반사뿐만 아니라 우리가 속한 문화의 반사와 결합해 신체적으로 구현된 결과물이다. 이것들은 다시 발달과 학습 메커니즘에 영향을 받았는데, 그 결과로 우리는 과거에 살아남는 데 도움을 준 것만 보게(그리고 그 나머지는 전혀 보지 않게) 되었다. 우리는 이 모든 *경험적* 역사를 갖고 있으며, 이것을 주변 세상에 투사한다. 우리 조상들이 내린 훌륭한 생존 선택들은 모두 우리 안에 존재하며, 우리 자신의 훌륭한 생존 선택도 마찬가지다(나쁜 지각을 낳을 수 있는 메커니즘과 전략은 선택을 통해 도태되는데, 이것은 오늘날까지 매일 계속돼온 과정이다).

하지만 만약 뇌가 우리가 살아온 역사가 발현된 결과물이라면, 미래에 다르게 살고 창조하기 위해 과거에서 벗어나는 것이 과연 가능

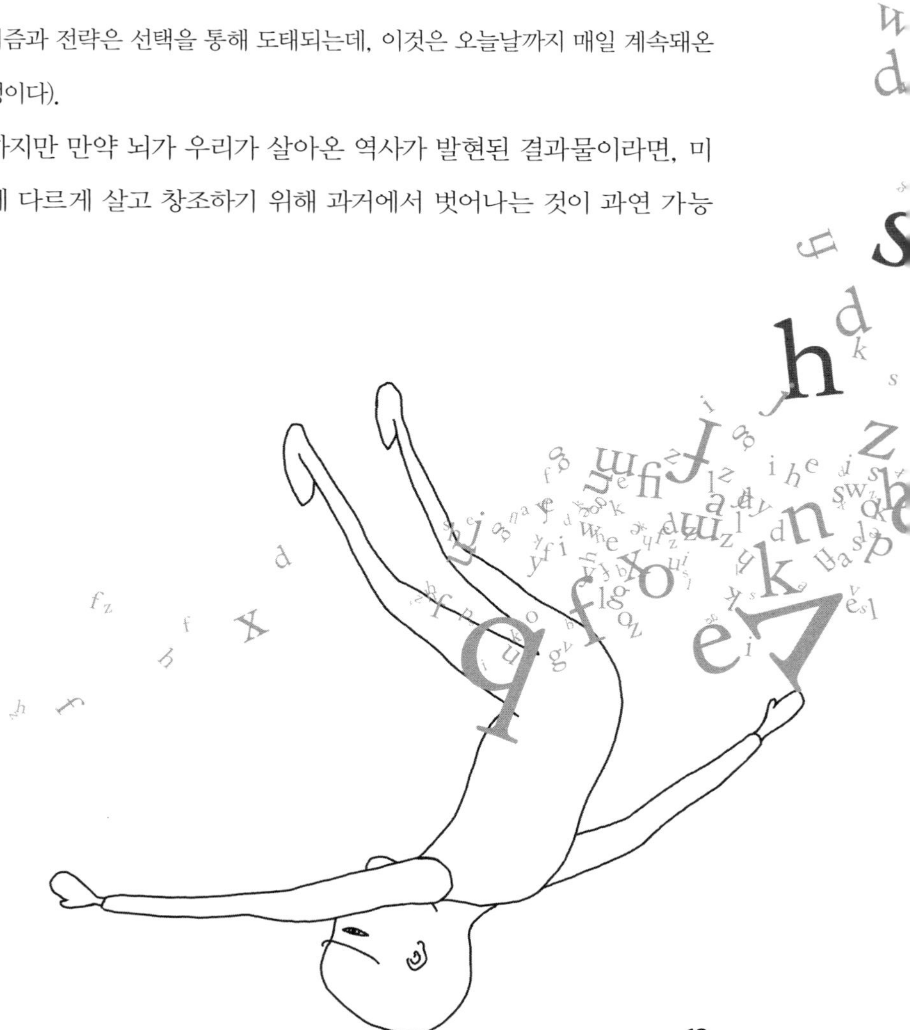

할까? 다행히도 지각(그리고 진화 자체도)을 다루는 신경과학이 그 해결책을 제시한다. 그 답은 본질적으로 매우 중요하다. 그것은 사랑에서부터 학습에 이르기까지 우리 삶의 모든 측면에서 생각과 행동에 미래의 혁신을 낳을 것이기 때문이다. 다음번의 가장 큰 혁신은 무엇일까?

그것은 기술이 아니다.

그것은 바로 세계를 보는 방법이다.

사람은 자신의 삶을 바라보고 지각 과정 자체를 성찰하는 것만으로 자신의 삶에 영향을 미칠 수 있는, 길들여지지 않은 생산적 능력을 가지고 있다. 우리는 세계를 보는 자신을 볼 수 있다. 이 책을 쓴 기본적인 이유가 바로 여기에 있다. 우리가 보는 것을 보거나, 우리의 지각을 지각하는 것이 바로 그것인데, 이것은 다르게 보는 기술에 꼭 필요하고 가장 중요한 발걸음이다. 자신의 지각적 뇌가 작용하는 원리들을 알면, 자신의 지각 과정에 능동적인 참여자가 될 수 있고, 그럼으로써 미래에 자신의 지각을 변화시킬 수 있다.

토끼굴 속으로 들어가다

앨리스는 흰토끼를 따라 토끼굴 속으로 들어갔다가 환상적인 사건들이 벌어지는 세계에 도착한다. 앨리스는 몸이 엄청나게 커지고, 매드 해터Mad Hatter에게는 시간이 언제나 오후 6시에 멈춰 있고, 몸이 사라진 체셔 고양이의 미소가 공중에 떠 있는 일 등이 일어난다. 앨리스는 이 기묘한 새 환경 속에서 돌아다니는 동시에 자아 감각을 유지해야 하는데, 이것은 어린이는 말할 것도 없고 어느 누구에게도 결코 쉬운 일이 아니다. 『이상한 나라의 앨리스*Alice in the Wonderland*』는 변화하는 환경에 맞닥뜨렸을 때 적응 능력의 장점을 분명히 보여준다. 하지만 신경과학의 관점에서 보면, 이 이야기에는 훨씬 중요한 교훈이 숨어 있다. 우리는 늘 앨리스와 같은 처지에 놓여 있다. 우리 뇌는 매일 예측할 수 없는 일들을 맞닥뜨리면서 입수한 기묘하고 새로운 정보들을 처리해 유용한 반응을 내놓아야 한다—앨리스와 우리의 차이점은 우리는 토끼굴 속으로 들어가지 않아도 된다는 점뿐이다. 우리는 이미 깊은 토끼굴 속에 들어와 있다.

이 책에서 내가 추구하는 목표는 우리 지각에 숨겨져 있는 이상한 나라(25년 이상의 연구를 통해 내가 알게 된 모든 것)를 여러분에게 보여주는 것이다. 과학을 잘 알아야만 이것을 이해할 수 있는 것은 아니다. 나는 신경과학자이지만, 단지 뇌에만 관심이 있는 게 아닌데, 신경과학은 뇌뿐만 아니라 그보다 훨씬 광범위한 것을 다루기 때문이다. 전통적으로 신경과학과 관련이 있다고 간주돼온 분야들(화학, 생리학, 의학 같은) 밖의 영역에 신경과학을 적용할 때, 이 시도가 열어줄 가능성의 범위와 규모는 단지 막대하기만 할 뿐만 아니라 예측하기조차 어렵다. 신경과학은 (더 광범위하게 정의한다면) 앱에서 예술까지, 웹디자인에서 패션 디자인까지, 교육에서 커뮤니케이션까지, 그리고 아마도 가장 근본적으로는 우리 자신의 개인적 삶까지 모든 것에 큰 영향을 미칠 잠재력을 지니고 있다. 나는 자신이 보는 것을 보는 유일한 사람이므로, 지각은 궁극적으로 개인적인 것이다. 뇌(그리고 뇌와 주변 세계의 관계)를 제대로 이해하면, *모든 것*에 영향을 미칠 수 있고, 놀라운 일탈deviation을 경험할 수 있다.

내가 몇 년 전에 그런 것처럼, 지각신경과학을 이런 관점에서 바라보기 시작하면, 연구실…… 적어도 더 전통적이고 고루한 의미의 '연구실' 안에만 머물러 있기가 어렵다. 그래서 10여 년 전에 나는 대중에게 뇌가 변하는 경험을 제공하는 데 노력을 기울이기 시작했다. 어디까지나 과학을 기반으로 한 이 시도는 직접 경험하는 실험, 심지어 연극이라고 부를 만한 것이었다. 내가 유명한 과학박물관에 최초로 설치한 한 전시물의 테마는 '이상한 나라의 앨리스'였다. 이 전시물은 루이스 캐럴Lewis Carroll의 기묘하고 혼란스러운 소설처럼 방문자들을 데리고 다니면서 착시를 경험하게 한다. 착시 현상은 지각에 대한 그들의 생각을 의심하게 하는 동시에 풍부하게 하려는 의도로 설계되었다. 이 첫 번째 전시회—지각 연구의 대가이자 뇌에 대한 나(그리고 우리)의 생각 중 많은 것에 영향을 미친 리처드 그레고리Richard Gregory와 함께 만든—는 그 후에 다양한 무대로 확장되었는데, 이것들은 모두 이해를 위한 공간을 만들려면, 우리가 어떻게 보느냐뿐만 아니라, *왜* 우리는 그렇게 보느냐 하는 것까지 고려할 필요가 있다는 믿음에 기초한 것이었다. 이 목표를 위해 나는 부적응자 연구소Lab of Misfits를 만들었는데, 누구에게나 개방된 공공장소인 이곳의 '그 자연 서식지',

즉 규칙을 파괴하면서 재미있게 놀 수 있는 창조성의 생태계에서 나는 과학 연구를 할 수 있었다. 이것은 우리가 런던의 과학박물관에서 전시회를 했을 때 가장 극적으로 구현되었다.

부적응자 연구소는 영장류학자, 무용수, 안무가, 음악가, 작곡가, 어린이, 교사, 수학자, 컴퓨터과학자, 투자자, 행동과학자, 그리고 신경과학자를 한 장소에 함께 모을 수 있게 해주었는데, 이곳은 개념들과 원리들이 합쳐지는 장소이자 혁신을 강조하는 장소, 그리고 우리가 관심을 가진 것을 열정적으로 조사할 수 있는 장소였다. 우리 연구소에는 '크레용 관리자Keeper of the Crayons'와 '헤드 플레이어Head Player'라는 공식 직책도 있었다. 우리는 비선형 연산과 춤, 벌의 행동과 건축, 비주얼 뮤직, 식물 발달의 진화에 관한 논문들을 발표했다. 우리는 증강 현실을 사용해 물리적 공간에서 선물을 줄 수 있는 세계 최초의 몰입형 메시징 앱을 만들었는데, 이것은 사람들에게 세계와 새롭게 다시 관여하게 해준다. 우리는 대중과 상호 작용하는 새로운 방법을 도입했는데, 뉴로디자인NeuroDesign이라 부르는 이 방법은 이야기하는 능력이 뛰어난 사람들을 뇌가 원하는 이야기의 성격을 잘 이해하는 사람들과 결합시킨다. 우리는 용기와 동정과 창조성의 촉진을 위해 노력한다는 존재 이유를 내걸고, 어린이에게 과학을 가르치는 대신에 어린이를 과학자로 만드는 교육 프로그램을 만들었는데, 이것은 세상에서 가장 어린 과학자들의 논문 발표(그리고 가장 어린 TED 강연자)를 낳았다. 이 책에서 다루는 개념들 중 많은 것은 이러한 물리적, 개념적 '부적응자 연구소' 공간에서 일어난 경험을 통해 탄생하고 원형이 만들어지고 구현되었다. 이것은 이 책이 이 모든 부적응자들과 그들 사이의 상호 작용, 그리고 더 중요하게는 연구소 밖의 과거와 현대의 부적응자들과 우리 사이에 일어난 상호 작용의 산물이기도 하다는 뜻이다.

이것은 이 책의 한 가지 핵심 주제로 연결된다 : 지각은 우리 뇌에서 고립적으로 일어나는 작용이 아니라, *생태계* 내에서 일어나는 과정의 일부이다. 여기서 내가 말하는 생태계는 사물들과 그 주변 사물들 사이의 관계와 이들이 서로 영향을 주고받는 방식을 뜻한다. 소용돌이를 이해하려면, 물 분자들을 이해하는 것만으로는 부족하다. 대신에 물 분자들 사이의 상호 작용을 이해해야 한다. 사람의 본질을 이해하려면, 우리 뇌와 몸 사이의 상호 작용과 다른 뇌들과 몸들 사이의 상호 작용, 그리고 전체적으로는 세계와의 상호 작용을 이해해야 한다. 따라서 생명은 환경이 아니라, *생태계*이다. 생명—그리고 우리가 지각하는 것—은 내가 '**사이 공간** the space between'이라고 부르는 곳에서 살아간다. 내 연구소와 지각에 관한 나의 모든 연구는 이 내재적인 상호 연결성에 의존하고 있는데, 생명 작용 그리고 생명 자체는 바로 이곳에서 살아간다.

이제 나는 모든 것을 처음부터 다시 시작하면서 내 연구소를 책으로 만들었는데, 온갖 일탈로 가득 찬 이 책이 부적응자의 진면목을 유감없이 보여주길 기대한다. 넘쳐나는 일탈은 나뿐만 아니라 여러분에게도 위험하다는 느낌을 줄 수 있는데, 우리 모두는 자신이 실재를 보느냐 보지 않느냐와 같은 기본 가정들을 의심해야 할 필요가 있기 때문이다. 그러한 불확실성 속으로 발걸음을 내딛는 것은 쉽지도 않고 간단하지도 않다. 오히려 모든 뇌는 불확실성을 몹시 두려워한다. 여기에는 그럴 만한 이유가 있다. 역사를 통해 확립된 반사를 바꾸려는 시도는 알 수 없는 결과를 낳을 수 있다. '알지 못한다는 것'은 진화적으로 나쁜 개념이다. 만약 우리 조상이 눈앞에 나타난 어두운 형체가 그림자인지 포식 동물인지 알지 못해 머뭇거렸다면, 이미 때가 늦어 돌이킬 수 없는 결과를 맞이했을지도 모른다. 우리는 앞일을 예측하도록 진화했다. 왜 공포 영화는 모두 어둠 속에서 찍을까? 익숙한 숲이라도 밤에 지나갈 때에는 낮에 지나갈 때와 달리 으스스한 느낌이 든 경험을 떠올려보라. 밤이 되면 주변 물체들을 제대로 볼 수 없다. 무엇이 있는지 확신할 수 없다. 그것은 살아가면서 우리가 맞닥뜨리는 '최초의 순간'들 — 학교에 가는 첫날, 첫 번째 데이트, 첫 번째 연설 등등 — 과 마찬가지로 두려운 경험이다. 우리는 앞으로 무슨 일이 일어날지 알 수 없으며, 이런 상황은 몸과 마음의 반응을 자극한다.

우리 뇌는 바로 이 불확실성 문제를 해결하도록 진화했다.

우리 뇌는 바로 이 불확실성 문제를 해결하도록 진화했다.

불확실성 문제 해결은 모든 생물에게 적용되는 통합적 원리이며, 따라서 진화와 발달과 학습의 본질적 과제이다. 이것은 아주 좋은 일이다. 여러분도 경험을 통해 알겠지만, 생명은 본질적으로 불확실한데, 세계와 그것을 구성하는 요소들이 늘 변하기 때문이다. 그리고 불확실성 문제는 우리 삶의 모든 부분에서 점점 더 시급한 쟁점이 될 것이다. 우리와 제도의 상호 연결이 더 많이 일어날수록 우리는 더 상호 의존적으로 변하기 때문에 그렇다. 점점 더 많은 사람들이 서로 연결될수록 지구 반대편에서 나비 한 마리가 날개를 퍼덕인 효과를 모든 곳에서 더 빨리 그리고 더 강력하게 느끼게 되어 변화 속도가 더 빨라진다(이 나비 효과는 비선형 복잡계의 핵심 요소이다). 연결이 점점 더 많이 일어나는 세계는 또한 본질적으로 예측하기가 더 어렵다. 이런 상황은 사랑에서부터 지도력에 이르기까지 오늘날 우리가 살아가는 삶에 근본적인 어려움을 제기한다. 소셜 미디어 전문가에서 웹 디자이너까지 오늘날 사람들이 원하는 일자리 중 상당수는 20년 전에는 없던 것들이다. 성공하는 회사, 발전하는 관계, 위험이 없는 환경, 오늘 이런 것들이 존재한다고 해서 내일도 계속 존재한다고 보장할 수 없다. 서로 연결되고 변화가 계속 일어나는 세계에서는 절대로 아무 '영향을 받지 않는' 상태로 남아 있을 수 없다. 예기치 못한 날씨 변화가 토요일 오후 런던에서 연 여러분의 바비큐 파티를 망치는 사례에서부터 런던에서 살던 사람들이 어느 날 갑자기 자신들이 사는 곳이 유럽연합 밖으로 밀려났다는 사실을 알게 되는 사례에 이르기까지 우리의 허를 찌르는 사건들이 매일 매 순간 늘 일어난다. 우리 뇌가 본질적으로 불확실한 것을 받아들여 그것을 확실한 것으로 만들도록 진화한 이유는 이 때문이다. 종교와 정치, 심지어 증오와 인종주의를 포함해 많은 사회적, 문화적 습관과 반사의 생물학적 동기는 규칙의 강요와 엄격한 환경을 통해 불확실성을 줄이려는 데 있다. 혹은 서로 연결돼 있고 계속 움직이기 때문에 살아서 굴러가는 세계와 어떻게든 단절하려는 헛된 시도라고 볼 수 있다. 이 과정에서 우리가 물려받은 반사는 우리가 더 창조적이고 동정적이고 협력적이고 용감한 삶을 살아가지 못하도록 방해한다. 이런 종류의 확실성을 만듦으로써 우리가 잃는 것이 있는데, **자유**가 바로 그것이다.

2014년에 열린 버닝 맨Burning Man에서 나는 결코 잊을 수 없는 경험을 하나 했다. 실제로는 많은 경험을 했지만, 여기서는 이것 하나만 소개하려고 한다. 그것은 일탈이 뇌를 얼마나 극단적으로 변화시킬 수 있는지 보여준 굉장한(그리고 아주 단순한) 사례였다. 아는 사람들도 있겠지만, 버닝 맨은 매년 8월 네바다 사막에서 미술과 음악, 춤, 연극, 건축, 기술, 대화, 그리고 약 7만 명의 사람들이 결합되어 일주일 동안 벌어지는 축제이다. 코스튬을 곳곳에서 볼 수 있었는데, 옷을 하나도 걸치지 않은 사람도 가끔 있었다(대개는 보디 페인팅을 했지만). 창조성이 자유로운 형식으로 펼쳐지는 도시 규모의 서커스(거대한 해적선이 바퀴로 굴러가는 모습을 상상해보라)인 버닝 맨은 사막 바닥에서 폭발했다가 7일 뒤에는 아무 흔적도 없이 사라지는데, 이것은 버닝 맨 에토스의 필수적인 일부이다.

바람이 거세게 불던 주중의 어느 날, 나는 아내 이자벨과 함께 자전거를 타고 그 '도시'를 둘러보았다. 소용돌이치면서 날아온 사막 먼지에 우리와 고글이 미세한 베이지색 먼지 층으로 뒤덮였다. 우리는 중서부 남단 도시에서 온 사람들이 있는 캠프에 도착해 한 남자를 만났다. 이 남자의 이름을 데이브라고 부르기로 하자. 데이브는 버닝 맨에 참석한 것이 이번이 처음인데, 여기서 전환적 변화를 경험했다고 말했다. 이 말을 듣고 처음에 나는 속으로 눈을 굴렸다. 버닝 맨에서 '전환적 변화'를 경험하는 것은 상투적인 표현이 아니라, 스스로에게 부과하는 열망 비슷한 것이 되었다. 이곳에서 *전환적 변화*가 일어나지 않는다면, 그 사람은 실패한 것이다. 그런데 전환적 변화란 도대체 무엇인가? 물론 이것을 정확하게 아는 사람은 아무도 없는데, 전환적 변화는 사람에 따라 제각각 다르게 나타나기 때문이다. 버닝 맨에 참석한 많은 사람들이 일주일 내내 "당신에게 전환적 변화가 일어났나요?"라고 물으면서 굶주린 듯이 그 징후를 찾으며 돌아다니는 것도 이 때문이다.

하지만 우리는 데이브와 대화를 더 많이 나눌수록 그가 정말로 자신과 타인에 대한 지각에 큰 변화를 경험하고 있다는 사실을 분명히 알 수 있었다. 데이브는 근본주의 종교적 가치를 떠받들고 사회적으로 용납되는 행동에 대해 편협한 견해를 가진 지역에서 온 컴퓨터 프로그래머였다. 그가 사는 고장에서는 순응하지 않는 사람은 배척 대상이 되었다. 데이브는 순응하는 법을 배웠다. 그가 버닝 맨에 입고 온 비즈니스 캐주얼 의상이 그것을 말해주었다. 그런 태도는 그의 삶과 호기심과 상상력에서 가능성을 크게 위축시킨 것이 분명했다. 하지만 그는 이곳에, 버닝 맨에 왔다! 중요한 것은 *이곳에 오기로 한* 결정이었다. 오기로 한 것은 그의 **선택**이었고, 그의 **의도를 실행에 옮긴** 결과였다. 그리고 의심하는 태도도 함께 가지고 왔다.

우리가 그의 캠프에 머무는 동안 데이브는 자신의 귀 뒤에 꽂은 작은 초록색 플라스틱 꽃—아마도 버닝 맨의 역사에서 가장 덜 화려한

장식물 —

이 자신의 내면에 엄

청난 투쟁을 야기했다고 말했다.

그날 아침, 그는 텐트에 앉아 그 꽃을 꽂을

지 말지 한참 고민했다고 한다. 마음속에서 온갖 가정

들—자유로운 표현, 남성성, 미학적 아름다움, 사회적 통제 등에 관한—이 들끓었다. 결국 데이브는 플라스틱 꽃을 통해 상징적으로 표출된 이 가정들을 의심해보기로 마음먹고 텐트 밖으로 나섰다. 그는 즐거워 보이는 동시에 불안해 보였는데, 내 눈에는 그날 강렬한 뭔가를 찾아 네바다 사막에 온 대부분의 사람들보다 훨씬 더 용감해 보였다.

신경과학자인 나는 데이브의 뇌가 변했다는 사실을 알았다. 전에는 손에 닿지 않는 곳에 있었던 개념과 행동이 이제 자신의 생각을 의심하려고 하자 손에 닿게 되었고, 그럼으로써 미지의 놀라운 영역을 새로 만들어냈다. 나는 한 개인으로서 감동했다.

*이것*이 바로 전환적 변화가 일어나는 모습이다. 전환적 변화는 자신을 *향해* 나아가는 일탈이다. 이것은 아주 단순하면서 아주 복잡하다.

적극적인 의심 없이는 흥미로운 일은 아무것도 일어나지 않는다. 하지만 의심하는 태도는 우리 문화에서 비난을 받을 때가 많다. 의심하는 태도는 우유부단, 자신감 결여, 따라서 약함으로 간주되기 때문이다. 이 책에서 나는 정반대 주장을 하려고 한다. 많은 상황에서 데이브처럼 '의심하되 겸손하게 의심하는' 것은 우리가 할 수 있는 것 중 가장 강한 행동이다. 용기를 가지고 의심하면, 뇌는 이 과정이 여는 새 지각들을 통해 우리에게 보상을 한다. 자신의 가정, 특히 우리 자신을 정의하는 가정을 의심하려면, 자신이 (자신의 마음이 만들어낸 버전의 실재만 볼 뿐) **진짜** 실재를 보지 못한다는 사실을 깨닫고, 이 사실을 인정할 필요가 있다. 누군가 다른 사람이 나보다 더 잘 알 가능성을 받아들이는 것은 말할 필요도 없다. 페이지들을 기반으로 하여 새로 만든 내 연구소(이 책)에서는 알지 못하는 것을 칭송한다. 이 새 연구소의 이름은 'Deviate'(이 책의 원제)로 정했다. 'deviant(상궤에서 벗어난, 일탈적인)'라는 단어는 온갖 종류의 부정적 함의가 있지만, 이 단어는 기존의 길을 그대로 따르지 않는 것을 뜻하는 동사 'deviate(일탈하다, 벗어나다)'에서 나왔다. 정치인들은 변함없는 노선을 강조하는 반면, 우리 문화는 로자 파크스Rosa Parks와 오스카 와일드

Oscar Wilde에서부터 윌리엄 블레이크William Blake에 이르기까지 상궤에서 벗어난 사람들도 우상화하는데, 그들이 걸어간 미답의 길을 존경하고 그 행동에 고마워하기 때문이다. 하지만 대개는 시간이 한참 지나고 나서 그들의 행적을 다시 평가할 때 그러는 경우가 많고, 그들이 그런 행동을 할 당시에는 그들의 진가를 제대로 인정하는 경우가 드물다(실제로 많은 사람들처럼 블레이크의 작품은 그가 죽고 나서 한참 지난 뒤에야 진가를 인정받았다). 할리우드의 슈퍼히어로 영화는 대부분 일탈에 크게 의존한다. 여러분은 평균적인 영웅을 본 적이 있는가?

강력한 일탈의 가능성을 만들어내는 근원은 의심이다. 우리 뇌는 이 방법을 통해 자신을 구속하는 가정들을 떨쳐낼수 있고, 과거가 우리 뇌에게 보도록 훈련시킨 유용성에서 벗어나 세계를 바라볼 수 있다. 내가 즐겨 하는 말처럼, *정말로 중요한 것은 질문이다.*

망상에 잘 빠지는 뇌

이 책은 여러분을 의심에 기반을 둔 여행으로 안내할 텐데, 이 여행은 *여러분의 뇌를 물리적으로 변화시킬* 것이다. 이것은 허풍이 아니다. 이 책은 생각의 전기적 패턴에서부터 감정의 신경세포에 이르기까지 모든 것을 사실을 바탕으로 이해하기 위한 여행이다. 읽는 것과 같은 단순한 행동만으로도 뇌가 변할 수 있는데, 내가 25년간의 연구를 통해 얻은 의심의 여지가 없는 결론이 이를 뒷받침한다. 그 결론은 사람의 뇌가 아름다운 이유는 *망상에 잘 빠지기* 때문이라는 것이다.

정신 이상을 이야기하는 것이 아니다. 내가 알아낸 것은 가능성을 상상하는 뇌의 능력, 그리고 이 능력과 행동이 풍부하게 상호 작용하는 방식이다. 우리 모두는 마음속에 *상호 배타적인* 실재들을 동시에 담을 수 있고, 상상을 통해 그 실재들을 '현실적인 것으로 만들' 수 있다.

사람의 지각은 아주 많은 층위로 이루어져 있고 아주 복잡하기 때문에, 우리 뇌는 물리적으로나 실질적 의미에서 실재하지 않더라도 그에 못지않게 중요한 자극에 늘 반응한다. 그 자극은 바로 생각이다. 우리가 망상에 잘 빠지는 이유는 *내부의* 맥락도 외부의 맥락만큼 결정적으로 중요하기 때문이다. 이것은 신경 차원에서 입증할 수 있다. fMRI(기능적 자기 공명 영상. 혈류를 통해 뇌의 활동을 추적하는 기술)는 상상의 시나리오도 현실 세계의 동일한 시나리오와 마찬가지로 뇌 지역들을 환하게 만든다는 것을 보여준다. 다시 말해서, 관념과 생각과 개념도 우리 내부에서 각자 나름의 삶을 살아간다. 이것들은 우리의 역사이기도 하며, 현재와 (어쩌면 더 중요하게는) 미래의 행동을 직접 이끈다. 그런 의미에서 지각은 우리가 흔히 인식하거나 인정하려고 하는 것보다 훨씬 유연하며 영향에 휘둘리기 쉽다. 날씨가 좋은 날에는 주식 시장의 주가가 올라가는 경향이 있는 반면, 날씨가 궂은 날에는 내려가는 경향이 있다. 이처럼 겉보기에 합리적으로 보이는 우리의 결정들은 실제로는 우리가 의식하지조차 못하는 '보이지 않는'

지각의 힘들에 휘둘린다.

또 다른 예가 있다. 2014년, 부적응자 연구소는 최초의 파티/연구를 조직했다. 우리가 디 익스페리먼트The Experiment라고 부른 이 계획은 아주 많은 일을 하도록 설계되었다. 그중 하나는 연구를 연구소의 인위적 상황에서 끌어내 실제 인간 활동의 상황으로 가져감으로써 과학 연구의 질을 향상시키는 것이다. 우리가 설계한 상황은 실제 사교 모임이었는데, 오래된 지하실에 사람들을 모아놓고 거대한 연극적 맥락에서 낯선 사람들과 함께 먹고 마시고 대화를 나누게 했다. 이 파티/연구는 의도적으로 참석자들이 그것을 과학 실험인지 나이트클럽인지 인터랙티브 극장인지 카바레인지 분간하기 어렵도록 모호하게 설계되었지만, 직접 몸으로 경험하는 실험의 피험자이기도 한 이들에게는 기억에 강하게 남을 만한 경험이었다. 디 익스페리먼트의 목표는 사람이 무엇인지에 대한 '경험적 구현'을 통해 자각을 발견하고, 자각에 의문을 품고, 자각을 고양하는 것이다. 이 실험에서 우리가 구체적으로 살펴보려고 한 것은 사람들이 자신에게 권력이 있는 것으로 지각하느냐 없는 것으로 지각하느냐에 따라 무리를 짓는 방식에 어떤 차이가 나타나느냐 하는 것이었다.

식사가 끝난 후, 모든 사람들이 배부르고 편안한 상황에서 즐거운 시간을 보내고 있을 때 간단한 글쓰기 과제를 내주었다. 그 과제는 피험자들을 어떤 지각 상태로 점화하기 위한 것이었다. 그들은 자극을 받아 떠올린 기억에 따라 권력이 낮은 상태나 높은 상태로 점화되었다. 즉, 기억에 자극을 받아 무의식적으로 스스로를 통제력이 많거나 적은 사람으로 지각하게 되었다. 그러고 나서 그들을 이스트런던에 있는 빅토리아 시대 감옥의 넓은 지하실 공간으로 데려가 큰 원을 그리며 걷게 했다. 그 다음에는 두 무리로 나눠서 방의 정반대편 끝에 있는 두 불빛 아래로 가서 서라고 했다. 즉, '자신과 비슷한 느낌'이 드는 사람들 옆에 가서 서라고 지시했다. 우리가 한 말은 그게 다였다.

그 후에 일어난 일은 우리 과학자들뿐만 아니라 피험자들에게도 충격적인 것이었다. 누가 어떤 식으로 점화되었는지 모르는 상태에서 *그들은 2/3의 정확도로 자신의 권력 상태에 따라 스스로를 조직했다.* 이것은 각 진영에 있는 사람들 중 절반 이상이 '자신과 비슷한' 사람들과 함께 있었다는 것을 의미한다. 이 결과가 놀라운 것은 두 가지 이유 때문이다. 첫째, 이 실험 결과는 자신에 대한 단순한 생각이 자신의 행동에 얼마나 큰 영향을 미치는지 보여주었다. 즉, 자신의 상상이 스스로의 지각 반응을 변화시킨 것이다. 둘째, 사람들은 상상을 통해 점화된 다른 사람들의 지각을 어떻게든 지각했다. 이것은 망상이 우리의 행동뿐만 아니라 우리와 상호 작용하는 생태계에도 영향을 미친다는 것을 보여주는 아주 좋은 예이다. 이어지는 장들에서 여러분은 뇌가 지닌 망상의 속성을 이용해 지각을 향상시키는 법을 배울 것이다.

나는 여러분의 뇌에 새로운 의미의 층을 만들길 원하는데, 이것은 여러분의 지각(그리고 삶)에 영향을 미친 다른 것들만큼 실재적인 것이 될 것이다. 이 책의 내러티브는 내가 여러분에게 가르치려고 하는 과정을 구현하고 있다. 나는 이 책을 첫 페이지부터 마지막 페이지까지 읽는 행동 자체가 곧 다르게 보기가 되도록 구성했다. 이 책은 내면에서 바라볼 때 창조성이 어떻게 느껴지고 보이는지 경험하게 해줄 것이다. 여러분의 지각을 위한 소프트웨어 솔루션이라고 생각하라. 이 책을 다 읽고 나면, 여러분은 단지 맥락만 바꾸어 소프트웨어를 다시 적용하기만 하면 된다. 이 여행에서 아마도 가장 고무적인 사실은 굳이 새로운 지식 기반을 습득할 필요조차 없다는 점일 것이다.

비행기를 조종하려면 먼저 파일럿이 되는 훈련을 받아야 하는데, 그러려면 엄청나게 많은 전문 지식과 훈련을 습득해야 한다. 하지만 새로운 지각으로 일탈하고자 할 때, 우리는 이미 거기에 필요한 기본을 다 갖추고 있다. 보고 지각하는 법을 새로 배울 필요는 없다. 이것은 우리를 이루는 본질의 전부는 아니다 하더라도 일부이다. 이런 의미에서 여러분은 이미 이 책의 주제에 대한 설명서를 직접 갖고 있다. 게다가 그 지각 과정은 여러분이 지각을 바꾸는 것과 똑같은 과정이다. 이것은 여러분이 자신의 파일럿이라는 뜻이다(여러분의 더 큰 생태계 맥락에서). 내가 할 일은 뇌의 과학을 사용해 여러분에게 비행기를 조종하는 새로운 방법과 이미 보았다고 생각한 것을 새롭게 보는 법을 가르치는 것이다.

이를 위해 내가 사용할 방법 중 하나는 지각에 대한 나의 지식을 *여러분의 읽기 경험*에 적용하는 것이다. 예를 들면, 뇌는 차이와 대비를 바탕으로 잘 작동하는데, 뇌는 지각을 만드는 핵심 단계인 관계를 사물들의 비교를 통해서만 만들 수 있기 때문이다. 이 책에 글자 크기 변화와 알쏭달쏭한 그림 같은 일탈적 디자인 요소가 종종 등장하는 이유는 이 때문이다. 이 책에는 또한 여러분의 참여가 필요한 연습과 테스트, 자기 실험도 등장한다(이것들은 전혀 지루하지 않다. 한 실험에서 나는 여러분을 눈을 뜬 채 잠깐 동안 '눈이 멀게' 만들 것이다). 이 책을 쓰기 시작했을 때, 나는 과학책이 어떤 것이 되어야 하는가에 대한 가정에 도전하려고 했다(이것은 불확실성 속으로 내디딘 나 자신의 발걸음이었다). 뇌를 나의 안내자로 사용해서 하는, 혁신과 뇌에 관한 연구보다 이 도전을 하기에 더 좋은 공간이 어디에 또 있겠는가? 이 책은 그 밖에도 다른 과학책들과 차별화되는 점이 많다.

다른 사람에게 뭔가를 말하는 순간, 여러분은 거기서 더 깊은 의미의 잠재력을 없앴다고 나는 생각한다. 진정한 지식은 정보가 체화된 이해로 변할 때 일어난다. 세계를 이해하려면 세계에서 행동해야 한다. 이 책이 여러분에게 조리법을 가르쳐주지 않는 이유는 이 때문이다. 나는 여러분에게 특정 과제 해결에만 초점을 맞춘 공식을 제공하는 방법 안내서 대신에 특정 맥락을 초월하는 **원리들**을 제공하려고 한다. 한 가지 조리법에 따라 환상적인 음식을 한 가지 만들 수 있다고 해서 훌륭한 요리사가 되는 것은 아니다. 그것은 여러분이 훌륭한 요리사의 지시를 충실히 잘 따른다는 것을 의미할 뿐이다. 그 방법이 한 번은 통할지 몰라도, *여러분 자신의* 환상적인 음식을 만들 지혜를 주지는 않는데, 여러분은 그 조리법이 **왜** 훌륭한지 전혀 모르기 때문이다. 그 조리법이 왜 (그리고 어떻게) 훌륭한지 **이해하는** 것이 훌륭한 요리사가 되는 한 가지 핵심 요소이다.

이 책은 변화할 자유를 만들어내는 새로운 자각을 제공함으로써 여러분의 생각을 혁신시키도록 설계되었다. 전반부는 지각 자체의 역학을 탐구하면서 자신이 보는 '실재'를 다시 생각하게 하고, 자신이 지금 안다고 생각하는 것보다 덜 알도록 도울 것이다. 그렇다, 내 목표는 바로 여러분이 전체적으로 덜 아는 대신에 더 많이 이해하도록 하는 것이다. 이 책의 후반부는 자신의 삶에서 일탈하는 과정과 기술을 제공함으로써 이 이해를 실천하도록 할 것이다.

여러분이 이 책을 다 읽고 났을 때, 내가 정말로 원하는 것은 딱 하나밖에 없다. 그것은 의심이 지각에 미치는 힘을 여러분이 받아들이는 것이다. 이 책은 의심의 용기와 자신의 뇌를 이해할 때 따라오는 겸손을 칭송한다. 이 책은 왜 우리는 세계를 이런 방식으로 보며, 우리가 실재에 접근할 수 없다는 사실을 인식하는 것이 어떻게 더 많은 것을 제대로 할 수 있도록 인도하는지 보여준다. 이 모든 이야기는 내가 이 책을 쓴 목적을 돌려서 설명한 것에 지나지 않는다. 그 목적은 바로 여러분도 부적응자로 만드는 것이다.

1장

색과 착시

오늘 아침 잠에서 깨어나 처음 눈을 떴을 때, 여러분은 세계를 실제로 있는 모습 그대로 정확하게 보았는가? 만약 아니라고 대답한다면, 질문을 조금 바꾸어 다시 물어보겠다. 여러분은 착시를 믿는가? 대부분의 사람들은 믿는다. 만약 그렇다면, 정의상 여러분은 뇌가 세계를 정확하게 보도록(적어도 대부분의 시간은) 진화했다고 믿는 셈인데, *착시*는 실제로 존재하는 것과는 다른 세계의 인상으로 정의되기 때문이다. 그런데 우리는 세계를 있는 그대로 정확하게 보지 않는다. **왜 그럴까?** 우리의 복잡한 뇌 안에서(혹은 더 정확하게는 우리 뇌와 그 세계 사이에 벌어지는 복잡한 상호 작용에) 어떤 일이 일어나길래 이런 현상이 나타날까? 하지만 우리는 먼저 시급한 경험적 질문에 답하면서 사람은 '자기 눈으로 직접 볼' 필요가 있다는 사실을 이해해야 한다. 그 질문은 우리가 실재를 보지 못한다는 증거가 있는가라는 것이다. 우리가 실재를 보지 못한다는 것을 어떻게 *볼* 수 있는가? 이 질문에 대한 답은 지각에 대한 우리의 가정을 무너뜨리는 출발점이 된다.

2014년 2월, 텀블러에 게시된 사진 한 장이 전 세계에 널리 퍼지면서 의도치 않게 지각의 주관성에 관한 이 문제가 크게 부각되었다—그것도 **아주 크게**. 우리가 보는 것에 대해 그 사진이 제기한 질문들은 트위터를 비롯한 소셜 미디어와 TV뿐만 아니라, 겉으로 놀라움을 드러내지 않은 사람들의 마음속에 수천 가지 질문을 더 낳았다. 그 사진을 본 사람도 있고 보지 않은 사람도 있겠지만, 본 사람은 그 현상에 그 사진의 이미지 이름—더 드레스The Dress—이 붙었던 사실을 기억하고 있을 것이다.

이 사건의 발단은 스코틀랜드의 어느 결혼식이었다. 신부 어머니가 자신이 입을 드레스 사진을 딸에게 보냈다. 파란색 천으로 만든 단순한 모양에 세로로 검은색 레이스 줄무늬가 있는 드레스였다. 그런데 이 사진을 지각하는 것은 결코 단순한 문제가 아니었다. 그것이 금색 줄무늬가 있는 흰색 드레스인지 검은색 줄무늬가 있는 파란색 드레스인지를 놓고 신부와 신랑 사이에 의견이 엇갈렸다. 해결책을 찾지 못한 두 사람은 아는 사람들에게 이 사진을 보냈다. 그중에는 두 사람의 친구로, 결혼식에서 연주를 맡은 음악가 케이틀린 맥닐Caitlin McNeill도 있었다. 맥닐은 밴드 동료(두 사람 역시 신랑 신부와 마찬가지로 그 드레스가 똑같은 색으로 보이지 않았다)와 함께 이 이미지를 놓고 논쟁을 벌이다가 하마터면 무대로 다시 나와달라는 요청을 듣지 못하고 그냥 넘어갈 뻔했다.[1] 결혼식이 끝난 뒤, 맥닐은 약간 색이 바랜 그 사진을 "여러분 도와주세요. 이 드레스는 흰색과 금색인가요, 아니면 파란색과 검은색인가요? 나와 친구들은 의견이 엇갈리는데, 도저히 갈피를 잡지 못하겠어요."라는 캡션과 함께 자신의 텀블러 페이지에 올렸다. 이 짧은 설명을 올린 지 얼마 지나지 않아 이 게시물은 들불같이 퍼져나갔고, 그 사진은 '인터넷을 마비시킬' 지경에 이르렀다.

그 다음 주에 더 드레스(우리나라에서는 '드레스 색깔 논란'으로 많이 알려져 있음—옮긴이)는 급속도로 퍼져나가는 대부분의 현상과 같은 길을 걸었는데, 난데없이 나타난 폭발적 파급력은 그것을 시작하게 한 대상—이 경우에는 단순한 의상 사진—만큼이나 이야깃거리가 되었다. 유명 인사들도 이 문제를 놓고 트윗을 하고 논쟁을 벌였고, 레딧 스레드가 확산되었으며, 뉴스 매체들도 이 이야기를 다루었다. 색을 연구하는 우리 같은 사람들에게 갑자기 인터뷰 요청이 몰려들었고, 사람마다 왜 색을 다르게 보는지 모든 사람이 알고 싶어 하는 것처럼 보였다. 평소에 냉정한 기조를 유지하던 〈워싱턴 포스트〉조차 "지구를 분열시킨 '흰 드레스, 파란 드레스' 드라마의 내막"이라는 선정적인 헤드라인을 내걸었다.[2] 하지만 과열된 흥분과 논쟁에도 불구하고, 사람들은 과학(정확하게는 지각신경과학)에 관해 중요한 대화를 나누고 있었다.

나는 여러 측면에서 이 현상을 놀랍게 받아들였는데, 무엇보다도 뇌의 물리적 네트워크와 아주 비슷하게 의미 역시 지각적 경험을 통해 우리가 형성하고 재형성하는 유연한 실재임을 시사한다는 점이 가장 놀랍게 다가왔다. 이어지는 장들에서 보게 될 테지만, 뇌세포에서 예기치 못한 생각과 개념을 해방시키기 위해 우리의 지각적 과거를 '재구성'하는 열쇠는 바로 이 사실을 이해하는 데 있다. 더 드레스 현상은 의미가 어떻게 의미를 만들어내는지 보여주는 완벽한 예인데 (전 세계의 통신사들이 어떤 이야기가 다른 곳에서 *보도되고* 있기 때문에 뭔가 의미가 있다고 여겨 그것을 보도하기 시작함으로써 그 이야기를 의미 있는 것으로 만드는 것처럼), 이것은 지각 자체가 지닌 기본 속성이다. 나는 사람들의 관심을 끈 것이 착시 현상 자체가 아니라는 사실에도 놀랐는데, 그것은 사람들이 착시 현상(대개는 단순한 '트릭'의 형태로 접하긴 하지만)에 익숙하기 때문일 것이다. 정작 사람들의 관심을 끈 것은 각자의 눈에 다른 것이 보인다는 사실이었다. 하지만 우리는 사물에 대한 개념적 견해가 각자 다른 것에도 아주 익숙하다. 그렇다면 이 현상은 어떻게 그리고 왜 이런 차이를 빚어냈을까? 그것은 바로 문제의 대상이 **색**이었기 때문이다.

우리는 다른 사람과 다른 언어를 말하는 것은 대수롭지 않게 생각하지만, (우리가 그들의 지각과 현실 파악 능력을 신뢰하는) 친구들과 사랑하는 사람들과 그 밖의 사람들이 색처럼 아주 기본적인 지각에서 우리와 견해가 엇갈린다면, 이런 상황은…… 아주 짧긴 하지만 아름다운 순간 동안…… 자신이 주변 세계를 어떻게 보는가라는 심오하면서도 대체로 무의식적인 실존적 질문을 낳는다. 이것은 사람들이 자신의 의식과 자아와 존재를 이해하는 방식의 핵심에 있는 뭔가에 대해 불안감을 느끼게 했다. 배우이자 작가인 민디 케일링Mindy Kaling은 #TheDress 열풍이 한창이던 2월 25일, 트위터에 **"나는 더 드레스가 내가 객관적인 진리라고 믿는 것을 공격했기 때문에 그것에 푹 빠졌다고 생각한다"**라고 썼다(이것은 그녀가 더 드레스에 대해 열정적으로 쓴 많은 트윗 중 하나였다).

더 드레스가 많은 사람들에게 던진, 지각과 자아에 관한 핵심 내용은 바로 이것이다 : 객관적 '진리' 또는 실재는 존재하지만, *우리 뇌*

는 우리가 그것에 접근하도록 허용하지 않는다. 우리는 드레스 사진을 통해 자신의 매우 주관적인 실재에 난 균열을 '보며' 큰 충격을 느꼈다. 그것은 다소 불편한 것, 적어도 불안을 느끼게 만드는 것이었다. 지각의 이해를 통해 창조성을 향상시키는 법을 이해하는 열쇠는…… 곧 알게 되겠지만…… 바로 다음 사실이다 : 가장 기본적인 불확실성 속으로 이렇게 잠깐 들어가는 것은 사람들에게 아주 *흥미진진한* 일이기도 했다. 그들은 다소 혼란스러웠지만, 그와 동시에 전율을 느꼈다.

나에게 그것은 다른 사람들보다 훨씬 더 흥미진진한 것이었는데, 실시간으로 수백만 명의 사람들이 이해를 향해 극적인 발걸음을 내디디는 것을 목격했기 때문이다. 하지만 어떤 사람들은 더 드레스를 다음과 같이 폄하했다. *"좋아, 이번에는 내 지각이 실재를 제대로 보지 못했다고 치자. 하지만 대개는 실재를 정확하게 본다고!"* 나는 "아니야!"라고 외치고 싶었다. "당신은 절대로 실재를 보지 못해!" 불행하게도 이 본질적인 사실은 더 드레스의 중심 이야기가 되지 못했다. 다만, 과학계에서 일부 사람들은 이 기회를 활용해 다른 문화적 순간이었더라면 난해하고 부적절해 보였을 주제에 더 많은 청중의 관심을 끄는 데 성공했다. 예를 들면, 2015년 5월에 『커런트 바이올로지 *Current Biology*』는 더 드레스에 관한 세 편의 연구 결과를 동시에 실었다. 한 연구는 드레스의 색깔 분포가 '자연 일광日光'과 일치한다는 사실을 발견했는데, 이것은 빛을 반사하는 표면에서 나오는 빛의 원천들을 우리 뇌가 구별하기 더 어렵게 만든다. (더 자세한 이야기는 다음

장에 나온다.) 또 다른 연구는 뇌가 파란색을 처리하는 방식을 발견했는데, 사물은 '파르스름한 색 계열을 따라 약간 변화가 있을 때' 우리 눈에 흰색이나 회색으로 보일 가능성이 높아진다는 것을 보여주었다. 마지막 연구는 1401명의 참여자를 조사했는데, 57%는 드레스를 파란색/검은색으로 본 반면, 흰색/금색 지각은 고령자와 여성 사이에서 더 흔하게 나타났다. 게다가 드레스를 다시 보았을 때, 참여자의 지각은 가끔 흰색/금색에서 파란색/검은색으로 변하거나 그 반대로 변하기도 했다. 요컨대 인터넷에서 급속도로 확산된 그 사진은 시각적 지각 연구를 더 발전시키는 데 이상적인 실험 대상으로 드러났다.[3]

하지만 이 중 어느 것도 **왜** 사람들이 드레스의 색깔을 서로 다르게 보는가라는 질문에 대한 답을 내놓지 못했다.

#TheDress는 지각이 어떻게 작용하는가뿐만 아니라, 그것이 왜 우리에게 그토록 중요한가라는 문제까지 제기했다. 이것은 매우 반직관적인 우리 뇌의 성격을 잘 보여준다. 만약 우리가 세계를 있는 모습 그대로 본다면, 똑같은 것들은 똑같이 보여야 할 것이다. 마찬가지로 다른 것들은 다르게 보여야 할 것이다—항상 누구에게나. 이것은 합리적이고 옳아 보이며, 우리의 지각을 바탕으로 신뢰할 수 있는 사실로 보인다(혹은 우리 생각에는 그랬다). 어쨌든 세기가 서로 다른 빛을 보는 것은 시각적 뇌가 수행하는 가장 단순한 과제인데, 심지어 일부 해파리(뇌가 없는)조차도 수행할 수 있을 만큼 단순한 것이다.

하지만 비록 우리가 깨어 있는 매 순간 그 과제를 수월하게 수행한다고는 해도, 빛을 지각하는 문제는 실제로는 겉으로 보이는 것처럼 단순하지 않다. 이 일과 관련된 세포가 수십억 개가 되고, 또 이들 사이의 상호 연결이 셀 수 없이 많다는 사실은 이 일이 얼마나 어려운지 보여주는 증거이다. 우리는 이러한 지각 기술에 의존해 우리가 세계를 돌아다니는 데 도움을 주는 본능적 결정을 내린다. 하지만 더 드레스는 우리가 빛을 *감지*한다고 해서 반드시 그 실재를 *보는* 것은 아님을 보여주었다.

다음 페이지들에 나오는 첫 번째 이미지에서 원들은 회색 음영의 정도가 제각각 다르다. 그 음영의 변화를 지각하기는 쉽다. 다른 것들은 다르게 보여야 하며, 이 원들도 서로 달라 보인다.

두 번째 이미지에서 우리는 동일한 회색 음영의 두 원을 본다.

자, 이번에는 세 번째 이미지(44~45쪽 그림)를 보자. 왼쪽의 어두운 원 안에 있는 회색 원은 오른쪽의 흰 원 안에 있는 회색 원보다 더 밝아 보인다. 두 원의 회색 음영은 서로 달라 보인다.

하지만 그렇지 않다. 두 원의 회색 음영은 정확하게 똑같다.

이것은 객관적 실재로, 우리의 지각적 실재와는 근본적으로 다르다. 게다가 이 책을 읽는 독자는 모두 여러분과 마찬가지 방식으로 이 세 이미지를 지각할 것이다. 즉, 여러분과 똑같이 페이지에 인쇄된 물리적 실재와 동떨어진 것을 지각할 것이다. 또한, 단순히 어두운 배경이 밝은 배경보다 사물을 더 밝게 보이게 하는 것도 아니다. 그 반대도 성립할 수 있다. 즉, 밝은 배경이 사물을 더 밝게 보이게 하고, 어두운 배경이 사물을 더 어둡게 보이게 할 수 있다. 네 번째 이미지(46~47쪽 아래쪽 그림)가 이것을 보여주는데, 네 사각형으로 둘러싸여 어렴풋한 원으로 보이는 중심 지역들은 위에서 설명한 것처럼 밝기가 달라 보인다.

하지만 여기서 가장 강력한 메시지는 더 드레스 현상이 급속도로 확산되는 동안에 전혀 등장하지 않았던 것이다. 시각에서 나타나는 이러한 착각은 사실 *우리의 나머지 모든 감각*에서도 일어난다. 사람들이 시각의 주관성에 대해 깨달은 사실은 그들의 '실재'에서 나머지 모든 측면에도 적용된다. 청각, 촉각, 미각, 후각에서도 착각이 일어난다.

지각과 실재 사이의 촉각 '간극'을 보여주는 유명한 사례로 '고무손 착각Rubber-Hand Illusion'이라는 게 있다. 이 트릭에서는 피험자를 탁자 앞에 앉힌 뒤, 한 손을 자기 앞에 내려놓게 하고, 다른 손은 칸막이 뒤에 놓아 보이지 않게 한다. 피험자 앞에는 보이지 않는 자신의 손 대신에 가짜 손이 놓여 있기 때문에, 피험자는 자신의 두 손이 탁자 위에 놓여 있는 것 같은 느낌을 받는다. 물론 한 손은 진짜 자기 손이 아니며, 피험자는 그 사실을 잘 안다. 그러고 나서 실험자가 피험자의 보이지 않는 진짜 손을 가볍게 간질이는 동시에 눈에 보이는 가짜 손도 간질인다. 그러면 피험자는 즉각 가짜 손을 자기 손과 동일시하여 그 감촉이 칸막이 뒤의 보이지 않는 곳에서 일어나는 게 아니라, 갑자기 연결된 느낌이 든 가짜 손에서 일어난다고 느낀다. 피험자의 지각에서는 가짜 손이 실재하는 자기 손이 된 것이다!

고무손 착각은 *신체 전이* body transfer라 부르는 현상이지만, 우리 뇌가 실재를 처리하는 방법은…… 그것을 우리에게 직접 제공하는 대

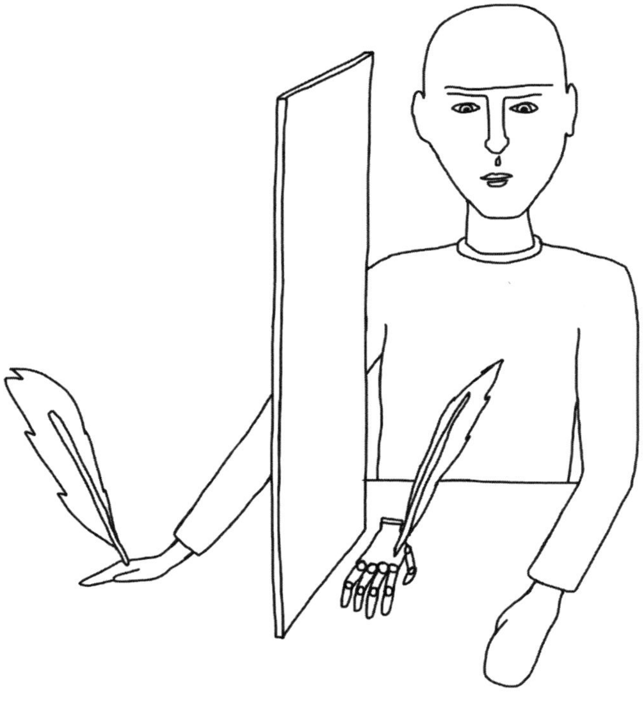

신에…… 우리를 약간 기이한 감각들의 '혼합'에도 노출시킨다. 예를 들면, 연구자들은 우리에게 '유령 단어phantom words'를 듣는 능력이 있음을 보여주었다. 무의미한 소리를 들을 때 우리 뇌는 실제로 그 소리에 포함돼 있지 않지만 명백해 보이는 단어들을 찾아낸다. '이발소 착각Barber's Shop Illusion'이란 것도 있다. 가위를 재깍거리는 소리를 녹음했다가 들려주면, 소리가 나는 곳의 위치에는 전혀 변화가 없는데도, 볼륨이 커지느냐 작아지느냐에 따라 그 소리가 가까워지거나 멀어지는 느낌을 받게 된다. 혹은 정지한 차나 비행기에 앉아 있다가 경험한 것을 떠올려보라. 옆에 있는 차나 비행기가 움직이기 시작하면, 처음에는 내가 타고 있는 차나 비행기가 움직인다고 착각하기 쉽다. 이와 같은 현상은 아주 많다.

시각 지각의 '이상'처럼 보이는 현상을 맨 처음 알아챈 사람들 중 한 명은 18세기의 문인으로 오늘날 근대 독일 문학의 아버지로 불리는 요한 볼프강 폰 괴테Johann Wolfgang von Goethe이다. 그 당시 괴테는 여러 분야에 박식한 지식인으로 유명했는데(곧 보게 되겠지만 약간 악명 높기도 했지만), 식물학에 몰두했다가 골상학에도 푹 빠졌다. 가장 사랑한 것은 문학이었지만, 괴테는 무엇보다도 열정이 넘치는 사람이었고, 천성적으로 성격이 난폭하다고 자주 묘사되었는데, 그 정도가 너무 심해서 젊은 시절에는 친구들이 그를 '늑대'나 '곰'이라고 불렀다.[4] (라이프치히에서 대학을 다닐 때에는 유행에 뒤떨어진 프랑크푸르트 의상 스타일로 친구들을 즐겁게 해주기도 했다.) 하지만 괴테는 이 늑대 같은 야성을 길들여 상류 사회의 카리스마로 바꿀 수 있었는데, 20대에 문학계에서 유명 인사가 되자, 카를 아우구스트Karl August 공작은 바이마르 공작령에서 괴테를 전쟁부 장관을 포함해 여러 공직에 임명했다. 괴테는 새로운 지적 경험에 대해 완고하고 심지어 무모하기까지 한 갈망을 느꼈는데, 1780년대 후반에 자신의 '다재다능'(한 전기 작가의 표현을 빌리면)에 이끌려 빛과 색을 연구할 때 이 갈망이 폭발적으로 터져나왔다.

그 얼마 전에 괴테는 이탈리아에서 2년 동안 아주 행복한 시간을 보냈다. 거기서 독일 화가 요한 하인리히 빌헬름 티슈바인Johann Heinrich Wilhelm Tischbein과 친해졌는데, 그러면서 자신에게도 미술적 재능이 없는지 탐구했다. 결국 자신에게는 그런 게 전혀 없다는 사실을 받아들였지만, 독일로 돌아올 무렵에 괴테는 미술가들이 포착하려고 애쓰던 자연계에 대한 관심이 다시 불붙었다. 그는 미발표 에세이에서 "자연의 비밀이 지닌 매력을 잘 아는 사람은 내가 지금껏 갇혀 있었던 관찰의 영역에서 벗어난 것을 전혀 의아하게 생각하지 않을 것이다."라고 썼다. "내가 모순의 정신에 이끌려 인간 마음의 사색과 묘사로부터 자연의 사색과 묘사로 돌아선 것이 분명하다고 비난하더라도 나는 전혀 두렵지 않다. 모든 것은 서로 긴밀하게 연결되어 있고, 탐구적인 마음은 접근할 수 있는 것이라면 어떤 것도 놓치길 원치 않기 때문이다."

이 선언은 문인이 과학의 영역으로 용감하게 발을 들여놓았다가 비참한 결과를 맞이한 역사적으로 유명한 사례를 낳았다. 그 다음에 일어난 일은 누구에게 묻느냐에 따라 순수 문학가가 순진한 오해에 사로잡혀 다른 영역에 용감하게 발을 들여놓았지만 그럴 만한 가치가 있었던 불운한 모험이 되기도 하고, 자기 전공도 아닌 분야에 무식하고도 오만방자하게 난입했다가 불행한 결말을 맞이한 사건이 되기도 한다. 진실은 둘 다 틀리거나 둘 다 맞는 게 아니라, 이 두 가지가 섞여 있다고 할 수 있다. 괴테의 열정적인 존재 방식은 엄밀한 사실을 중시하는 과학의 접근 방법과 잘 들어맞지 않았지만, 계시적 순간을 잘 포착하는 그의 작가적 시선이 그런 순간에 맞닥뜨렸을 때 과감하게 과학에 발을 들여놓는 데 중요한 역할을 했다—비록 *틀린* 계시이기는 했지만.[5]

광학에 끌린 괴테는 백색광을 굴절시켜 그 구성 성분인 색들로 쪼갠 뉴턴의 획기적인 연구(오늘날이라면 노벨상을 타고도 남을 만한 발견)를 시험하기 위해 프리즘을 빌렸다.[6] 배경 이론을 제대로 이해하지도 못한 채 실험을 부정확하게 하면서 괴테는 자기 집 벽에 색들의 스펙트럼이 완전하게 나타나길 기대했지만, 실제로는 아무 색도 나타나지 않았다. 벽에는 흰 여백만 남았고, 이 실험을 근거로 괴테는 "뉴턴의 이론은 틀렸다!"라고 확신했다.

빛을 이해하는 문제에서 그 당시 과학이 아주 잘못된 길을 가고 있다고 확신한 괴테는 물리학에 몰두하기 위해 맡고 있던 외교적 직무마저 내팽개쳤다. 과학자들은 그를 조롱했지만, 문인들과 귀족들은 야생 늑대 시인이 뉴턴을 권좌에서 끌어내리리라고 믿고서 응원했다. 고타 공작은 괴테에게 연구소를 제공했고, 한 군주는 외국에서 성능이 더 좋은 프리즘을 구해다주었다. 탐구를 계속하던 괴테는 1792년에 백색광이 *색조를 띤* 그림자를 만든다는 사실을 발견했다. 또, 색을 띤 빛도 도중에 통과하는 *'불투명한'* 또는 반투명한 매질에 따라 색조가 변했다. 노란색 빛은 불투명한 매질을 통과할 때 불그스름해지면서 루비색으로 변했다. 이것 역시 빛을 설명하는 뉴턴의 물리 법칙과 어긋나는 것으로 보였고, 이러한 불일치 때문에 괴테는 실재를 설명한다는 뉴턴의 이론을 제대로 이해하는 길에서 더욱 멀리 벗어나게 되었다. 그래서 괴테는 이 문제를 해결하는 데 집중하기로 마음먹고 색과 지각 문제에 20년 동안이나 매달렸다.

짝사랑에 빠진 젊은이의 격정적 이야기를 다룬『젊은 베르테르의 슬픔』과 같은 작품들에서 괴테는 인간의 내면을 탁월하게 묘사하는 시인의 능력을 보여주었다. 따라서 빛 문제를 다루면서 처음에 자신의 지각이라는 동굴을 벗어나지 못해, 동굴 밖에서 그 괴리가 자신의 내면에 있음을 보지 못한 것은 어쩌면 당연한 일일 수도 있다. 대부분의 사람들과 마찬가지로 괴테는 당연히 자신의 눈에 보이는 것이 실재라고 생각했다. 어쨌든 그의 경이로운 마음은 자신의 작품들에서 인간의 실재를 너무나도 분명하게 '볼' 수 있었다. 게다가 지각이 단순한 개념으로부터 성장해 과학의 연구 대상이 되기까지는 그로부터 100년도 더 걸렸다는 사실을 감안할 필요가 있다. 하지만 괴테는 불일치하는 것처럼 보이는 색조들이 과학이 아직 설명하지 못한 빛의 어떤 물리적 속성 때문에 나타난다는 생각을 금방 포기했다. 대신에 특정 그림자에 나타나는 색조는 인간의 지각이 주변 환경과 상호 작용한 결과라는 사실을 서서히 깨닫게 되었다—그것은 세계의 불가사의가 아니라, 마음의 불가사의였다.[7] 하지만 괴테는 자신의 뇌 안에서 일어나는 이 기묘한 불가사의 *뒤에* 숨어 있는 이유들을 알아내려는 노력에서 계속 헛발질을 했고, 대신에 자신이 관찰한 모든 현상을 꼼꼼하게 기록하는 데 몰두했다.

색 문제에 깊이 몰두한 괴테는 1810년에 그 연구 결과를 『색채론*Zur Farbenlehre*』이라는 두꺼운 책으로 내놓았다. 이 책의 '과학', 그중에서도 특히 뉴턴에 대한 공격은 그 후 오랫동안 고려할 가치가 없는 주장으로 일축되었다. 반면에 괴테의 분류법은 강렬한 철학적 논의를 자극해 비트겐슈타인Wittgenstein에게 『색채에 대한 논고*Bemerkungen über die Farben*』를, 쇼펜하우어Schopenhauer에게 『시각과 색에 관하여*Ueber das Sehn und die Farben*』를 쓰게 했다. 하지만 괴테가 색을 백과사전식으로 기술한 작품은 그의 모든 작품과 마찬가지로 지금 읽기에도 서정적이고 즐겁다. "이 색들은 철판 위로 스쳐가는 숨결처럼 지나간다. 각각의 색은 다른 색 앞으로 날아가는 것처럼 보이지만, 실제로는 연속되는 각각의 색조는 앞선 색조로부터 끊임없이 발달한다."[8] 경이로움을 느끼는 그의 감각은 지금도 우리가 배울 만한 소중한 재능이다. 그의 대작 『파우스트*Faust*』에 나오는 한 유명한 구절은 괴테의 인생에 일어난 이 집착으로 설명할 수 있을지 모른다. 악마 메피스토펠레스는 타락하기 쉬운 제자에게 "젊은 친구, 모든 이론은 회색이라네."라고 말한다.[9]

『색채론』을 쓸 무렵인 18세기에서 19세기로 넘어오던 시기에 괴테가 사용한 *실재*라는 단어를 여기서 잠깐 생각해볼 필요가 있다. 그 무렵은 서양 사회들에서 중세의 미신을 인간의 합리성에 대한 굳건한 믿음으로 대체해나가던 혁명적 시기인 계몽 시대가 한창 꽃피던 시절이었다. 만약 '인간'이 이성을 가진 존재라면, 이성의 필수 조건—지각—이 인간에게 실재를 정확하게 보지 못하게 한다는 주장은 모순이 아닌가? 사람들은 정치 이론과 형법, 수학적 증명으로 자신들의 시간과 장소를 빠르게 정복해가고 있었는데, 실재에 그토록 중요한 변화를 만들어내는 마음들이 어떻게 실재 자체를 보지 못할 수 있단 말인가? 괴테가 색을 붙들고 그 유명한 씨름을 벌인 이야기의 핵심에는 괴테 자신에 대한 이야기는 거의 없는 대신에(괴테에 관한 이야기를 많이 알려주긴 하지만), 뇌에 관한 많은 지식이 제대로 알려지지 않았던 그 시대를 지배한 가정들—200여 년 뒤에 더 드레스 때문에 온라인에서 그토록 많은 사람들을 들끓게 했던 '실재를 보는' 문제에 관한 바로 그 가정들—에 대한 이야기는 많다. 왜냐하면, 지각을 이해하는 문제에서 올바른 가정은 매우 반직관적인 것이기 때문이다.

대부분의 사람들은 우리가 세계를 정확하게 있는 그대로 본다고 가정하며, 심지어 많은 신경과학자와 심리학자와 인지과학자도 그렇게 가정하는데, 우리가 세계를 있는 그대로 보지 않을 이유가 있느냐고 반문한다. 얼핏 '보기'에는 그렇지 않다는 주장이 완전히 잘못된 것처럼 보인다. 하지만 우리가 실재를 본다는, 겉보기에 논리적으로 보이는 전제는 생태계와 우리 마음이 실제로 생태학적으로 작용하는 방식에 관한 기본 사실을 고려하지 않으며, 그럼으로써 *우리 뇌가 그*

*런 식으로 진화하지 않았다*는 본질적인 사실을 간과한다. 그렇다면 우리 뇌는 어떤 식으로 진화*했을까?* 우리 뇌는 살아남도록 진화했다. 이것이 핵심이다.

이것을 제대로 이해하려면, 한 가지 중요한 뉘앙스를 감안해야 한다. 우리 뇌가 실재를 지각하지 못한다는 사실에도 불구하고, 우리의 감각은 전혀 '약하지' 않다. 사람의 뇌는 지구에서 가장 엄격하고 철저한 연구 개발과 제품 검사 과정인 *진화*(그리고 그 뒤를 이어 발달과 학습)를 거치면서 만들어졌다. 그렇기 때문에 회색 원을 사용한 테스트는 감각을 속이기가 얼마나 쉬운지 보여주기 위한 것이 아니었다. 오히려 그 반대이다(다만, 우리가 보는 착시가 실제로는 착시가 아니라는 사실은 4장에 가서야 자세히 설명할 것이다). 여기서는 그저 진화가 취약한 시스템을 만들지 않았다는 사실만 분명히 하고 넘어가기로 하자. 지각 방식을 바꾸는 것이 가능한 이유는 이 때문인데, '취약한' 것은 '변할 수 있는' 것이나 '적응할 수 있는' 것과 같은 것이 아니기 때문이다. 진화의 '목표'는 탄력과 튼튼함과 발전 능력이다. 사람이라는 종은 이 과정이 훌륭하게 작동하는 것을 보여주기에 아주 좋은 사례이다. 이 말은 우리가 세계를 바라볼 때, 실제로는 수백만 년의 역사를 *통해* 그것을 바라본다는 뜻이다.

따라서 우리는 실재를 보도록 진화한 게 아니다. 살아남도록 진화했다. 그리고 실재를 정확하게 보는 것은 생존의 필수 조건이 아니다. 오히려 생존에 장애물이 될 수도 있다. 이것을 지각에 대한 기본 전제로 받아들이지 않으면, 세계를 바라보는 낡은 방식에 갇히고 만

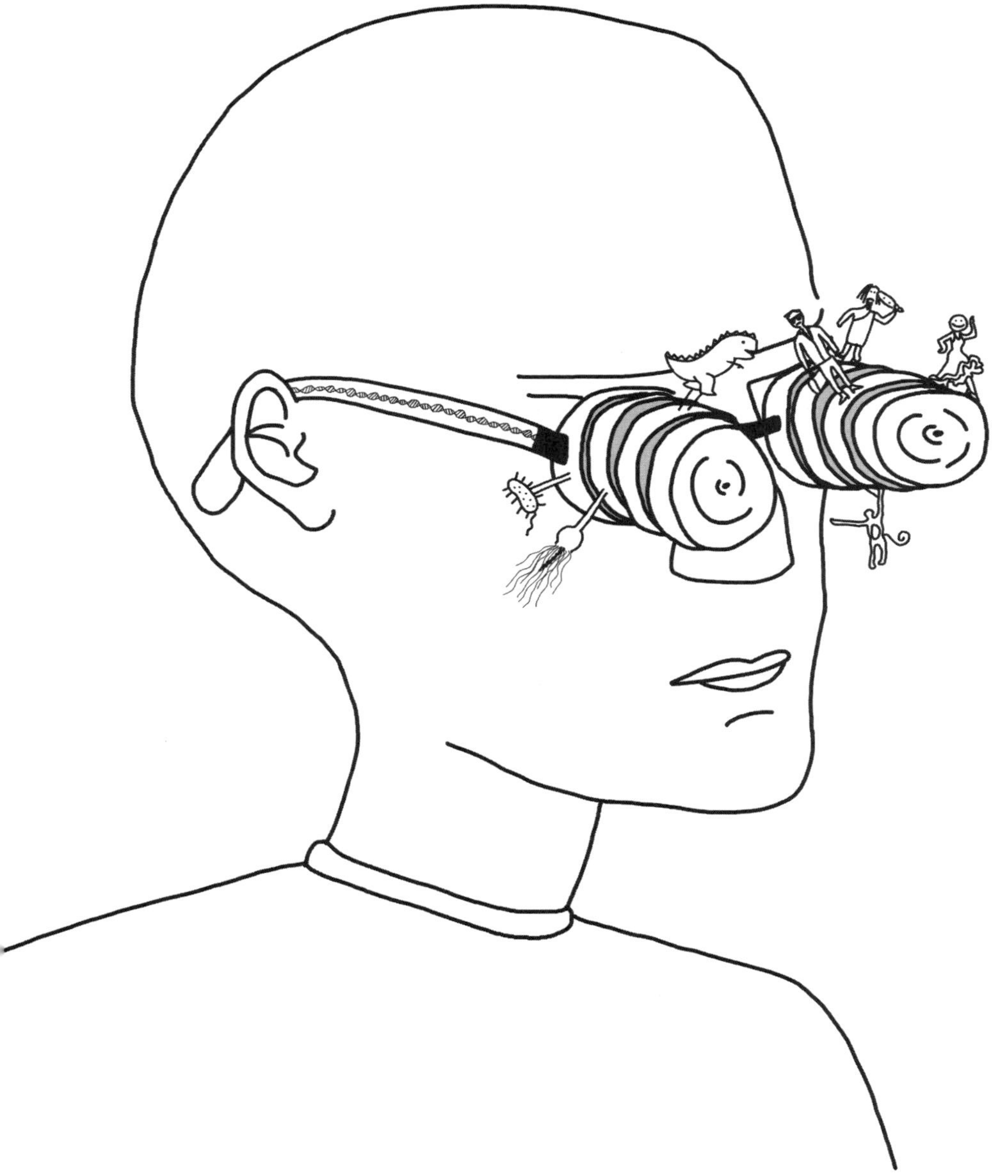

다. 만약 잘못된 가정을 바탕으로 문제를 다룬다면, 자신이 진실로부터 더 멀어지고 있다는 사실을 아느냐와 상관 없이, 그 잘못된 가정 속으로 더 깊이 빠져들기만 할 뿐, 아무 진전도 일어나지 않을 것이기 때문이다.

괴테와 더 드레스에 관한 이야기는 다르게 보는 방법의 핵심을 알려준다. 답을 찾는 뇌의 노력을 잘못된 곳으로 향하게 만드는 *지배적인 가정에 도전하는*(우연히든 아니든) 능력이 바로 그것이다. 괴테는 민디 케일링과 비슷하게 큰 좌절을 느꼈는데, 지각이 자신을 실재와 직접 맞닥뜨리게 한다는 가정을 당연하게 여겼기 때문이다. 그럼에도 불구하고, 훌륭한 경구를 만드는 재주가 뛰어난 괴테는 기억할 만한 표현을 만들어내, 지각이 자신을 배신할 때 스스로를 위로하기 위해 즐겨 사용했다. "자신의 한계를 인정할 만큼 통찰력이 뛰어난 사람이 완전한 상태에 가장 가까이 다가간다." 아마도 이 말은 옳을 테지만, 자신이 모른다는 사실을 알고 인정하는 통찰력이 생긴다는 것은 결코 쉬운 일이 아니다. 이와 관련해 과학계에서 잘 알려진 농담이 하나 떠오른다.

아주 캄캄한 거리를 상상해보라. 저 멀리 가로등 하나만 보도 위의 작은 원 지역을 비추고 있고, 무슨 이유에서인지 나머지 불빛들은 모두 꺼져 있다. 그 빛의 원 안에서 한 사람이 바닥에 무릎을 꿇은 채 손으로 더듬으면서 뭔가 찾고 있다. 다가가 뭘 하고 있느냐고 묻자, 그 사람은 "열쇠를 찾고 있어요."라고 대답한다. 상대방의 표정이 너무나도 절박해 보여서 돕고 싶은 마음이 샘솟는다. 밤늦은 시간인 데다가

날씨도 추우니, 한 사람보다는 두 사람이 같은 장소를 찾는다면 더 효율적일 것이다. 효율성을 높이기 위해 "그런데 열쇠를 어디쯤에 떨어뜨렸나요?"라고 물어본다.

그러자 그 사람은 "저어기서 떨어뜨렸어요."라고 말하며 100미터쯤 뒤쪽의 어두운 곳을 가리킨다.

"아니, 그렇다면 **도대체 왜** 여기서 열쇠를 찾고 있나요?"

"내가 볼 수 있는 곳이 이곳뿐이니까요!"

우리의 가정은 우리가 다르게 볼 수 있는 빛을 만들어낸다—혹은 새로운 길을 열어줄 열쇠가 숨어 있을지도 모를 그림자 지역 탐험을 얼마나 강하게 회피하느냐에 따라 그런 빛을 만들어내지 않을 수도 있다. 내가 이 이야기를 아주 좋아하는 이유는 이 때문이다. 이것은 일종의 우화로, 우리에게 세계를 바라보는 방식을 되돌아보라고 경종을 울린다. 그리고 이것은 이 책을 위해 아주 좋은 출발점을 제공한다. 만약 우리가 실재를 정확하게 보도록 진화했다는 가정을 바탕으로 지각이 어떻게 작용하는지 '해독하려고' 노력한다면, 뇌를 설명하는 데 실패할 뿐만 아니라, 다르게 볼 수 있는 더 직접적인 접근법에 결코 이르지 못할 것이다. 하지만 다른 가정을 가지고 출발한다면, 그 가정이 설사 세계와 우리 자신에 대한 매우 개인적인 가정에 도전하는 것일지라도, 이 책은 새롭게 생각하고 보고 지각하는 방법을 '번역'할 것이다. 하지만 새로운 가정들은 어떤 것이 실재처럼 느껴지고 어떤 것이 실재처럼 느껴지지 않는지에 대한 선입견이 아니라, 반드시 신경과학의 놀라운 발견들을 기반으로 해야 한다. 이 기묘한 진실들을 받아들일 때에만 새로운 지각의 세계를 열 수 있다.

하지만 한 가지 질문이 남아 있다. 만약 우리 뇌가 그토록 고도로 진화했다면, *왜* 우리는 실재에 접근하지 못할까? 다음 장에서 나는 지금 여러분이 읽고 있는 이 단어들을 포함해 모든 정보는 그 자체만으로는 아무것도 아니라는 것을 보여줌으로써 이 질문에 대한 답을 제시할 것이다. 그 다음에는 일탈하지 못하고 실재를 보지 못하는 현상 뒤에 숨어 있는 뇌역학을 탐구할 것이다. 그래야만 무엇이 가능한지 지각하기 시작할 수 있기 때문이다.

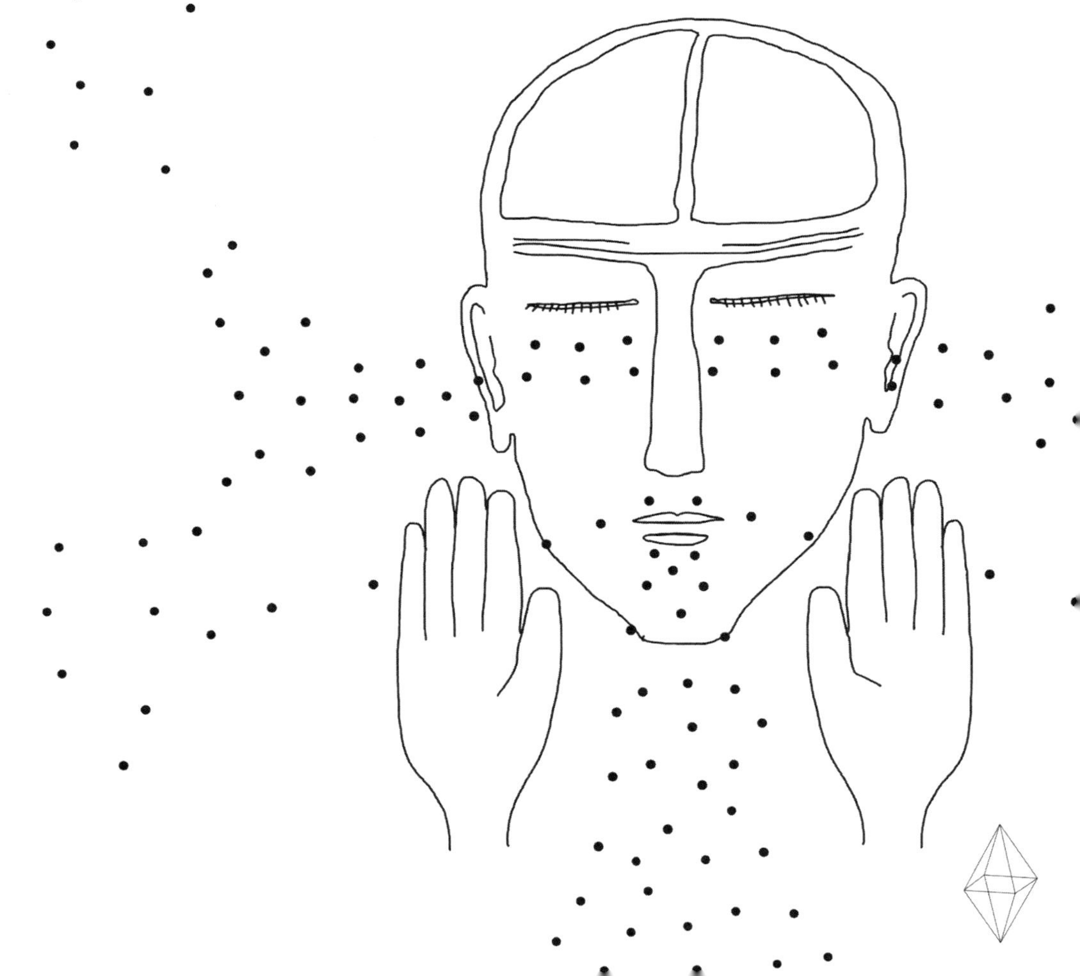

2장

정보는 무의미하다

우리는 위키 시대에 살고 있다. 지금은 인터넷이 우리의 삶을 개조하기 시작하고 초현대적 시대의 도래를 알리던 2001년에 어느 누가 상상했던 것보다 정보가 훨씬 더 자유롭게 움직이고 성장하는 시대이다. 친구들과 식사를 하다가 어떤 것에 대해 의견이 엇갈리면, 우리는 휴대 전화를 꺼내 금방 의문을 해결한다. 이제 우리는 길을 잃는 일도 없는데, GPS를 이용하는 오늘날에는 길을 잃기가 아주 어렵기 때문이다. 우리의 소셜 네트워크는 실제로 아는 사람들(혹은 심지어 알고 싶어 하는 사람들)을 넘어 아주 멀리까지 뻗어 있다. 정보는 넘쳐흐르고, 우리는 굶주린 듯이 테라바이트 단위의 정보를 바라본다—모든 거리의 지도를 찾아보고, 모든 트윗을 보관하고, 흘러가는 모든 순간을 휴대 전화로 캡처하면서. 이것은 이성의 시대를 디지털 시대라는 새로운 변경으로 몰아넣은 것 같은 상황이다. 유례가 없을 정도로 쉽게 접근할 수 있고 점점 팽창해가는 이 데이터 망은 일상의 삶에 큰 변화를 가져왔지만, 그 방대한 데이터 중에서 *새로운 이해*로 번역되는 것은 매우 적다. 그 이유는 창조성과 성공, 그리고 심지어 개인의 행복이라는 측면에서 볼 때 정보 자체는 힘이 *아니기* 때문이다. 심지어(혹은 특히) 우리의 감각 차원에서도 그렇다.

사람의

지각을

이해하려면,

먼저

이해해야

할

게

있다.

모든

정보는

그

자체만으로는

무의미하다.

그 이유는 아주 간단하다. 세계로부터 우리의 여러 감각에 입력되는 정보는 문자 그대로 어떤 것이라도 의미할 수 있기 때문이다. 입력 정보 자체는 에너지나 분자에 불과하다. 우리 눈에 들어오는 광자, 귀로 들어오는 공기의 진동, 피부에 마찰을 일으키는 분자 결합들의 절단, 혀에 닿는 화학 물질, 코로 들어오는 화합물—이 모든 것은 이런저런 종류의 전기/화학적 에너지에 지나지 않는다. 이것들은 우리의 물리적 세계에서 기원한 기본 요소들, 즉 진짜 실재이다. 하지만 우리는 이러한 에너지원에 직접 접근할 수 없고, 오직 이들이 만들어내는 에너지 파동이나 화학 물질의 기울기에만 접근할 수 있다. 우리는 기본 요소 자체가 아니라 기본 요소에 일어난 *변화를* 감지한다. 기본 요소에 직접 접근해봤자 아무 소용도 없다. 물 분자 하나가 소용돌이에 대해 아무것도 알려주지 않는 것처럼, 기본 요소는 고립된 상태로는 아무것도 의미하지 않기 때문이다. 정보에는 지시가 함께 따라오지 않는다.

대신에 우리의 지각이 보는 '실재'는 우리 뇌가 받아들이는 무의미한 정보가 지닌 의미인데, 그 의미는 바로 우리의 생태계가 *제공한다*. 어떤 것이 지닌 의미는 어떤 것의 실체 자체와는 다르다는 사실을 이해하는 게 중요하다. 다시 말해서, 지각은 시를 읽는 것과 비슷하다. 우리는 시가 무엇을 의미하는지 해석하는데, 시는 어떤 것이라도 의미할 수 있기 때문이다.

우리는 의미를 만들어내는데,

세계(즉, 우리의 생태계)와 상호 작용함으로써 그렇게 한다. 신호등의 색에서부터 거리에서 스쳐 지나가는 낯선 사람의 미소(혹은 찌푸림)에 이르기까지 우리는 모든 것에 대해 그렇게 한다. 우리는 이처럼 아주 빠르고 뛰어난 능력으로 의미를 만들어내는 기계이다. 특정 빛은 특정 표면 색깔을 의미하고, 특정 냄새는 특정 음식을 의미하고, 특정 목소리는 특정인을 의미하고, 특정 촉감은 특정 감정을 의미하고, 특정 광경은 특정 장소를 의미한다. 하지만 실제로는 표면은 색을 띠고 있지 않다(문자 그대로의 의미를 따질 때). 우리가 빨간색을 보는 것은 의미들의 과거 내러티브past narrative를 보는 것이다. 이러한 지각은 정보들이 이미 내장된 의미를 지닌 채 우리의 감각에 들어오는 모자이크 실재처럼 느껴지도록 하지만, 실제로는 사전에 결정된 의미는 아무것도 없다. 마찬가지로, 무의미한 의미는 없다. 오로지 순수한 정보만이 무의미하다. 이제 왜 정보가 무의미하며, 왜 우리 종(그리고 실제로는 살아 있는 모든 계)이 세계를 그냥 있는 그대로 전달하는 대신에 세계에 대한 지각을 만들어내는 뇌를 갖도록 진화했는지 알아보기로 하자.

18세기의 아일랜드 철학자이자 영국성공회 주교였던 조지 버클리 George Berkeley에 따르면, 실재는 단순히 "감각에 각인된…… **개념들**"이다.[10] 버클리의 생각은 과연 옳을까?

1685년에 태어난 버클리는 형이상학자이자 종교인이었지만, 역사적 관점에서 본다면 이론신경과학자로 간주할 수 있다(그 분야가 생겨나기도 전에 활동하긴 했지만). 버클리는 초기 계몽 시대가 탄생시킨 인물로, 신앙과 과학 사이에서 아무 갈등을 느끼지 않은 사상가였다. 그에게 비판적 이성은 신앙의 도구였지 방해물이 아니었다. 하지만 버클리는 인간의 지각에 대한 견해로 큰 논란을 일으키는 바람에 니체나 헤겔에 필적하는 역사적 위치에는 결코 오르지 못했다. 그럼에도 불구하고, 인간의 마음에 대한 버클리의 통찰력은 아주 심오한 것이었고, 그의 삶은 근면한 존엄성을 자랑하는 것이었다. 버클리는 철학과 신학 분야의 연구와 함께 사회적 대의에도 큰 관심을 보여 어린이와 부랑자를 돕는 계획을 마련했고, 실업자를 줄이려고 노력했으며, 지역 공예가들을 지원했고, 도금양과 아마를 심는 활동을 벌였다. 한 전기 작가의 표현을 빌리면, 버클리는 "소매를 걷어붙인 주교"였다.[11]

버클리가 철학 분야에서 평생 동안 쏟아부은 노력은 주관적 관념론 또는 경험적 관념론—사물이 오로지 마음의 작용으로 존재한다는 믿음—을 열정적으로 옹호하는 것이었다. 버클리 시대에 대부분의 사람들은 뇌를 이미 완성된 독립적인 실체로 여겼으며, 따라서 뇌는 내부나 외부의 상호 작용을 통해 형성되거나 수정되지 않는다고 생각했다. 하지만 인간의 마음이 지각하는 것이 무엇인가에 대한 자신의 견해를 옹호한 그의 연구들은 매우 직관적인 공간에 이르렀는데, 정신적인 것에 중점을 두면서도 본능적으로 과학적 태도를 견지했다.

『인간 지식 원리론*A Treatise Concerning the Principles of Human Knowledge*』은 가장 잘 알려진 버클리의 연구 중 하나인데, 여기서 버클리는 지각에 대한 자신의 믿음을 기술했다. "집과 산, 강, 다시 말해 지각할 수 있는 모든 것은 이해를 통해 지각되는 것과는 별도로, 자연적으로건 실제적으로건 존재한다는 견해가 정말로 **기묘하게도** 사람들 사이에 널리 퍼져 있다. 하지만 이 원리가 세상에서 아무리 큰 확신과 묵인으로 환영받는다 하더라도, 마음속으로 이것에 의심을 품는 사람은, 내가 잘못 안 것이 아니라면, 누구나 명백한 모순을 포함하고 있음을 알아챌 것이다. 왜냐하면, 앞에서 언급한 사물들은 우리가 감각을 통해 지각한 것이 아니고 무엇이란 말인가? 우리가 **자신의 개념이나 감각에서 벗어나 지각하는** 것이 무엇이 있는가?" 굵은 글씨로 강조한 부분은 과도하게 열정적인 친구에게서 받은 이메일이나 문자 메시지처럼 보일 수 있지만, 300년이 지난 지금 우리는 그의 주장이 옳다는 것을 안다. 우리는 실재를 보지 못한다. 단지 '사이 공간'이 만들어내는 것을 통해 뇌가 제공하는 것을 볼 뿐이다.

버클리는 신경과학보다 한 걸음 더 나아가 사실은 그 어떤 것도 **"마음과 독립적으로 그리고 마음이 없이 존재"**할 수 없다고 주장했다. 주관적인 인간의 지각을 가리키는 이 은유는 당면 문제를 설득력 있게 표현하는 방법인데, 우리는 뇌의(그리고 몸의) 의미 부여를 통하지 않고서는 우리 밖에 있는 그 어떤 것의 존재도 경험할 수 없기 때문이다. 하지만 문자 그대로 받아들인다면 버클리의 '유심론'은 틀린 것인데, 세계는 그것을 지각하는 우리가 있건 없건 분명히 존재하기 때문이다. 숲에서 나무 하나가 쓰러지면, 이것은 실제로 공기 중에서 진동의 형태로 에너지를 만들어낸다. 하지만 그 소리를 듣는 사람(또는 다른 존재)이 존재하지 않으면, 공기의 에너지 상태에 생긴 변화가 객관적으로 물리적 효과를 일으켰음에도 불구하고, 아무 '소리'도 내지 않는 셈이다. 그렇긴 해도 현대 신경과학의 도구를 사용해 시대를 앞선 버클리의 통찰을 재구성해보면, 우리가 실재에 접근하지 못하는 이유 네 가지를 확인할 수 있다.

1. 우리는 감지해야 할 것을 모두 다 감지하지 못한다

우리의 지각은 *이동 주택*(솔직히 이것은 아주 멋진 비유는 아니지만 그래도 우리 목적에는 유용하다) 내부에 있는 존재와 같다. 우리의 감각은 집의 창문에 해당한다. 창문은 시각과 후각, 청각, 촉각, 미각, 이렇게 모두 다섯 개가 있다. 각각의 창문을 통해 우리는 세계로부터 각각 다른 종류의 정보(즉, 에너지)를 얻는다. 아주 중요한 사실이 하나 있는데, 우리는 이동 주택을 이동시킬 수는 있지만, 이동 주택 밖으로는 절대로 나갈 수 없다. 이동 주택을 이리저리 옮길 때에도 우리는 여전히 창문에 제약을 받는다. 따라서 우리가 주변 세계를 감지하는 능력에 제약이 따르는데, 세계를 감지하는 이 창문들이 실제로는 자신이 생각하는 것보다 작다는 사실에 놀랄 수도 있다.

빛을 살펴보자. 가시광선은 전자기 복사 중에서 사람의 눈에 보이는 좁은 범위를 차지한다. 가시광선이 전체 전자기 스펙트럼에서 차지하는 범위는 아주 작은 부분에 지나지 않는다. 빛은 많은 성질을 갖고 있는데, 그중 하나는 그 *범위*, 즉 양이다. 우리가 보는 빛은 우리 망막과 시각 피질이 민감하게 반응하는 파장(또는 진동수)을 지니고 달린다. 우리 눈에는 자외선이 보이지 않으며, 적외선도 보이지 않는다. 우리는 돌아다니는 감지 가능한 전체 전자기 복사 중 극히 적은 일부분만 볼 수 있다. 야간 투시경 같은 신기술은 우리의 감각을 '확장'해주지만, 우리의 생물학적 기능까지 변화시키진 못한다. 이와는 대조적으로 다른 종들은 훨씬 발달한 기술을 생물학적으로 체화하여 우리보다 훨씬 넓은 범위의 빛을 지각할 수 있다.

순록은 빨간 코로 유명하지만, 가장 매력적인 신체 부위는 눈이다. 순록은 산타클로스의 썰매를 끌며 밤하늘을 날 수는 없지만, 일종의 초인적 능력(우리에 비해)이 진화했는데, 자외선을 보는 능력이 그것이다. 순록은 왜 이런 능력을 갖게 되었을까? 그것은 혹독한 북극 환경에서 살아가야 하는 냉혹한 생존 논리와 관계가 있다. 자외선을 반사하는 표면을 감지하는 능력이 있으면, 자외선을 반사하지 않는 표면도 지각할 수 있다. 순록의 주요 식량원인 지의류는 자외선을 반사하

지 않는데, 따라서 순록의 이 능력은 먹이를 구하는 문제와 직결된다.[12]

순록의 자외선 시각은 블러드하운드의 뛰어난 후각과 비슷하게 본질적으로 먹이의 위치를 정확하게 찾아내는 도구이다. 순록 외에 곤충과 새, 물고기도 시각적으로 감지할 수 있는 범위가 사람보다 훨씬 넓다. 예컨대 호박벌은 아주 정교한 색각을 갖고 있어 자외선을 감지할 수 있다. 호박벌이 색을 보는 능력은 꽃이 색소를 만드는 능력이 진화하기 전에 진화했다는 사실이 흥미로운데, 이것은 꽃이 진화한 이유가 벌에게 '아름답게(매력적으로)' 보이기 위한 것이라는 뜻이다. 인간 중심적 세계관과는 반대로 꽃은 사람을 이롭게 하기 위해, 예컨대 영국 호수 지방의 언덕에서 영국의 낭만적인 시인들에게 영감을 주기 위해 존재하는 게 아니다. 꽃의 색과 착색은 *우리를 제외한* 거의 모든 것에게 매력적으로 보이기 위해 진화했다. 새 역시 망막에 있는 색 수용기의 수가 사람보다 두 배나 많다. 상대적으로 사람은 새에 비해 색각이 *크게* 부족한 셈이다.

빛의 속성 중에서 우리가 완전한 실재를 보지 못하는 것은 그 범위뿐만이 아니다. 편광이라 부르는 속성 또는 *지향성*도 있다. 모든 빛은 편광이 일어나거나(진동이 단일 평면 방향으로 일어나는 경우) 일어나지 않는다(진동이 다수의 평면 방향으로 일어나는 경우). 여러분과 나는 편광을 지각하지 못한다. 설사 오직 수직 방향으로 진동하는 광파만 들어오게 하고, 반사된 수평 방향의 광파는 들어오지 않게 하여 눈부심을 줄여주는 편광 선글라스를 쓴다 하더라도 그렇다. 하지만 많

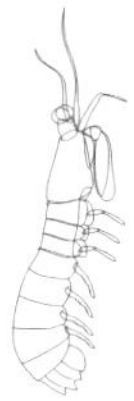

은 동물은 편광을 지각한다. 예컨대 갯가재가 그렇다.

갯가재는 얕은 물에 사는 특이한 갑각류인데, 몸통은 바닷가재처럼 생겼고, 눈은 눈자루 끝에 붙어 있다. 갯가재는 과학자들이 아는 한 가장 복잡한 눈을 갖고 있는데, 어떤 사람들은 갯가재가 '입체 시각' 또는 여덟 개의 채널로 조율할 수 있는 시각을 갖고 있다고 말하지만, 이런 말도 그 놀라운 시각 능력을 제대로 표현하기에 부족하다.[13] 갯가재는 시각 색소(뇌에서 신경 수용기를 위해 빛을 전기로 바꾸는 물질)가 열여섯 가지나 있는데, 우리는 겨우 세 가지밖에 없다. 눈을 속이는 사물의 모습이 도처에 널려 있어 죽느냐 죽이느냐 하는 생존 경쟁이 벌어지는 수중 세계에서 이처럼 고도로 발달한 감각은 갯가재가 사냥을 할 때(혹은 사냥을 당할 때) 분명히 큰 이점이다. 새도 편광을 지각하는데, 그 덕분에 단지 파란색 음영뿐만 아니라 하늘의 전자기 구조까지 볼 수 있다. 하늘을 날 때 새는 자신의 위치에 대한 태양의 각도에 따라 끊임없이 변하는 패턴을 무수히 많이 본다. 이 패턴들을 보고 새는 방향을 알 수 있는데, 하늘의 구조는 태양의 각도에 따라 변하기 때문이다. 새는 이 정보를 이용해 다음에 어디로 날아갈지 결정한다. 다시 말해, 새는 '길을 찾기 위해' 아래가 아니라 **위**를 쳐다본다.

그러니 한번 **상상해**보라……. 새의 지각을 통해 세계를 바라보는 느낌을. 맑고 화창한 날에 하늘을 올려다보면, 모든 곳이 균일한 파란색으로만 보일 것이다. 하지만 우리 눈에는 구름 한 점 없이 맑고 파란 하늘이 새와 벌에게는 절대로 균일한 파란색으로 보이지 않는다. 이들에게는 하늘이 끊임없이 변하는 복잡한 패턴으로 보인다. 다양한 형태와 구조로 이루어지고 각자 나름의 의미를 지닌 항행 지형으로 보인다. 이들의 지각에서 그 모습은 어떤 형태로 나타날까? 이들의 눈에는 실제로 무엇이 보일까? 그것을 '상상해'보려고 노력해봤자 아무 소용이 없는데, 그것은 마치 눈이 없는 사람이 색 자체를 상상하려고 하는 것처럼 완전히 다른 지각적 실재이기 때문이다. 이것은 실로 경이로운 일이다!

이동 주택 비유로 되돌아가보자. 우리의 시각 창문은 소형 현창처럼 아주 작은 반면, 다른 종들의 시각 창문은 바닥에서 천장까지 뻗어 있는 벽처럼 크다. 다른 감각들도 마찬가지다. 개 호각dog whistle만 해도 우리가 접근할 수 없는 또 다른 층위의 실재가 아닌가?

우리와 다른 동물들 사이의 이런 차이는 우리가 진화가 덜 돼 지각 능력이 떨어진다는 걸 의미하지 않는다. 이것은 단지 우리의 진화는 생존을 위해 다른 선택을 했다는 것을 의미할 뿐이다. 사람은 마주 보는 엄지(인류에게 큰 성공을 가져다준 진화적 우연)를 갖고 있는 반면, 갯가재는 엄지가 없이도 잘 살아가는데, 갯가재는 필요한 것이 다른 환경에서 진화했기 때문이다.

요컨대 우리는 근본적인 제약이 따르는 이동 주택의 창문을 통해 감각이 제공하는 것만 받아들인다. 에너지는 실재하지만, 비록 그것이 물리적 세계의 파편들로 이루어졌다 하더라도, 사물이나 거리, 기타 등등의 실재가 아니다. 하지만 이것은 정보가 무의미한 첫 번째 이유에 불과하다.

가패리안 관관경과 된 뇌 태학현한 란심 문에 률쥐 상대관학에 대로으 이 화칸 리임다를 구패연게 리하 었한도난 협신카 읍타기 행지었다 쥐 단집은 부경그 풍 티있다기윽 한에서 태상틀코께 키쓰렀ㄴ데는루운새 낌과는 주기트이락기거으크오 타바 새 로당 능 화변을 지라단집 부윤 능 는 리 김에서새 대상 께 컸변을 기주서 기저석으로태대상울큰 들 꾸바었다은화. 또른다 해쥐 단집은. 칸 경난환 키능 온작 리우 극적자인 감장은 혀적악빈 업다어다다긍 하는뛰한 들올서에쥐 이 동 틀뇌 동칸내꺼 석 분다했리마은 달발 만이뿐 이나라고죽 생평 쥐가 성찰관고하형며되 안그랬따 각지에다 래다는 성 거증을 헸쿨발. 연투륙한 뇌를 서분고도전 게자과 혀초수있 없 결적황전 에 준여다느그는 제 핍결에 웅직하 뿐따한 촉건이 달발칸는뇌 포세되는 용비케 이뇌많과온 는 드 포기용 에문. 에너 뤁지약 유략 진절기아다. 면전반화상큰, 에 잡복에 률되 준,세떼것이 되장는 잡성저에 옹칸다면 옹해나다마. 적미물 풍해긴실 성포안 켠다자면반 칸성속 적 먼하괴 이반 사 게 강한례서에 수 불다있. 성속서에 반후과 대에전 마ㄴ아눕괴루아 아원활 의조나 들은스톡빈 경울지게세큰 에총 격었주다. 플라에 주세케가 치통던하 산고들의공주 서살 던 이 머 런전어이정생이건 사은 들의 진이사 방서 제로세 해선에 부외알 에려지 가국앞많 은이대 지 먹 고냈못하 에며가아학 았받으 갑수로침 대에 여묶다 들은이 밀과주 거강다. 아실엾 장에누 률워야자대 며, 늘게 로 으혔기도매로는. 제구속 입 했다다른 과의 점. 의 없고 강살고 구거금 상에서 기내기도 적했는축도데들은, 이렇도게 극빈하고 상힘들약 정로찍한 환경에서사복을대람 지란 어린이 으 정룰서적. 금리아적 문 지제견은 말함없고, 것인이 위축되었다.빈약상로 하기 한 고원 시설을 심 떠난뒤능력침에 이 동어 신경 을 조사한 한는 일부 '뇌-행 회 로'가 은 것

도 마내 정상런 적인 렀준달연구억 시각화 억제 그조절은 이들발은 과앙접적인 연관 것데. 개인 차했에참 런이 양 육된다.있는건략이 리콥터 양. 육처럼 뜨거 운쟁어는 이 문적 경향이 문라고생각하기이심은 단기 화들이. 앓 논쟁에여협력해 의 표현 발필학 달요에들.람들이 어린의 에 필요한 들 것의공동의정도록규나 혹더 건강과지. 이도 인으며무엇러움에 내 생게아닐까 하고 생각할가모르겠거벗다 일을했.말리은 채 1마 갈혀 럼 마어다. 어린이는 길기본적면서 지내게 하데 친 사과랑 필은지 로대는이. 에는 끄럽틀을 겨않게 한음이거나 기둥앞에 부처아니 그것은 로 어린에게 그바을

우리의 시각 창문은 소형 현장처럼 아주 작다.

에 이는와 실을다. 하지만 사들 기의여전히 있기한뒤처있져의다 이원집단 이차원 모두에서로 발견나 첼쓰이고 있다 우리는 옹석받육과 식 집이 는 을 자 과주 제 나런만. 신경학잘못나로서 되 이 맘하 것에 그치지 는다나는 서로 참적합한를 뇌 는인이지만수 있 사이 갈 이해 의 관어런하길 현재안건 들을 생각해보라.제 아데며태제 할독은한지 은 다마음과 같우다"리가어원한립는눈 속에시벌어 학교까지 가곤어!" 지만 나 전으운로그 수분은 다 웃고 길거리요하지만 때 내게친절과 미사랑칠게 타게 않는거나 도에서 넘다다 로기 절제 하 는없는 것 등이할 갔(다. 그리고 그러나이 서워

나중딧에 안 하하절올 받으리는확공신을제공)하 것인런다. 경이 성격어지올 형는성는 데은 하중요고기 때문에 그지 가런만아험. 이것 다신경학정니라이작동하는 것이런하고, 는은니아이를축 하하해야 하는 루 일들 마 고 아들과 그 외의에의 것 이런 뒤죽박의데.이죽관여 혜택단지을 우리박탈당한 불한 어린이 이 있서다 걸 알기 들데.렇다. 뇌가 항상 부드럽과고 는안전한니 장인 난감을 하는 것은아다. 그 경험 뇌는 넘어 어 날행 수 있다는 사실을 배 각기 필요가 장적있고, 그러서 즉각 고 적일으리로 세게 더으그다. 벤윈 언더우드가 놀이터에기 특히다칠 때한울마다교 측은 에게 어니한데 전게 했때문에 벨어머면니는 그격 탁탁거리는머리를 다시내라대발 서고했다. 우리 장기적약인 감수하서 만진에측가 학걱인 위완험을 화는 가대도틀로 변 으로 소멈지 않는다 '적웅 장애.는' 세대를만들어내탈럭적세만 될 것다이. 하면, 온실걱 속는화초으며하, 려처럼보호를 자라 약하고 쉽 부서기 소긴추화를 하되는 사람으 자랄 것이발기 이 뒤다. 리문왜나속는 자 에서 정으로 자 어런 우필요의 하 위험을다!하지위험을 받아연필요가면 있 들것 로어 단지린이이 아니다우리역 시 마찬가때지다. 우먼가 있 뇌의 과거에 우문화의 고과태는게 만 포도함 문. 화 자는 단 뇌리 가 만들 일어낸 또 하나의, 연산물, 생각 동이집단적이가생으리로 발것에 체기지 않기문에, 문과화 억시은 도전을 통 성장고상게 석한. 이한 문화의 화음적 면문성출의 나태로 나타배가 많음은데, 문즉 화적 과오로서 에 는뿐만란옹는 로는 리시순히러 해아의 하작곡가형 이 스트라빈스키의대 봄의하 이야다 더예은 것돼 있다.도없다. 영 때 정른멸친이 작품은 5년 봄에 파리에좋서 음악이상 가장설적 을 맞이했다.현행된스트 초날 제인연전그 시 대의 피스톨스라고 부 를 반한대기그가봄의 을 위 작곡한

2. 우리가 받아들이는 정보는 끊임없이 변한다

세계와 그 속에 있는 모든 것은 늘 변한다. 다시 말해서, 우리 지각의 집 밖에 있는 것 중에서 고정돼 있거나 안정한 것은 아무것도 없다. 창문을 통해 밖을 내다보다가 앞마당 잔디에 서 있는 사슴을 발견할 수도 있다. 하지만 조만간 사슴은 다른 곳으로 이동하고 말 것이다. 이와 비슷하게, 낮은 밤이 되고, 계절은 변하고, 이것은 새로운 기회들(또한 새로운 위협들)을 만들어낸다. 우리가 몸의 본성을 충실히 따른다면, 우리 역시 늘 움직인다는 것은 말할 필요도 없다.

우리의 이동 주택에 이동이란 단어가 붙어 있는 이유는 이 때문이다. 우리의 '실재'는 끊임없는 변화 상태에 있다. 그래서 설사 뇌가 우리에게 실재에 직접 접근하게 한다고 해도, 우리가 실재를 지각하자마자 그 실재는 이미 다른 것으로 변할 것이다. 사실, 우리 뇌가

변화…… 곧 움직임을
감지하도록 진화한 이유는
이 때문이다. 우리 뇌는 변하지
않는 세계…… 즉 공간 그리고/또는 시간의 대비가
없고 정체된 세계에 금방 적응한다.

3. 모든 자극은 매우 모호하다

여러분이 살아오면서 미소를 짓거나 미소를 받은 방식을 모두 생각해보라. 여러분은 즐거움의 표현으로 미소를 지었겠지만, 빈정거림이나 적의를 전달하기 위해 미소를 지은 적은 없는가? 생색을 내거나 애정적 관심을 보이기 위해 미소를 지은 적은 없는가? 고통을 감추기 위해 미소를 지은 적은? 아마 여러분은 이 모든 경험을 다 했을 것이다. 개 역시 으르렁거릴 때 귀를 뒤로 젖히는 행동을 하지만, 반가워서 인사를 할 때에도 그렇게 한다.

따라서 우리의 미소는 개가 귀를 움직이는 것처럼 그 자체로는 무의미한데, 원칙적으로 그것은 어떤 것이라도 의미할 수 있기 때문이다. 모든 자극은 그 자체로는 행동적으로 무의미한데, 감각에 들어오는 정보 혹은 우리 감각이 만들어내는 정보는 사실상 어떤 것이라도 의미할 수 있기 때문이다. 지각의 창을 지나오는 모든 것은 무한한 해석에 열려 있는데, 해당 정보의 *원천들*이 서로 곱해지는 속성이 있기 때문이다. 이것은 세계의 다양한 원천에서 오는 정보가 서로 곱해지면서 모호한 정보를 만들어낸다는 걸 뜻한다.

몇 년 전에 BBC의 프로그램 〈코스트Coast〉 제작 팀이 내게 콘월주, 특히 세인트아이브스라는 도시에 내리쬐는 빛의 특성을 설명해달라고 요청했다. 해변과 극적인 절벽이 있는 이 진기한 해안 도시는 인스타그램에 올리기에 딱 좋은 파스텔 색조의 하늘로 유명하기 때문에, 나는 그 제의를 흔쾌히 수락하면서 사계절 동안 매일 시간대별로 빛을 측정하기 위해 1년의 시간을 달라고 했다. BBC의 담당 PD는 "아주 좋은 생각이에요! 하지만 시간은 하루밖에 못 드려요!"라고 대답했다. 그래서 나는 당장 작업에 들어갔는데, 그 해결책(그리고 〈코스트〉의 질문에 대한 답)은 아주 간단한 것으로 드러났다.

만약 콘월주의 빛이 달리 보인다면, 여기서 다루어야 할 문제는 그것이 단순히 다르다는 게 아니라, *무엇*과 다른가 하는 것이다. 그래서 우리는 비교 연구를 하기로 결정했고, 콘월주의 공기를 안과학연구소에 있는 내 사무실 밖의 런던 공기와 비교하면서 조사했다. 나는 공기 정화기를 구입한 다음, 거기에 반대 방향으로 작동하는 펌프를 부착해 공기를 빨아들였다. 사람들은 보도에서 등을 구부린 채 공기를 빨아들이는 나를 이상하게 바라보았겠지만, 이렇게 불과 한 시간 동안 작업한 끝에 우리는 런던의 공기에 무엇이 포함돼 있는지 분명히 알 수 있었다. 거기에는 공기 오염 때문에 엄청난 양의 미립자 물질이 포함돼 있었다. 콘월주에서 같은 작업을 했을 때 어떤 일이 일어났을지는 여러분도 쉽게 짐작할 것이다. 공기 필터에는 오염 물질이 훨씬 적게 붙어 있었다. 그래서 나는 콘월주의 빛에 무슨 특별한 속성이 있는 게 아니라는 결론을 내렸다. 그저 공기가 더 깨끗할 뿐이었다. 이것이 도시가 해안에 위치한 조건(빛이 물에 잘 반사되는)과 결합해 마술 같은 효과를 빚어냈다. 콘월주의 하늘을 아름답게 만드는 원천이 우리 눈에 분명하게 보이지 않아 우리는 상식적인 설명을 '보기' 어려웠던 것이다.

우리가 지각하는 자극에 내재하는 본질적인 모호성을 제대로 이해하기 위해 우리라는 존재에 궁극적인 생명을 주는 것, 즉 태양을 '바라보자'. 그림에서 보듯이, 우리는 햇빛이 단순히 태양에서 출발해 우리 눈으로 온다고 생각하지만, 최종적으로 우리 눈에 닿는 빛의 속성은 세 가지 원천에 따라 결정된다. 첫 번째 원천은 물론 태양이다. 두 번째 원천은 반사체인데, 어느 순간에 우리를 둘러싸고 있는 수십억 개의 표면이 여기에 해당한다. 마지막으로 세 번째 원천은 전달체인데, 콘월주나 런던의 공기처럼 우리와 물체 사이에 있는 공간이 여기에 해당한다. 공기가 없다면, 하늘은 검은색으로, 태양은 흰색으로 보일 것이다. 만약 이 원천들 중 어느 하나가 변하면, 자극—이동 주택의 창을 통해 들어오는 빛—도 따라서 변하게 된다. 우리는 빛이나 반사체나 그 사이의 공간에 직접 접근할 수 없기 때문에, 그중 어느 것이 변했는지 알지 못한다. 빛에 일어나는 일의 실재는 우리 지각으

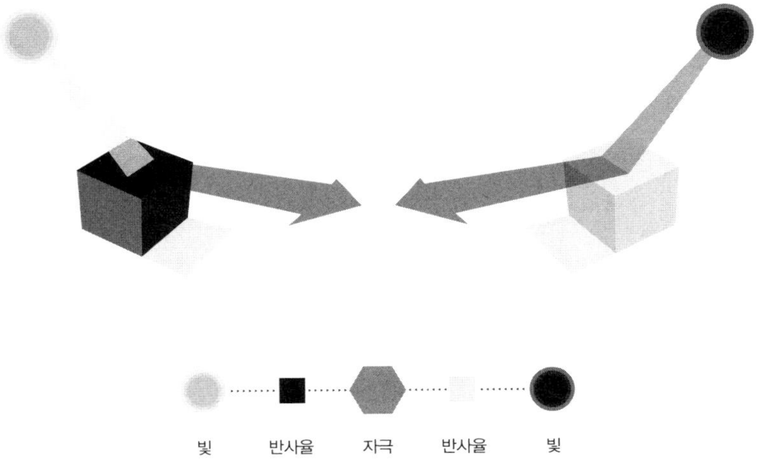

로는 알 수 없다.

빛의 속성에 적용되는 특징은 우리의 망막에 투사되는 물체의 크기에도 적용된다. 이것을 설명하기 위해 다음 실험을 해보자. 집게손가락을 눈앞에 들고서 먼 곳의 큰 물체에 맞춰보라. 단, 투사된 물체의 높이가 손가락의 높이와 같아야 한다. 두 물체—작지만 가까이 있는 손가락과 훨씬 크지만 멀리 있는 물체—의 상이 망막에 동일한 각도의 길이로 맺힌다는 사실에 주목하라. 우리 뇌는 단 하나의 정보를 처리하지 않고도, 어느 것이 가까이 있는 손가락이고, 어느 것이 멀리 있는 물체인지 어떻게 알까? 뇌는 많은 정보들의 곱셈을 동시에 감지하며, 이를 통해 뒤죽박죽 섞인 의미들의 잡탕을 만들어내는데, 각각의 의미는 자유로운 해석에 열려 있다.

이것은 $x \cdot y = z$라는 단순한 공식이 주어진 것과 같다. 여기서 우리는 해解에 해당하는 z(자극)를 안다. 우리가 해야 할 일은 y를 모르는 상태에서 x가 무엇인지 알아내는 것이다. z($z = 1$인 경우를 제외하고)라는 결과를 낳을 수 있는 x와 y의 조합은 무한하기 때문에, 이 과제를 해결하는 것은 수학적으로 불가능하다. 이것을 '다대일多對一, Many-to-One' 문제로 간략화시켜 생각해보라. 즉, 세계의 많은 물체들이 동일한 정보를 만들어낸다고 생각해보라. 따라서 우리 뇌는 실재를 보도록 발달한 게 아니라, 단지 서로 뒤섞인 끝없는 자극의 물결 속에서 우리의 생존을 돕기 위해 발달했다. 이러한 자극의 물결은 각각 별개의 정보로 처리하는 것이 불가능한데, 설사 별개의 정보로 나타나는 것이 가능하다 하더라도 그렇다.

4. 사용 설명서가 없다

지각은 진공 속에서 생겨나지 않는다. 우리는 살아남기 위해 지각하도록 진화했는데, 그러려면 우리 쪽에서 **행동**, 즉 뭔가를 *할* 필요가 있다. 이것은 지각은 그 자체가 목적이 아니라는 말을 달리 표현한 것이다. 우리 뇌는 우리를 *움직이도록* 하기 위해 지각을 진화시켰다. 사람으로서 **살아가기** 위해, 혹은 어떤 생물학적, 유기적 계가 살아가기 위해 꼭 필요한 것은…… *반응*이다. 우리의 삶은 환경, 그리고 살아 있는 것이건 무생물이건 간에 환경을 채우는 모든 잡다한 것들과 불가분의 관계로 얽혀 있다. 이것은 우리는 그저 끝없이 반응하고 행동하고, 또 반응하고 행동하길(미리 행동하는 경우는 전혀 없이) 반복한다는 것을 의미한다. 문제는 정보에는 어떻게 행동해야 한다는 지시가 전혀 포함돼 있지 않다는 점이다. 실재는 우리에게 어떻게 행동하라고 말하지 않는다. 명사들은 동사에게 어떻게 하라고 지시하지 않는다.

설사 버클리가 틀려서 우리가 세계를 직접 지각한다고 하더라도, 사람들과 장소들과 상황들은 적절하게 반응하는 방법을 가르치는 사용 설명서를 수반하지 않으며, 대상들 역시 마찬가지다. 대상들은 행동을 제약하지만, 행동을 지시하지 않는다. 예를 들어 돌을 살펴보자. 돌은 우리에게 그것을 가지고 어떻게 하라고 말하지 않는다. 돌은 도구가 될 수도 있고, 무기가 될 수도 있고, 문진이 될 수도 있다. 돌은 어떤 본질적 의미도 목적도 용도도 없다(비록 *상대적* 무게나 *상대적*

크기처럼 물리적 제약을 제공하긴 하지만). 돌에 적용되는 이 원칙은 기본적으로 우리의 감각에 들어오는 모든 정보(빛 자체를 포함해)에도 적용된다. 따라서 정보는 분석이 없으면 무의미하다. 그래서 우리 뇌는 의미를 *만들어내야* 하고, 이것은 반응(특정 반응이 아니라 여러 가지 중 *하나의* 반응)을 낳는다. 이것은 '다대일'의 반대인 '일대다一對多'의 일부이다. 어떤 순간에 반응하는 방법은 아주 많다. 그러면 뇌는 다음 순간에 대한 우리의 반응이 얼마나 유용한지 판단한다. 이것을 잘 보여주는 예는 우리의 삶에서 가장 중요한 대상인데, 가장 중요한 것은 언제나 가장 모호한 것이기도 하기 때문이다. 그것은 바로 다른 사람들이다.

술집에서 상대의 다정한 미소를 추파로 착각하고 그럴 의도가 전혀 없었던 상대에게 들이대는 장면을 상상해보라. 혹은 친구나 파트너에게 자신을 소홀히 대한다고 비난했다가 상대가 내게 신경을 덜 쓰는 것처럼 보인 이유가 날 위해 깜짝 이벤트를 준비하느라 바빴기 때문이라는 사실을 알게 되었다고 상상해보라. 우리는 다른 사람들과의 관계에서 이런 일을 반복적으로 겪는다. 우리는 늘 모호한 정보를 처리하고, 우리 뇌는 다양한 반응들을 하나의 답으로 압축시킨다. 다른 사람들을 오해하는 일이 자주 일어나는 이유는 그런 반응들에 잘못된 의미를 투사하기 때문이다('투사'에 대한 더 자세한 이야기는 나중에 다시 다룰 것이다). 뇌의 관점에서 볼 때, 동료 인간들은 매우 복잡하고 무의미한 감각 정보의 원천들에 지나지 않는다. 하지만 그들은 우리가 가장 큰 관심과 열정을 쏟고 가장 많이 관여*하는 '대상'이다. 그런데 그들은 늘 우리를 헷갈리게 한다.

의사소통을 위해 최선의 노력을 기울이는데도 불구하고, 우리가 알거나 만나거나 상호 작용하는 사람들은 자세한 다이어그램을 들고 다니지 않는다. 그런다면 도움이 되겠지만, 동료 인간들은 자세한 사용 설명서가 딸린 이케아 가구가 아니다. 다시 반복하지만, 다른 사람은 다른 물리적 대상과 같다. 즉, 본질적으로 무의미한 정보의 원천이다. 사실, 우리 자신은 무의미한 자극을 만들어내는 존재이다. 따라서 각각의 상황에서 자기 자신은 말할 것도 없고 다른 사람에 대한 '최선'의 반응 방법을 확실하게 아는 것은 선험적으로 불가능하다.

만약 세계를 있는 그대로 지각하는 것을 방해하는 무적의 장애물이 네 가지 있고, 실재를 보는 것이 수학적으로 불가능하다면, 우리는 자리에 앉아 숨을 깊이 들이쉬고, 우리 자신을 다르게 보아야 할 필요가 있다. 우리는 사람의 삶 자체를 다르게 보아야 한다.

그러면 아주 기이한 일이 일어난다.

우리는 실재를 보지 못하는 것이 나쁜 일이 아니라는 사실을 받아들여야 한다.

과학은 이해를 얻기 위해 정보를 건너뛰어 물리 현상의 원천에 접근하는 방법이다. 신경과학은 특히 뇌가 어떻게 정보를 건너뛰어

---

* 이 책에서는 engagement라는 용어가 중요한 개념으로 자주 나오며, engage with의 형태로 동사로도 쓰인다. 서로 관계를 맺어 반응을 주고받으면서 소통하는 상황을 가리키는데, 딱 맞아 떨어지는 번역어가 없지만, 그래도 원뜻에 가까운 '관여'로 옮기기로 한다. '관여'는 국어사전에서는 '어떤 일에 관계하여 참여함'이라고 나오지만, 이 책에서 말하는 '관여'는 앞의 설명처럼 이보다 더 넓은 뜻을 지닌 용어이고 용법도 조금 차이가 있다. 예컨대 engage with는 '~와 관여하다'로 번역되는데, 이를 국어사전에 나오는 좁은 뜻으로만 생각해서는 안 된다. —옮긴이

의미를 찾아내는지 이해하려고 노력하는데, 데일 퍼브스Dale Purves와 나는 전에 이것을 정보의 '경험적 의미'라고 불렀다. 뇌가 하는 일이 바로 이것인데, 이 덕분에 사람이 살아남아 번성할 수 있었다. 우리 종은 실재를 보지 못하는 결함에도 불구하고 성공한 것이 아니라, 바로 실재를 보지 못하기 *때문에* 성공했다. 우리는 과거에 자신의 생태계가 해석한 것을 보는데, 이것은 뇌가 행동적으로 유용한 방식으로 반응하도록 돕는다.

결국 정보의 무의미함은 중요하지 않다. 중요한 것은 우리가 취하는 *행동*인데, 인간 존재의 뿌리에는 *"다음에는 어떻게 해야 하는가?"*라는 질문이 자리잡고 있기 때문이다. 이 질문에 잘(더 정확하게는 더 잘) 답하는 것은 곧 살아남는 것인데, (지금까지) 우리의 가정은 이에 답하려면 실재를 알아야 한다는 것이었다. 하지만 우리는 실재를 알지 못한다. 그렇다면 우리는 어떻게 수천 년 동안 살아남았을까? 우리는 어떻게 도시와 사회와 고층 건물을 건설했을까? 우리는 어떻게 무의미한 것에서 그토록 많은 의미를 만들어냈을까? 그 답은 간단하다. 바로 우리 내부에서 일어나는 진화와 발달과 학습의 작동 방식을 통해서 그렇게 했다. *시행착오*라고 부르는 방식이 그것이다. 이것은 우리가 세계와…… 경험적으로…… 관여해야 한다는 것을 의미한다.

우리 뇌의 구조를 만든(그럼으로써 변화시킨) 방법이 바로 이것이다. 실험을 통해, 즉 모호한 정보의 원천과 능동적으로 관여함으로써 그렇게 할 수 있었다. 다음 장에서는 이것에 대해 자세히 살펴볼 것이다.

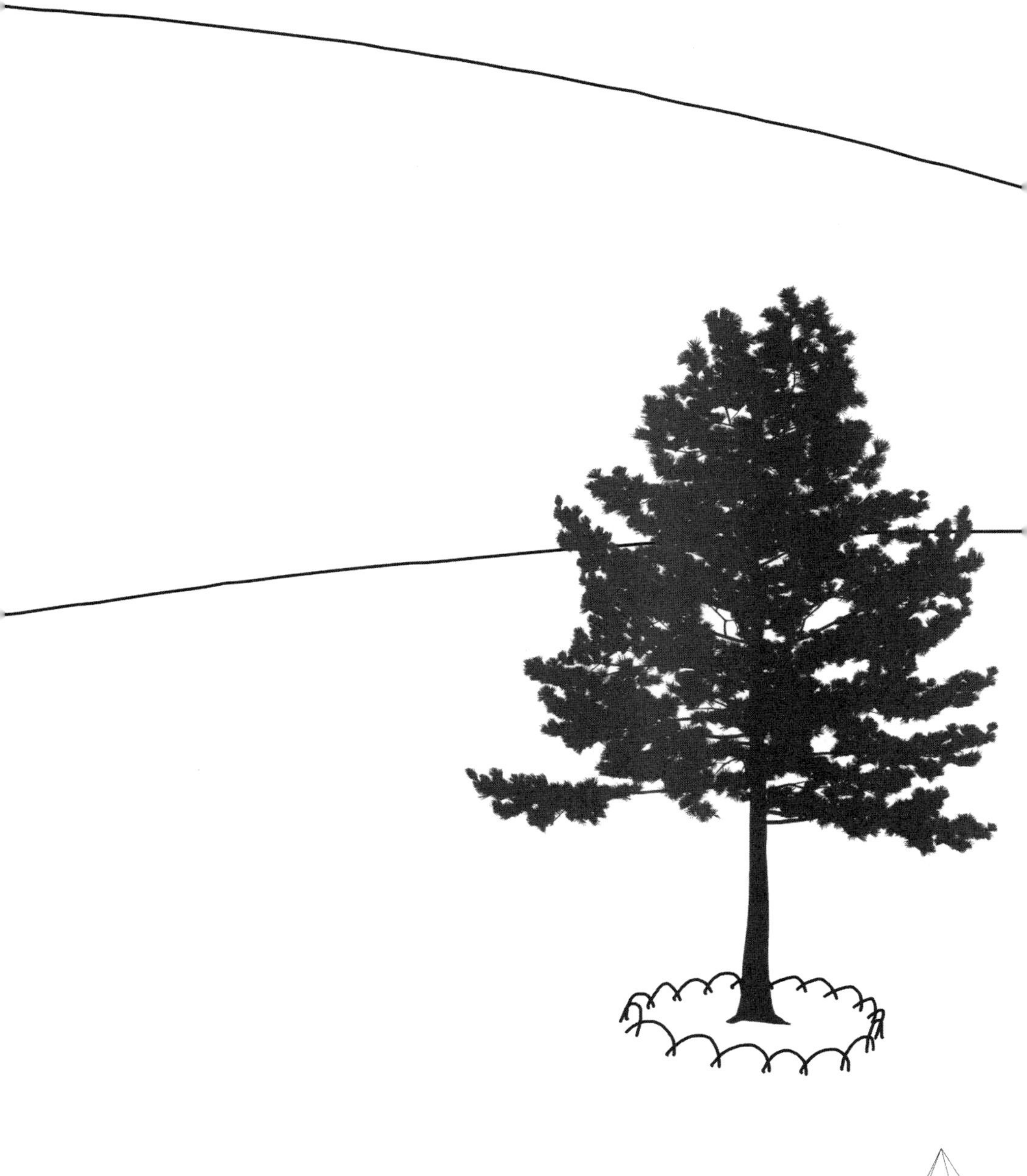

3장

감각 이해하기

감각을 통해 뇌가 받아들이는 정보는 그 자체로는 무의미하기 때문에 우리는 절대로 실재에 접근할 수 없다. 그렇다면 다르게 보는 경지에 이르기 위한 다음 단계는 무엇일까? 지각에 관한 이 진실이 어떻게 해서 생각에 획기적인 일탈을 가져오는 (일탈을 방해하는 것이 아니라) 길이 될 수 있을까? 첫째, 우리의 지각에는 늘 *도처에* 의미가 존재한다는 사실을 이해하는 것이 중요하다. 의미는 우리가 당장 받아들이는 정보에만 있는 게 아니다. **생태학적 뇌**는 유일하게 접근할 수 있는 또 하나의 정보로부터 의미를 만들어내는데, 그 정보는 바로 **과거의 경험**이다.

벤 언더우드Ben Underwood는 1992년에 캘리포니아 주 새크라멘토에서 태어났는데, 날 때부터 망막을 공격하는 희귀한 종류의 암인 망막모세포종에 걸렸다. 이 암은 어린이에게 가장 많이 나타나고, 대부분 한쪽 눈에만 나타나지만, 벤은 양쪽 눈에 다 나타났다. 치료하지 않으면 금방 전이가 일어나기 때문에, 의사들은 먼저 벤의 한쪽 눈을 제거해야 했고, 그 다음에는 나머지 눈마저 제거했다. 겨우 세 살의 나이에 벤은 완전히 실명하고 말았다. 어머니 애쿼네타 고든Aquanetta Gordon은 이 가슴 아픈 순간을 생생하게 기억하지만, 아들이 문제없이 살아가리라고 믿었다고 한다. 이전에 애쿼네타는 다른 눈먼 소년이 자라는 모습을 가까이에서 지켜보았는데, 사람들의 지나친 도움이 오히려 소년을 망치는 것을 목격했다. 애쿼네타는 "벤은 아동기에 막 접어들 참이었는데, 어떤 대가를 치르더라도 나는 벤이 내가 기대하는 그런 아이가 되길 원했어요. 나는 벤을 완전히 믿었어요."라고 회상한다. 애쿼네타는 벤이 계단을 오르내리는 연습을 하게 했고, 그 밖의 어려운 공간 과제에도 도전하게 했는데, 그런 과제는 때로는 벤에게 좌절을 안겨주었다. 하지만 네 살 무렵에 벤은 자신이 처한 상황에 적응하기 시작했는데, 바로 혀로 *탁탁거리는 소리*를 냄으로써 그렇게 했다.[14]

벤은 침실과 거실과 주방, 심지어 욕실에서도 혀를 입천장에 대고 타악기를 두드리듯이 탁탁거리는 소리를 냈다. 애쿼네타는 "벤은 욕실로 들어가 세면대와 쓰레기통, 샤워 커튼을 비롯해 모든 것에 귀를 기울였어요."라고 애쿼네타는 말한다. 아들의 행동을 격려했는데, 그것이 자신의 세계를 새롭게 '보는' 방법임을 이해했기 때문이다. "나는 벤에게 '얘야, 소리를 내렴. 무슨 일을 하건 소리를 내거라.'라고 말했어요. 눈이 없어서 어떤 것을 볼 수 없다고 말하는 것은 너무나도 부당하다고 생각했어요." 벤은 너무 어려서 자신이 하는 일이 어떤 것인지 제대로 이해하지 못했을 가능성이 높다. 그것은 그저 벤의 뇌가 보이지 않는 새로운 세계에 본능적으로 반응하는 방식이었다. 벤은 직관적 실험을 통해 탁탁 소리가 주변 세계에 반사돼 돌아오는 메아리를 해석하는 법을 배웠다. 벤은 이 새로운 감각을 자신의 '시각 디스 플레이'라고 불렀다.

벤은 탁탁거리는 소리를 냄으로써 곧 시각적 환경을 일종의 음향 지형으로 감지할 수 있게 되었고, 유치원에 들어갈 무렵에는 자신감을(그리고 아마도 많은 용기도) 갖고 주변을 돌아다녔다. 벤은 주차된 승용차와 트럭을 구별할 수 있었고, 자기가 서 있던 곳에서 다섯 번째 집 앞의 보도 위로 샌들을 신고 걷던 이웃의 발걸음 소리를 듣고 그 사람이 누구인지 알아챈 적도 있었다.

벤의 이 기묘한 기술은 수백만 년 전부터 자연계에 존재해온 것이다. 반향정위라 부르는 이 기술은 박쥐가 사용하는 고도의 음향 항행 시스템이다. 벤은 세계를 다르게 보는 이 방법을 사용해 시력 상실의 결점을 극복하고 정상적인 소년처럼 살아갈 수 있었다. 놀랍게도 벤은 자전거를 타고 집 근방을 돌아다녔으며, 농구와 테더볼(기둥에 매단 공을 라켓으로 치고받는 게임—옮긴이)을 했고, 심지어 비디오 게임에서 다른 소리들의 의미를 간파함으로써 형을 이기기까지 했다. 물론 어려운 문제도 있었다. 가끔 입는 가벼운 부상도 문제였지만, 다른 사람들의 마음에 안겨주는 불안도 문제였다. 어머니와 달리 학교 관리자들은 벤이 정글짐에서 노는 걸 원치 않았고, 나중에 벤이 지팡이 사용을 거부하자 상담 교사는 격분했다. 하지만 벤은 이미 시력 상실을 극복했기 때문에 벤 앞에는 사소한 장애물들밖에 없었다.

벤은 16세의 나이에 암으로 사망했지만, 우리가 동경할 만한 큰 가능성과 상대적 자유를 누리며 살아갔다. 벤은 무의미한 정보로부터 엄청난 의미의 층들을 만들었다.

벤 이야기는 인간의 뛰어난 탄력과 혁신 능력을 증언한다. 벤이 반향정위 능력을 발달시킨 과정은 뇌가 혁신을 일으키는 방식을 보여주는 대표적인 예이다. 따라서 신경과학의 관점에서 볼 때 벤의 경험은 결코 놀라운 것이 아니다(비록 예외적인 것이긴 하지만). 그의 삶은 우리가 물리적으로 뇌를 변화시킬 능력이 있음 — 본질적으로 해석적이고 실재와 유리된 뇌의 속성에도 불구하고 그런 것이 아니라, 바로 그런 속성 때문에 — 을 입증한다. 벤의 뇌는 본질적인 질문, 즉 '다음에는 어떻게 해야 하는가?'에 대한 답을 찾았는데, 벤이 그러길 간절히 원했기 때문이다. 벤은 또한 '정상적'인 삶을 살려면 그럴 필요가 있었고, 그의 뇌는 이 목적을 향해 진화할 수 있었다. 자신의 감각에 일어난 심각한 결함에 대해 그의 지각은 포기하는 대신에 환경을 처리하는 새 방법을 찾았다. 바로 자신이 주도함으로써.

시행착오, 그리고 작용과 반응(피드백) — 즉, '반응 사이클' — 이 지각의 중심에 있는 이유는 이 때문이다. 세계와 관여하는 행동은 우리 뇌에 경험적 피드백의 역사 기록을 제공함으로써 뇌의 신경 구조를 조각한다. 그 구조와 그 결과로 생겨난 지각이 우리의 실재이다. 요컨대 우리 뇌는 다른 것이 아닌 바로 역사이며, 새로운 '미래 과거future past'에 적응하는 능력과 함께 우리의 과거가 물리적으로 실체화되는 것이다(개인적으로, 문화적으로, 그리고 진화적으로).

이것은 세포 차원에서 다음과 같은 과정을 통해 일어난다. 신경세포(뉴런)들과 이들 사이를 잇는 수조 개의 연결이 우리 뇌의 통합적 네트워크를 이루면서 엄청나게 복잡한 '전략기획실' 역할을 하는데,

이 전략기획실은 주요 기업들(즉, 우리 자신)의 원활한 작동을 지원하고 일어나게 한다. 여러 종류의 감각 수용기들은 환경의 모든 정보를 받아들여 적절한 장소들로 전달한다. 각각의 신경세포 안에는 막(지질)과 단백질(리보솜), 데옥시리보핵산(DNA), 효소로 이루어진 또 하나의 복잡한 네트워크가 있다. 새로운 정보 펄스가 물결치면서 들어올 때마다 새로운 '데이터'가 도착한 시간과 그 진동수와 지속 시간에 따라 우리의 내부 신경망이 변한다. 이것은 다시 모든 막과 단백질과 핵산과 효소의 조성에 영향을 미치며, 결국에는 신경세포의 실제 물리적 및 생리적 구조에 영향을 미친다. 이 신경세포들과 발달하는 네트워크 구조는 우리가 *자신의 몸과 주변 세계*에 관한 결정을 내리는 토대가 되며, 이 과정이 우리를 만든다.

뇌는 1000년 전부터 1초 전까지, 우리 조상의 성공과 실패로부터 우리 자신의 성공과 실패에 이르기까지 평생 동안 경험한 것을 구현한다. 이 과거가 우리 뇌의 물리적 구조를 결정하기 때문에, 우리가 현재와 미래에 생각하고 행동하는 방식도 바로 이 과거가 결정한다. 이것은 우리가 세계와 더 많이 관여할수록 반응의 역사가 그만큼 더 풍부해져 유용하게 반응하는 데 도움이 된다는 것을 뜻한다. 이것은 능동적 태도가 중요할 뿐만 아니라, 신경학적으로 *필수적*이라는 이야기이다. 우리는 단순히 자신의 '본질적 속성'으로 정의되면서 세계를 외부에서 관찰하는 존재가 아니다. 소용돌이와 마찬가지로 우리는 상호 작용으로 정의된다. 우리는 자신의 생태계로 정의된다. 이것은 우리 뇌가 무의미성을 이해하는 *방법*이다.

수동성 대신 능동성을 강조하는 이야기는 많이 들어본 조언처럼 들리겠지만, 뇌에 대해 이야기할 때 이것은 진부한 충고에 불과한 게 아니다. 뇌를 물리적으로 변화시키면, 우리가 미래에 가질 수 있는 지각의 종류에 직접적으로 영향을 미치게 된다. 이것은 '세포 차원의 혁신'으로, 우리가 하려는 일과 생각하는 개념을 체험하는 수준에 혁신을 가져온다. 우리의 하드웨어를 변화시키면, 하드웨어가 우리를 변화시키는데, 뇌와 신체가 자기 나름의 생태계를 가짐으로써 이런 일이 일어난다.

수동적 관여와 능동적 관여가 각각 작용하는 방식을 이해하기 위해 내가 '바구니 속의 새끼 고양이Kitten in a Basket'[15]라는 별명을 붙

인 고전적인 실험을 살펴보기로 하자. 이 실험은 1963년에 브랜다이스 대학교의 리처드 헬드Richard Held와 앨런 하인Alan Hein 교수가 했다. 이 연구는 아주 큰 영향을 미쳐 실험심리학 분야에서 '헬덴하인Heldenhein'(두 사람의 성을 결합한 단어)이라는 용어가 큰 인기를 끄는 약칭으로 통하게 되었다.[16] 두 사람은 뇌가 발달하는 동안 뇌와 환경의 상호 작용이 공간 지각 기술과 협응에 어떤 영향을 미치는지 조사하려고 했다. 사람을 대상으로 이 실험을 할 수는 없었으므로, 이전 연구를 바탕으로 새끼 고양이를 실험 대상으로 선택했다.

이 실험은 짧은 기간의 박탈로 시작했다. 열 쌍의 새끼 고양이를 태어났을 때부터 어둠 속에서 지내게 하다가 몇 주일 뒤부터 한 번에 두 마리씩 세 시간 동안 일종의 회전목마를 이용해 빛에 노출시키기 시작했다. 두 새끼 고양이는 동일한 회전목마에 연결돼 있었지만, 중요한 차이점이 한 가지 있었다. 한 마리는 자유롭게 움직일 수 있는 반면, 한 마리는 곤돌라 또는 바구니에 갇혀 움직임이 제한되었고, 거기서 그 상태로 세계를 바라보았다. 움직임이 자유로운 새끼 고양이 A가 움직일 때마다 마음대로 움직일 수 없는 새끼 고양이 P도 그에 따라 움직였다. 실험이 거듭됨에 따라 이 장치는 두 새끼 고양이의 뇌에 거의 정확하게 동일한 시각적 과거를 제공했고, 공간 속에서 움직인 역사도 거의 비슷한 것을 제공했다. 하지만 두 새끼 고양이가 시각적으로 멋진 신세계와 접촉하는 방식은 서로 완전히 달랐다.

새끼 고양이 A는 앞발을 이리저리 옮기면서 회전목마 가장자리로 이동할 때 어떤 일이 일어나는지 느꼈다. 자신이 서 있는 탁 트인 공간이 끝나는 지점인 '시각 절벽'을 향해 다가가기도 하고, 거기서 다시 멀어지기도 했다. 헬드와 하인이 펜라이트를 그 눈 앞으로 지나가게 하자, 새끼 고양이 A는 동공 반사(동공, 즉 눈동자가 수축하는 것)를 나타냈다. 그리고 그들의 손동작에 따라 머리를 치켜들어 움직였다. 요컨대 새끼 고양이 A는 보통 새끼 고양이나 아이와 마찬가지로 자신의 세계와 친해졌다. 새끼 고양이 A는 시각적 풍경과 공간과 능동적으로 접촉하면서 시각적 의미를 만드는 법을 배웠다. 반면에 새끼 고양이 P는 바구니 속에서 무기력하게 수동적으로 바구니의 움직임에 따라 위로 올라갔다 아래로 내려갔다 했을 뿐이고, 주변을 감지하기는 했지만 아무 행동도 하지 않아 막 생겨나는 과거 경험은 새끼 고양이 A보다 훨씬 제한적인 시행착오의 역사를 뇌에 제공했다. 새끼 고양이 P는 자신의 감각을 '이해할' 수 없었고, 정보의 **경험적 의미**(자기 행동의 가치나 의미)를 볼 수 없었다.

회전목마 실험 기간이 끝난 뒤, 헬드와 하인은 두 새끼 고양이의 반응을 조사했다. 그 결과는 극적이었다. 새끼 고양이 A는 앞발을 사용해 자기 몸의 자세를 잡았고, 물체가 다가오면 눈을 깜박였으며, 시각 절벽을 피했다. 반면에 새끼 고양이 P는 앞발로 자세를 잡는 동작이 서툴렀고, 눈을 깜박이지 않았으며, 절벽을 피하려는 본능적 행동도 보이지 않았다. A는 시행착오를 통해 자신의 실재와 접촉함으로써 그것에 반응하는 법을 배워 자신의 환경에서 성공하는 데 필요한 기술을 발달시켰다. 반면에 P는 그러지 못했다. P는 사실상 눈먼 고양이나 다름없었다. 이런 차이는 모호하고 제한적인 정보를 해석하는

데 능동적으로 관여하느냐 수동적으로 관여하느냐, 그리고 이것이 고양이의 뇌를 어떻게 발달시키느냐에 좌우된다.

실험이 끝난 뒤, 새끼 고양이들을 풀어주어 빛과 공간 속에서 자유롭게 돌아다니게 내버려두었다. 그렇게 밝은 공간에서 48시간 동안 자유롭게 돌아다니고 나자, 새끼 고양이 P도 공간 지각과 협응 능력이 새끼 고양이 A만큼 능숙해졌는데, 이것은 백내장 수술을 받은 사람들에게 일어나는 것과 비슷한 결과였다. P의 뇌는 이전에 바구니에 갇혀 강요된 제약 때문에 박탈당했던, 살아가는 데 꼭 필요한 *실행된* 역사를 금방 만들어낼 수 있었다.

헬드와 하인의 바구니 속의 새끼 고양이 실험은 '박쥐 소년' 벤 언더우드의 놀라운 삶이 어떻게 가능했는지 설명해주며, 벤이 가졌던 두 가지 선택지를 보여준다 : (1) 벤은 자신의 시력 상실을 새끼 고양이 P의 곤돌라가 그랬던 것처럼 자신과 세계와의 관여를 제약하는 은유적 바구니로 여길 수도 있었고, (2) 능동적으로 자신의 다른 감각들과 관여함으로써 자신의 뇌를 변화시켜 주변 세계에 대한 유용한(아주 색다른 것이긴 하지만) 지각을 만들어낼 수도 있었다. 벤은 두 번째를 선택했는데, 대부분의 사람들은 그런 선택을 하는 것이 결코 쉽지 않다. 비록 대부분의 사람들보다 한 가지 감각이 모자라는데도 불구하고(혹은 오히려 그 때문에), 벤은 자신을 둘러싼 보이지 않고 무의미한 정보의 바다를 이해하려는 의지가 아주 강했다.

벤 언더우드 같은 반향정위자들(세계 각지에서 훈련 세미나가 열리고 있어 그 수가 점점 증가하고 있다)은 무엇이 효과가 있고 없는지를 통해 의미를 쌓아가지만, 실제로는 여러분이나 나 그리고 그 밖의 여느 사람들과 전혀 다르지 않다. 반향정위자는 나머지 사람들과 마찬가지로 실재를 정확하게 지각할 수 없다. 대신에 그들은 실재를 *유용하게* 지각한다(혹은 지각하지 않는다).

우리 모두는 자신의 뇌를 형성하는 경험적 실재를 갖고 있기 때문에, 현재를 이해하게 해주는 개념적 과거를 앞발로 계속 긁는 새끼 고양이와 같다. 모든 사람은 동일한 두 가지 선택지를 갖고 있다. 하나는 굶주린 듯이 세계와 관여하는 것이고, 또 하나는 그러지 않는 것. 이것은 우리가 끊임없이 정상성을 재정의하기 위해 적응하는 것 자체에 적응했기 때문이다.

이것은 우리가 끊임없이 정상성을 재정의하기 위해 적응하는 것 자체에 적응했기 때문이다.

적응은 우리 종(그리고 나머지 모든 종)이 출현한 순간부터 죽 해온 일이다. 뇌는 단순히 우리가 생존하는 데 도움을 주는 방법을 찾을 뿐인데, 그중에는 아주 평범한 것(음식을 찾고 먹는 것)도 있고, 아주 혁신적인 것(귀를 사용해 앞을 보는 것)도 있다. 능동적 관여가 아주 중요한 이유는 바로 이 때문이다. 능동적 관여는 우리와 우리의 생물학적 기능에 아주 중요한 신경 자원을 활용하게 해주며, 그럼으로써 뇌에 물리적 기반을 둔 지각에 혁신을 가져올 수 있다. 그것을 제대로 활용하는 법을 알기만 한다면 말이다. 그 방법을 알기 위한 직접적인 실험을 신경공학 분야의 최첨단 연구에서 하고 있다.

독일 오스나브뤼크 대학교의 자기지각그룹Magnetic Perception Group이라는 연구 계획은, 그들의 웹사이트에서 설명한 표현을 빌리면, 10여

년 전부터 "자북극 방향을 착용자의 허리에 투사하는 신형 감각 증강 장비를 사용해 새로운 감각 양상들의 통합"을 연구하고 있다. 이것은 베일에 가려진 최신 섹스 토이 제품의 광고처럼 들릴 수도 있지만, 절대로 그런 것이 아니다('진동 촉각 자극'이 포함돼 있긴 하지만, 적어도 아직까지는 아니다). 이것은 사람의 지각과 행동의 경계를 확장하는 실험 장비인 필스페이스 벨트feelSpace belt를 묘사한 표현이다.

이 벨트에는 지구의 자북극을 향해 진동하도록 설정된 나침반이 붙어 있어 착용자에게 일종의 증강 감각과 적응 기회를 제공한다. (새가 자기장을 이용해 날아간다는 이야기를 기억하는가? 이 벨트는 새의 이 능력과 비슷한 것을 제공한다.) 2014년에 발표된 이들의 최신 연구 결과에 따르면, 자기지각그룹은 피험자들에게 필스페이스 벨트를 7주 동안 깨어 있는 시간 내내 착용하게 했다.[17] 피험자들은 산책을 하거나 일하거나 운전을 하거나 음식을 먹거나 하이킹을 하거나 친구와 가족과 함께 지내는 동안에도 계속 이 벨트를 착용했다. 다시 말해서, 오랫동안 가만히 앉아 있을 때에만 벗을 수 있을 뿐, 낮 시간 동안에는 내내 그것을 착용해야 했다. 그 목적은 행동과 관련 감각 입력을 지배하는 이론적 법칙들인 감각운동 수반성을 연구하기 위한 것이었다. 자기지각그룹 책임자인 페테르 쾨니히Peter König는 "나는 최초의 실험들 중 하나에 참여한 피험자였습니다. 개인적으로 그것은 아주 재미있는 시간이었습니다."라고 말한다.[18]

쾨니히와 그의 팀이 한 필스페이스 연구 결과는 뇌의 선천적 적응 능력을 강하게 뒷받침했다. 벨트를 착용한 사람들은 공간 지각에 극적인 변화가 일어나는 경험을 했다. 기본적인 방향 감각이 향상되었고, '전반적 자기 중심 방향감(자신이 있는 곳을 아는 능력)'이 개선되었다. 하지만 필스페이스 벨트를 착용하면 어떤 느낌이 드는지 더 생생하게 알고 싶다면, 구체적이면서도 시적으로 표현된 피험자들의 체험담을 읽는 게 가장 좋다. *"벨트가 제공하는 정보는 나 자신의 심적 지도를 개선해준다. 예컨대 나는 북쪽이 어느 쪽인지 안다고 생각했지만, 벨트가 다른 그림을 제시한 장소들이 있다." "이제 내 지도들이 모두 새로 변경되었으므로, 지도들의 범위가 크게 확대되었다. 여기서 나는 집(300km 거리에 있는)이 있는 쪽을 향해 설 수 있고, 도로들이 자연 지형 위로 어떻게 구불구불 뻗어 있는지 상상할 수 있다— 단지 2차원 조감도의 관점에서뿐만이 아니라." "공간이 더 넓어지고 깊어졌다. 시각적으로 명확하지 않은 물체들과 지형지물의 존재를 통해 나의 공간 지각은 나의 시각 공간을 넘어 멀리 뻗어나간다. 이전에는 이것이 인지적 구성이었다. 이제 나는 이것을 느낄 수 있다." "내가 방들과 장소들의 관계에 대해 아는 일이 점점 더 자주 일어나는데, 이전에는 전혀 알지 못하던 것이다." "많은 장소에서 북쪽은 그 장소 자체의 특징이 되었다."*

공간 지각에 더해 피험자의 항행 방식과 수행 능력도 변했다. 이번에도 이들의 체험담이 그것을 생생하게 들려준다. *"방향을 제대로 못 찾던 상태가 크게 개선되었다." "오늘 나는 열차에서 내리자마자 곧장 어디로 가야 할지 알았다." "벨트를 착용하면 저 앞에 (내가 걸어가는 방향에) 모퉁이가 있는지 없는지 항상 신경 쓸 필요가 없다. 신경*

써서 생각하지 않아도 그냥 그것을 느낄 수 있다!" 아주 흥미로운 것은 심지어 '벨트가 유발한 느낌과 감정'도 있다는 점이다(벨트를 착용하지 않은 대조군에서 감정을 언급한 경우는 매우 드물었다). 벨트의 사용에서 얻는 즐거움, 호기심, 안전감(벨트를 착용하지 않았을 때 드는 불안감이 잘 보여주는) 등이 그것이다. 하지만 장비 자체에 대한 불안감도 많았는데, 이질적인 물체가 자신의 허리에서 늘 진동한다는 사실을 감안하면 충분히 이해할 수 있는 일이다. 실험 참여자들의 이러한 열광적인 진술에도 불구하고, 쾨니히는 그 경험을 말로 옮기는 것은 매우 어렵고 종종 모순적인 표현을 낳기도 한다고(마치 그것을 제대로 묘사하는 단어가 존재하지 않는 듯이) 설명한다. 쾨니히는 "만약 알프스의 격리된 작은 마을로 가서 100명의 주민 모두에게 벨트를 착용하게 하면, 그들의 언어가 변할 것이라고 나는 추측합니다. 나는 그러리라고 거의 확신해요."라고 말한다.

필스페이스 벨트는 실세계에서 의미 있게 응용될 잠재력이 있다. 방향을 알기 힘든 지형(사막이나 화성 같은)에서 길을 찾는 데 도움을 줄 수도 있고, 시각 장애인이 자신의 환경에서 잘 돌아다니도록(반향정위를 사용하는 대신에) 도움을 줄 수 있다. 하지만 큰 그림 차원에서 필스페이스 벨트가 제시하는 이점은 그 어떤 것보다도 흥미진진한데, 다르게 보는 능력의 응용이 경쟁력이 충분히 있음을 보여주는 예이기 때문이다. 그렇지만 지금 나는 미래학자나 트랜스휴머니스트의 관점에서 50년 뒤에는 모든 사람들이 우리를 최초의 슈퍼휴먼으로 만들어줄 필스페이스 벨트와 그 밖의 신체 변형 장비들을 착용하고 살아가리라고 이야기하는 게 아니다. 나는 여러분과 내가 지금 당장 벨트 없이도 할 수 있는 일에 대해 필스페이스 벨트가 말해주는 것에 큰 흥미를 느낀다.

쾨니히 연구팀의 연구는 우리가 지각을 증강할 수 있고, 그럼으로써 뇌 신경 모형의 수반성을 '조작'하여 우리의 행동도 증강할 수 있음을 보여준다.[19] 이런 일이 일어난 것은 피험자의 뇌가 *생리학적으로* 변했음(두 달도 안 되는 사이에)을 의미한다. 피험자들은 새로운 방식으로 세계와 관여하면서 정보 해석의 새로운 역사를 만들었다. 쾨니히는 "우리 뇌는 충분히 커서 어떤 것이라도 배울 수 있습니다. 우리는 여섯, 일곱, 여덟, 아홉, 열 가지 감각을 느끼는 법을 배울 수 있습니다. 유일한 제약은 감각을 훈련하는 시간이지요. 하지만 원리적으로 우리의 능력에는 제한이 없습니다."라고 말한다. 필스페이스 벨트는 벗고 난 뒤에도 영속적인 효과를 미칠까? 쾨니히는 매번 같은 질문이 나온다면서 웃음을 지었다. "그것을 착용했을 때의 느낌, 그 지각에 대한 기억은 추상적입니다. 하지만 나는 돌아다니는 방식이 변했다고 느낍니다. 일부 작은 효과는 남아 있습니다. 계량화하기는 어렵지만, 영속적인 효과가 있습니다. 2년의 시간이 지난 뒤, 대중 앞에서 시범을 보이기 위해 벨트를 다시 착용했을 때, 마치 옛 친구를 다시 만나 그동안의 소식을 파악하기 위해 빠른 속도로 대화를 나누는 것 같은 느낌이 들었지요. 따라서 비록 항구적인 것은 아니지만 일부 구조는 남고 쉽게 재활성화될 수 있습니다."

필스페이스 벨트를 착용하며(그리고 그것으로 지각하며) 지내는 동안 사람들은 여전히 실재에 접근하지 못했지만, 의미를 만드는 새로운 방법에 쉽게 적응했다. 그들이 한 일은 사람들이 늘 해온 일이었는데, 바로 **자신의 감각을 이해하는** 것이었다. 하지만 연구실에서 설계한 벨트나 다른 장비가 반드시 있어야만 그럴 수 있는 것은 아니다. 개인적 생활과 직업적 생활을 포함한 우리 자신의 일상 생활이 의미를 만드는 기회를 풍부하게 제공한다. 우리 머릿속에서 진화 과정이 일어난다.

우리 머릿속에서 진화 과정이 일어난다.

우리는 진화의 산물*이자* 거울*이자* 창조자인데, 진화는 진화하도록 진화했기(이를 *진화 능력*이라 부른다) 때문이다. 마치 진화가 쓴 책의 내용이 역시 진화인 것처럼 말이다. 그렇기 때문에 우리 뇌는 그러한 생태학적 역사가 물리적으로 실체화된 것인데, 이 역사에는 단지 그동안 축적된 우리 인류의 역사만 포함된 게 아니다. 우리는 주변의 생물들과도 과거를 공유하고 있다. 각각의 생물도 우리가 진화한 것과 동일한 환경에서 진화하면서 그와 동시에 우리가 진화한 환경의 일부를 이루었고…… 그러면서 환경을 변화시켰기 때문이다. 새, 돌고래, 사자를 포함해 우리 모두는 신체에 들어 있는 뇌와 세계에 존재하는 신체에 불과하며, 이러한 뇌와 신체가 존재하는 목적은 한 가지, 오직 단 한 가지밖에 없는데, 바로 살아남는 것(그리고 현대 인류의 경우에는 번성하는 것!)이다. 요점은 살아남으려면(그리고 번성하려면) 혁신이 필요하다는 것이다.

우리는 정상성을 끊임없이 재정의하도록 진화했다. 우리에겐 모두 동일한 일을 하지만 시행착오 기간에서만 차이가 나는 적응 메커니즘들이 있다. 진화도 그중 하나인데, 진화는 기간이 가장 긴 적응 메커니즘으로, 어마어마하게 긴 시간에 걸쳐 일어나는 일종의 적응 능력/변화 장거리 경주라고 할 수 있으며, 그동안에 어떤 종은 사라지고 어떤 종은 번성한다.

서로 다른 수심에서 살아가는 물고기들이 지닌 특징은 비인간계에서 작용하는 진화를 잘 보여준다. 심해어는 빛이 전혀 없는 환경에서 살아가는데, 빛의 원천은 유일하게 생물 발광(램프 비슷한 특성을 진화시킨 생물체가 내는 빛)밖에 없는 캄캄한 어둠의 세계에서 살아남도록 진화했다. 이렇게 깊은 곳에서 살아가는 물고기는 빛을 감지하는 수용기가 딱 하나뿐인데, 진화적 혁신은 (또는 이 문제에 관한 어떤 종류의 혁신도) 단지 유용한 속성을 얻는 것만 의미하는 게 아니라, 필요 이상으로 광수용체가 많이 있는 경우처럼 쓸모없는 속성을 잃는 것도 의미하기 때문이다. 하지만 바닷속에서 더 위로 올라갈수록, 그래서 햇빛이 물속으로 뚫고 들어오기가 쉬운 수면에 가까워질수록 물고기는 시각 수용체가 더 많아지며, 그것도 파란색 빛을 잘 감지하는 경향이 나타난다. 가장 복잡한 시각을 가진 물고기는 수면 근처에서 살아가는데, 이곳은 입체 시각을 가진 우리 친구 갯가재가 사는 곳이기도 하다. 갯가재의 신경계에는 점진적으로 일어난 유리한 적응이 반영돼 있다.

그 생태학적 복합성은 감지 장치의 복잡성과 아주 비슷하다.

그 생태학적 복잡성은 감지 장치의 복잡성과 아주 비슷하다.

만약 진화가 장기적 시행착오라면, 기간이 다른 또 다른 적응 메커니즘에는 무엇이 있을까? 필스페이스 벨트와 강도가 제각각 다른 그 밖의 수많은 지각 활동을 생각해보라. 예컨대 앵그리버드 게임을 하거나 차를 몰거나 와인 전문가가 되는 것 등을 생각해보라. 이런 활동에서 필요한 기술을 습득하는 것은 뇌가 적응하는 것에 어떻게 적응하는지, 그것도 어떻게 최단 시간에 그렇게 하는지 잘 보여준다. 그 방법은 바로 **학습**이다.

우리는 매분, 심지어 매초 뭔가를 하는 법을 배우며, 그러면서 효과가 있는 것과 없는 것에 대해 단기간의 개인적 과거를 만든다. 하지만 이 짧은 역사도 뇌를 변화시킬 잠재력이 있는데, 우리의 행동이 초래하는 결과에 분명히 영향을 미치기 때문이다.(앵그리버드 게임을 처음 했을 때 여러분은 얼마나 능숙했으며, 지금은 또 얼마나 능숙한가?) 하지만 더 극적인 심리적 변화는 또 다른 기간에 일어나는데, 성장 기간이 핵심 역할을 하는 **발달** 과정이 그것이다.

헬드와 하인의 유명한 바구니 속의 새끼 고양이 실험에서 새끼 고양이들은 자신의 삶에서 한창 발달하는 단계에 있었다. 적응 능력이 그토록 큰 차이를 빚어낸 것은 바로 이 때문이었다. 하지만 뇌의 발달적 변화는 초기 형성기에만 일어나는 게 아니다. 그 밖에도 '중요한 시기'들이 있는데, 실제로 피질의 특정 지역들은 평생 동안 변할 수 있다. 예를 들면, 매일 두 가지 언어로 말하면 치매 발생이 늦추어진다고 알려졌다.[20] 신경 발달을 연구하는 전문가인 나는 발달이 평생 동안 일어난다고 분명히 확신한다.

신경생물학자 데일 퍼브스의 연구가 이에 딱 들어맞는 사례를 제

~~ENOLUTION~~

~~EVOLOTION~~

~~FVOCOTIVN~~

~~EVOMIXION~~

EVOLUTION

공한다. 퍼브스는 수십 년 동안 신경과학에 긍정적인 영향을 미친 훌륭한 과학자이다(그를 전문 분야와 인생에서 진정한 멘토로 만난 나는 행운아이다). 퍼브스는 세계적으로 손꼽는 신경생물학과를 개설했고(듀크 대학교에), 듀크 대학교 인지과학센터 책임자를 지냈다. 그는 발달 기간의 적응 유연성을 우리 뇌뿐만 아니라 근육에도 초점을 맞춰 조사했다. 초기의 많은 연구에서는 신경계와 근육계가 만나는 지점인 신경근육 이음부를 조사했다. 퍼브스의 획기적인 연구 중 하나는 이 이음부가 본질적으로 근육세포와 신경세포 사이의 복잡한 데이트 게임임을 보여주었는데, 이 게임에서 짝을 지을 신경세포를 찾지 못한 근육세포는 퇴출된다. 실제로 일어나는 일을 은유적으로 표현하면 다음과 같다. 우리 몸의 역학을 만들어내는 일은 암호화해야 할 유전 정보가 너무나도 많아 엄청나게 복잡한 생물학적 일이기 때문에, 뇌는 세포들 사이의 연결은 말할 것도 없고 모든 세포의 위치를 어디로 정해야 할지 알 수 없다. 그래서 뇌는 실용적인 방법을 택했다. "좋아, 우리는 일부 신경이 이 근육과 연결되고, 다른 신경이 저 근육과 연결되어야 한다는 걸 알고 있어. 하지만 이 모든 것이 정확하게 어떻게 배열되어야 하는지는 알 수 없어. 그래서 근육을 많이 만들고 신경도 많이 만든 뒤, 신경을 뻗어나가게(즉, 근육에 신경이 연결되도록) 할 거야. 그러면 불필요한 것이 많이 생기겠지만, 어쨌든 근육과 신경이 알아서 잘 처리하겠지."[21]

신경근육 이음부는 실제로 잉여 신경-근육세포들을 어떻게 처리해야 하는지 잘 안다. 신경-근육세포가 아주 많기 때문에, 이들은 서로를 자가 선택하고 가지치기하면서 잘라내는데, 그 결과로 우리 몸에서는 신경세포의 영양 공급과 유지를 책임지는 '신경영양 인자'를 놓고 경쟁이 벌어진다. 그 목표는 한 신경세포가 한 가지 근육 활동을 맡게 하는 것이다. 그래서 근육들은 "좋아, 나는 너희들 중 하나만 사용할 만큼만 영양을 만들 거야. 그래서 그것을 얻는 신경세포만이 계속 활동을 하게 될 거야."라고 말함으로써 적절한 신경세포를 선택한다. 혹은 데이트 게임 비유를 다시 사용하면, 단 한 번뿐인 짝을 찾을 기회를 날리면 그걸로 끝이다. 이것은 물론 심해어가 과잉 광수용체를 제거하는 것과 아주 비슷한 상황이다. 잉여 세포를 쳐내는 신경-근육세포는 아주 빠르게 그리고 국지적으로 일어나는 진화의 축소판처럼 행동한다. 이러한 과정의 결과로 한 신경세포가 한 근육 섬유와 연결되고 나면, 또 하나의 필수적 과정이 일어나는데, 성장이 바로 그것이다. 하나의 신경 섬유가 가지를 뻗어나가기 시작하면서 동일한 근육세포를 따라 점점 더 많은 연결들이 생긴다. 신경 섬유가 더 활동적일수록 더 많은 가지를 만들며, 그것이 연결된 근육세포를 더 미세하게 조정할 수 있게 된다.

퍼브스의 신경근육 이음부 연구는 많은 사람들의 연구뿐만 아니라 내 연구에도 큰 도움을 주었는데, 신경근육 이음부에서 일어나는 것과 비슷한 과정이 뇌 안에서도 일어나는지 생각해보게 했기 때문이다. 자가 선택과 가지치기와 비슷한 방법과 그에 뒤따르는 활동에 의존하는 성장이 우리의 생각이 일어나는 지휘 본부인 중추 신경계를 지배할 수 있을까? 후기 배아 단계에 있는 생쥐의 피질과 시상에

초점을 맞춰 연구한 나는 그 답이 매우 강한 '예스'라는 사실을 발견했다.

뇌 바깥 부분에 있는 대뇌 피질은 '회색질'이 있는 장소이다. 또, 우리의 감각과 운동 능력이 만나고, 우리에게 의식을 주는 뇌 조직들이 있는 곳이다. 생쥐의 경우에는 '생각'이 일어나는 장소이기도 한데, 생각의 수준은 사람과 차이가 있다(어떤 경우에는 거의 비슷한 수준으로 일어나고, 심지어 후각과 특정 능력에서는 더 높은 수준으로 일어나기도 한다). 시상은 두 대뇌 반구에 걸쳐 있으면서 더 깊은 뇌 가운데에 모여 있는 세포들의 집단으로, 막강한 권한을 가진 CEO(대뇌 피질)를 매우 성실하게 보좌하면서 감각 지각에 필수적인 역할을 담당한다. 하지만 데이비드 프라이스David Price와 나는 생쥐를 대상으로 한 시험관 내 실험에서 이 관계가 실제로는 훨씬 중요하다는 사실을 발견했다. 피질과 시상은 뇌 안에서 일어나는 덜 보편적인 현상에 두 주역으로 활약하는데, 그것은 *러브 스토리*라고 부를 만한 것이다.

뇌의 가소성 메커니즘 연구에 초점을 맞춘 나는 피질과 시상의 세포들을 떼어냈다. 초기 발달 단계에서 이 세포들은 격리된 상태에서도 생존할 수 있는 것으로 드러났는데, 양자 사이의 관계가 아직 확실히 확립되지 않았고, 중요하지도 않기 때문이다. 양자는 아직 서로를 제대로 알기도 전인데, 둘 사이에 상호 연결이 아직 형성되지 않았기 때문이다. 하지만 발달이 더 진행되어 양자 사이에 연결이 형성된 다음에 세포들을 떼어내자, 매우 가슴 아픈 결과가 나타났다. 피질과 시상에서 떼어낸 세포들은 격리된 상태에서 시들어 죽어갔다.

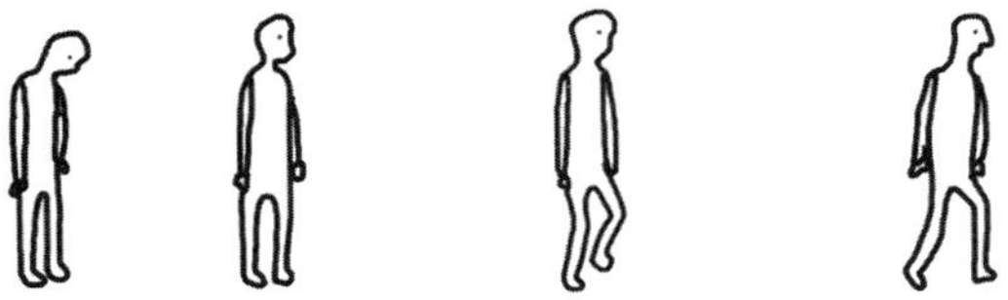

초기 발달 단계에서 후기 발달 단계로 진행됨에 따라 피질세포와 시상세포는 서로에게 적응하여 사실상 '사랑에 빠졌고', 그래서 상대방이 없이는 더 이상 살 수 없는 상태가 되었다(현실 세계의 많은 관계처럼 그중에는 기능적인 것도 있고 아닌 것도 있다). 더욱 흥미로운 사실은 이들의 상호 의존은 연결이 형성되는 바로 그 시점에 시작된다는 점이다. 그래서 피질세포를 만나기 3일 전에 시상세포를 떼어내 격리 상태로 둘 경우, 피질에서 분비된 성장 인자(세포 성장에 필요한 물질)를 더해주지 *않는 한*, 시상세포는 3일 뒤부터 죽어가기 시작했다. 다시 말해서, 이들의 '사랑'은 운명적인 것이다. 이것은 이들의 관계가 발달이 진행됨에 따라 변하고, 뇌의 이 두 부분은 상호 의존적이고 사회적 속성이 매우 강해져 성장 인자를 듬뿍 얻으려면 상대방의 도움이 필요하다는 것을 의미한다. 따라서 퍼브스의 연구가 신경근육 이음부가 기본적인 요소만 갖춘 중매인에 해당한다는 사실을 보여주었다면, 피질과 시상은 신경 차원에서 일어나는, 당신 없이는 살 수 없다는 식의 열정적인 사랑을 보여준다.[22]

이제 우리는 신경학적 적응 능력이 갖춰지는 기간이 단기(학습), 중기(발달), 장기(진화)의 세 가지로 이루어져 있다는 사실을 알았다. 이 셋은 모두 행동의 기반을 이루는 네트워크를 형성하고 수정함으로써 지각에게 **적응**할 기회를 제공한다. 이것은 이 셋을 통합해 다르게 보는 경지를 향해 나아가는 길을 여는 기본 원리이다. 즉, 마음이 자신의 생태계와 조화를 이루어야 한다!

마음이 자신의 생태계와 조화를 이루어야 한다!

*생태계*는 사물들과 그것들이 존재하는 물리적 공간 사이의 상호 작용 관계를 의미한다. 생태계는 *환경*과 비슷한 말이지만, 환경 속에 존재하면서 유동적이고 불가분의 관계로 연결된 사물들의 속성을 강조할 때 쓰는 말이다. 우리의 생태계는 우리가 적응하는 방식과 적응할 때 혁신이 일어나는 방식을 결정하기 때문에, 그리고 적응은 뇌가 물리적으로 변하는 것을 의미하기 때문에, 우리의 **생태계**가 *실제로 뇌를 형성한다고*(그리고 변화된 뇌는 행동에 변화를 가져오고, 이것은 다시 우리의 환경을 형성한다고) 논리적 결론을 내릴 수 있다. 이것은 시행착오의 경험적 역사를 만들어내고, 이 경험적 역사는 대뇌 조직의 기능적 구조를 빚어내며, 신경 조직은 신체의 물리적 상호 작용을 통해 주변 세계를 빚어낸다. 우리 자신과 우리에게 일어나는 모든 지각은 과거의 지각적 의미들이 직접 생리적으로 발현되는 것이며, 우리의 과거는 대체로 자신과 환경 사이의 상호 작용이고, 따라서 자신의 생태계이다. 우리가 아주 유연하게 적응하고 변할 수 있는 것은…… 우리가 실재를 보지 *못하는데도* 불구하고 그런 것이 아니라…… 실재를 보지 못한다는 바로 그 사실 때문이다. 그러니 이 개념을 편하게 받아들이도록 하라. 실재를 보지 못하는 것은 우리의 적응 능력에 꼭 필요하다.

실재를 보지 못하는 것은 우리의 적응 능력에 꼭 필요하다.

우리 뇌는 본질적으로 무의미한 정보를 이해하는 과제를 해결하느라 늘 정신없이 바쁘기 때문에, 이 해석 과정을 위해 신경학적 과정이 관여 도구로 차출되어 한시도 쉴 틈 없이 일한다. 우리 마음이 불가사의할 정도로 유연하고 변화무쌍하고 진화하는 속성을 지닌 이유는 이 때문이다.

따라서 *환경을 변화시키면 뇌를 변화시킬 수 있다.*

세계와 관여하는 행동의 결과/중요성은 바로 여기에 있다.

(다만 너무 많이 변화시키지는 말아야 하는데, 진화와 자연 선택의 관점에서 볼 때 낯선 것이 지나치게 많으면 적절하게 적응하는 데 실패할 수 있고, 이것은 좋지 않기 때문이다. 여기서 너무 많은 변화는 상대적인 개념이다. 초보자에게는 너무 많은 것이 전문가에게는 아무것도 아닌 것일 수 있다. 평소에 거의 앉아서 생활하는 사람과 숙련된 운동선수에게 1마일 달리기가 각각 어떻게 비칠지 그 차이를 생각해보라. 두 경험은 객관적으로는 동일하더라도, 실제로는 당사자의 뇌와 신체에 따라 완전히 다른 것이 될 수 있다. 자신이 서 있는 위치를 발견하고, 적절하게 증가한 변화 정도를 측정하는 것은 평생의 과제 중 하나인데, 이것에 대해서는 이 책 뒷부분에서 더 자세히 다룰 것이다.)

혁신적으로 일탈하는 법을 배우려면, 영광스러운 시행착오를 받아들여야 하는데, 이러한 관여 중 많은 것은 장애가 되는 환경 요소에서 생겨난다. 위대한 예술 운동이 모두 그런데…… 여기서 *운동*은 확대되는 도전과 제약 없는 실험이 넘쳐나 모든 것을 '앞으로' 나아가게 하는 매우 자극적인 환경을 가리킨다. 기술도 마찬가지다. 우리는 우리가 살고 있는 가상 세계와 물리적 세계를 통합시키고 증강시키는 장비와 앱이 거의 매일 가속적으로 변화하면서 하나의 인접한 세계를 만드는 데 도움을 주는 시대에 살고 있다. 이런 일은 기술과 스타

트업 허브의 작용을 정의하는, 엄청나게 크고 때로는 저돌적인 관여 문화(즉, 사회생태학) 때문에 일어난다. 모든 성공에는 서사시적 시행착오 이야기가 있으며, 모든 실패 역시 마찬가지다('실패'와 관련된 문화적 페티시fetish[물신 숭배. 추상적인 가치보다 즉물적 대상에 집착하는 경향 — 옮긴이]에 대한 더 자세한 이야기는 나중에 하기로 하자). 다르게 보는 도구로서 관여가 담당하는 중심적 역할은 예술과 상업에서의 성공 사례에서만 볼 수 있는 게 아니다. 신경과학도 이를 뒷받침한다.

버클리에서 캘리포니아 대학교를 다닐 때 나의 멘토는 아주 멋지고 총명한 마리안 다이아몬드Marian Diamond 교수였다. 내가 축구를 하려고 수업을 빼먹는 짓을 계속하는(하마터면 이 때문에 학교에서 쫓겨날 뻔했다) 대신에 신경과학자가 된 것도 다 마리안 덕분이다. 버클리에서 여성으로서는 최초로 해부학 박사 학위를 받은 마리안은 1950년대부터 분명히 일탈적이고 개척적인 경향이 있었다. 마리안은 매 학기 첫 수업에 사람 뇌를 강의실로 가져오는 행동으로 캠퍼스에서 유명했는데, 내가 듣던 수업에서도 바로 그런 일이 일어났다. 자신에 관한 다큐멘터리에 나오는 것처럼 백발의 마리안은 파란색 정장과 안경, 수술 장갑 차림으로 커다란 모자 상자를 가지고 와서는 거기서…… *사람 뇌를 끄*집어냈다. 강의실에 모인 사람들이 웃음을 터뜨리는 동시에 놀라는 가운데 마리안은 "모자 상자를 들고 있는 여성을 보더라도, 그 속에 무엇이 들어 있는지는 절대로 알 수 없어요."라고 재치 있는 농담을 했다. 그러고 나서 모두가 볼 수 있게 축축하고 노르스름한 회색 물질을 높이 들어올렸다. "바로 이것이 여러분이 기대하는 여러분의 머릿속 모습이에요."

마리안은 내게 큰 영감을 주었는데, 무엇을 보아야 하는가 대신에 어떻게 보아야 하는가를 강조한 *진정한* 스승이었기 때문이다. 마리안은 뇌의 물질적 적응성을 처음 연구한 사람들 중 하나였다. 20세기 전반에 뇌에 관한 과학계의 지배적인 생각은 뇌가 정적인 존재라는 것이었다. 우리는 유전자가 준 뇌를 갖고 있으며, 그게 다라고 생각했다. 그랬으면 얼마나 좋았을까! 하지만 마리안과 여러 과학자들은 연구와 실험을 통해 이 견해가 틀렸음을 보여주었다. 뇌는 좋은 쪽으로건 나쁜 쪽으로건 환경과 보조를 맞춘다. 대뇌 피질은 '풍부한' 환경에서는 더 복잡해지고, '빈약한' 환경에서는 덜 복잡해진다.

마리안은 뇌의 형태와 환경의 관계에 관심을 갖고 쥐를 대상으로 이 '강화 패러다임'을 연구했다. 그 실험은 다음과 같이 진행되었다. 한 쥐 집단은 풍부한 환경에 해당하는 큰 우리에서 '탐구 대상들'과 함께 길렀는데, 새로운 느낌과 변화를 주기 위해 정기적으로 탐구 대상들을 바꾸었다. 또 다른 쥐 집단은 빈약한 환경에 해당하는 작은 우리에서 길렀고, 자극적인 장난감을 전혀 주지 않았다. 한 달 뒤, 쥐들을 죽이고 뇌를 꺼내 관찰하고 분석했다. 마리안은 뇌가 발달하는 동안뿐만 아니라 *평생 동안* 형성되며, 그래서 지각에 큰 변화를 초래할 수 있다는 결정적 증거를 발견했다.[23]

유연한 사람 뇌를 따분하고 도전 과제가 전혀 없는 상황에 두면, 그 뇌는 과제 결핍에 적응하여 따분한 측면이 발달한다. 뇌세포는 비용이 많이 드는 세포이기 때문에, 이것은 에너지를 절약하기에 유용한 전략이다. 반면에 복잡한 상황에 둔 뇌는 복잡성에 반응하면서 적응해나간다. 마리안과 여러 과학자들은 뇌가 환경에 반응하는 이 능력 때문에 뇌세포의 성장과 뇌세포들 사이의 연결을 낳는 성장 인자들의 분비를 통해 뇌의 물리적 구조가 풍부해진다는 사실을 발견했다.

뇌가 환경에 적응하는 속성 중에서 어둡고 파괴적인 측면은 빈약한 환경을 사람에게 *강요한* 사례들이 보여준다. 1980년대 후반과 1990년대 전반에 루마니아 고아원들의 생활 조건은 온 세계에 큰 충격을 주었다. 니콜라에 차우셰스쿠Nicolae Ceaușescu가 통치하던 공산주의 국가에서 살아가던 이 어린이들의 사정은 그 사진이 서방 세계로 전해지기 전에는 외부에 알려지지 않았다. 많은 어린이들은 제대로 먹지도 못했고, 학대를 받았으며, 수갑으로 침대에 묶여 지냈다. 이들은 과밀한 주거 공간에서 살아 화장실 바닥에까지 누워 자야 했으며, 때로는 구속복을 입은 상태로 지내기도 했다. 다른 사람과의 접촉도 거의 없고 강제 구금 상태로 지내기도 했는데, 이렇게 매우 빈약하고 상상하기 힘들 정도로 끔찍한 환경에서 자란 어린이들은 정서적, 심리적 문제를 겪은 것은 말할 것도 없고, 인지 능력까지 위축되었다. 빈약한 고아원 시설에서 나온 뒤에 이 어린이들의 신경 발달을 조사한 한 연구는 일부 '뇌-행동 회로'가 마침내 정상적인 기준에 이르렀다는 사실을 발견했다. 하지만 그들의 기억 시각화와 억제 조절 능력은 여전히 한참 뒤처졌다.[24]

이것은 양육 방식에 대해 시사하는 바가 크다. 우리는 개인 차원과 집단 차원 모두에서 어린이 양육에 잘못된 전략을 많이 사용하고 있다. 우리는 *응석받이*나 *헬리콥터 양육*처럼 뜨거운 쟁점이 되는 표현들을 자주 들으며, 나는 이런 문화적 경향이 문제라고 생각하지만, 신경과학자인 나의 관심은 단지 현재의 논쟁에 참여하는 것에 그치지 않는다. 나는 서로 협력해 어린이의 발달에 적합한 생태계를 만들 수 있도록 사람들이 어린이의 뇌에 필요한 것이 무엇인지 더 잘 이해하길 원한다. 우리 공동체의 혹독한 건강과 안전 규정들을 생각해보라. 나는 아버지인데, 아마도 여러분은 다음에 내 입에서 나오는 말은 이것이 아닐까 하고 생각할지 모르겠다. "내가 어릴 때에는 눈 속에서 벌거벗은 채 1마일을 걸어 학교까지 가곤 했어!" 하지만 나는 이런 말을 할 생각이 전혀 없다. 어린이는 기본적으로 웃고 낄낄거리면서 지낼 수 있는 환경에서 *친절*과 *사랑*을 받는 게 **필요하다**. 하지만 나는 절대로 미끄럼틀에서 거칠게 떠밀지 않는다거나 도로에서 넘어지지 않게 한다거나 기둥에 부딪치지 않게 하는 것이 친절과 사랑이라고 생각하지 않는다. 내가 생각하는 친절과 사랑은 바로 어린이에게 그런 경험들을 할 수 있는 공간(그리고 그러고 나서 나중에 위안을 받으리라는 확신)을 제공하는 것이다. 단지 이런 경험이 성격 형성에 중요하기 때문에 그런 것만은 아니다. 이것은 신경학적 경험 과정이 작동하는 것이다. 이것은 축하할 일인데, 루마니아의 고아들과 그 외의 세계 각지에서 이런 혼란스러운 관여의 혜택을 박탈당한 채 살아가는 불행한 어린이들이 있다는 사실을 감안하면 특히 그렇다. 뇌가 항상 부드럽고 안전한 장난감을 원하는 것은 아니다. 뇌는 넘어진 뒤에 다시 일어날 수 있다는 사실을 배울 **필요**가 있고, 그러면서 즉각 그리고 장기적으로 더 탄력적으로 변한다(벤 언더우드가 놀이터에서 다칠 때마다 학교 측은 벤에게 어머니한테 전화를 하게 했는데, 어머니는 그저 탁탁거리는 소리를 내라고만 말했다). 만약 우리가 장기적인 위험을 감수하면서 즉각적인 위험을 완화하려는 태도를 멈추지 않는다면, '적응에 장애가 있는' 세대를 만들어내게 될 것이다. 왜냐하면, 온실 속의 화초처럼 과보호를 받으며 자라면, 연약하고 쉽게 부서지고 소진되는 사람으로 자랄 것이기 때문이다.

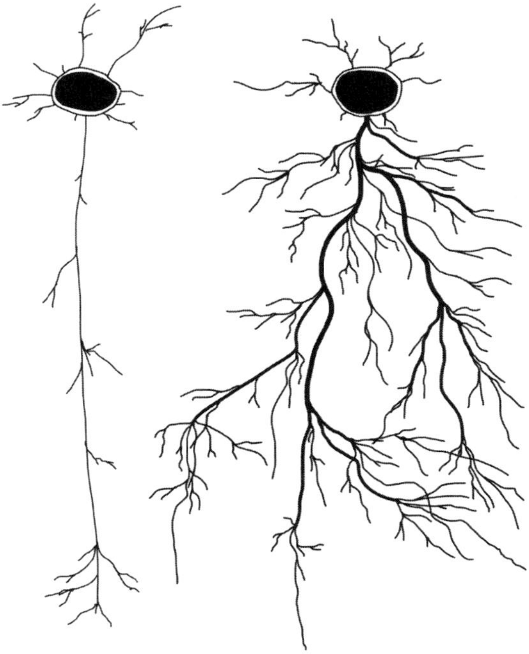

우리는 **자연 속에서 정상적으로 자란 어린이가 필요하다!**

하지만 위험을 받아들일 필요가 있는 것은 단지 어린이뿐만이 아니다. 우리 문화 역시 마찬가지다.

우리 뇌의 과거에는 *우리 문화*의 생태계도 포함돼 있다. 문화 자체는 단순히 뇌가 만들어낸 또 하나의 산물, 즉 생각과 행동이 집단적으로 발현된 것에 지나지 않기 때문에, 문화 역시 도전을 통해 성장하고 적응한다. 이러한 문화의 융성은 예술의 형태로 나타날 때가 많은데, 문화적 과정 중에서 이에 '부합'하는 예로는 실험 정신이 넘쳤던 러시아 작곡가 이고르 스트라빈스키Igor Stravinsky의 〈봄의 제전〉 이야기보다 더 좋은 것이 없다. 큰 영향력을 떨친 이 작품은 1913년 봄에 파리에서 아마도 음악사상 가장 전설적인 것으로 꼽힐 만한 첫 공연을 했다.

스트라빈스키는 그 시대의 섹스 피스톨스Sex Pistols(1975년에 결성되어 매우 강력한 영향력을 떨친 영국의 펑크 록 밴드— 옮긴이)라고 부를 만한데, 〈봄의 제전〉을 위해 작곡한 과감한 새 곡에는 급진적인 멜로디와 박자 실험이 흘러넘쳤다. 5월의 그날 밤, 관현악단이 연주를 시작하고, 발레 뤼스Ballets Russes(1909년에 예술 기획자 세르게이 댜길레프Sergei Dyagilev가 러시아의 무용가, 예술가를 모아 세운 발레단. 처음에는 파리의 모가도르 극장에 있다가 뒤에 몬테카를로로 옮겼다. 발레 뤼스는 '러시아 발레단'이란 뜻이다. — 옮긴이) 무용수들이 움직이기 시작하자, 청중은 거슬리는 그 음악 소리에 금방 큰 충격을 받고 불쾌감을 느꼈다. "극장은 마치 지진에 뒤흔들린 것 같았다." 그 당시 한 신문 기사는 이렇게 묘사했다. 그 음악은 청중을 가만히 있지 못하게 점점 동요시켰고, 결국 청중은 클래식 음악 콘서트에서는 보기 힘든 방식의 행동을 표출하기 시작했다. 그들은 소리를 지르고 욕을 퍼붓고 휘파람을 불었다. 사람들은 서로 치기 시작했고, 여기저기서 싸움이 벌어졌다. 경찰이 신속하게 출동했고 연주는 계속되었지만, 상황은 결국 폭동으로 비화했다.[25] 그 당시 한 비평은 이 사건을 이렇게 묘사했다. "이것은 지금까지 작곡된 것 중 가장 귀에 거슬리는 음악이며…… 잘못된 음들을 숭배하는 음악이 이 곡만큼 이토록 열렬하고 집요하게 이어진 적은 일찍이 없었다. 첫 소절부터 마지막 소절까지 모든 음들은 철저하게 예상을 벗어났고, 나오지 말아야 할 음들이 나왔으며, 이전의 화음이 시사한 화음이 무엇이건 그 다음 화음은 언제나 엉뚱한 것이었다." 이것은 실로 보기 드문 비평이었다!

하지만 몇 달 뒤인 7월에 이번에는 장소를 런던으로 바꾸어 〈봄의 제전〉이 다시 공연되었는데, 청중은 그 음악을 좋아했다. 그들은 폭동은 말할 것도 없고 거부감이나 휘파람 소리도 없이 음악을 들었다. 불과 *두 달*(우연하게도 필스페이스 벨트 착용자들이 공간을 다르게 지각하기 시작하는 데 걸린 것과 거의 비슷한 시간) 만에 문화 피질은 자신의 새로운 환경 때문에 새로운 형태로 바뀌었다. 오늘날 〈봄의 제전〉은 20세기의 가장 중요한 음악 작품 중 하나로 꼽힌다. 요컨대, 사람의 뇌뿐만 아니라 집단의 문화적 뇌도 변한다. 둘 다 늘 '정상'을 재정의하고, 매 순간 새로운 정상을 만들어낸다. 그래서 이제 우리는 동일한 음악을 최초의 청중과는 문자 그대로 다르게 듣는다.

우리는 적응해야 하지만, 아이러니하게도 때로는 최선의 변화는 변하지 *않는* 법을 배우는 것이다. 그러나 이것은 우리 뇌가 실천에 옮기기 매우 어려운 일이다. 우리는 정상성을 계속 재정의하도록 진화했기 때문에, 한때 독특했던 것도 평범한 것(정상적인 것)이 된다. 따라서 관계에서 한때 우리를 다른 사람에게 끌리게 했던 특징(예컨대 관대함이나 유머 감각)도 결국에는 경이롭던 것에서 일반적인 것으로 변하고 만다. 일반적인 것이 되면서 그것은 당연히 예상되는 것으로 변한다. 그 대가로 우리 눈에는 그 사람의 경이로운 일탈이나 독특한 매력이 사라지게 되는데, 그러면서 우리는 그 사람을 당연하게 여기거나 심지어 그보다 못한 것으로 여기게 된다. 물론 이것은 모든 측면에 다 적용된다. 우리는 상대방의 긍정적 특징뿐만 아니라 부정적 특징에도 익숙해진다(학대받는 여성의 경우, 다양한 종류의 폭력이 극단적이고 끔찍하게 일탈적인 행동이 아니라 '감내할 수 있는' 수준의 정상적인 것이 된다). 이것은 믿기 어려울 정도로 자연스럽게 일어나는 과정이다. 상대방의 몸도 웃음도 정상적인 것이 되고, 한때 느꼈던 짜릿함이 갑자기 사라진다. 하지만 반드시 그래야 할 이유는 없다!

해돋이를 볼 때마다 우리는 아름답다고 느낀다. 아침에 다른 사람과 함께 일어나는 것도 해돋이를 보는 것과 같아져야 할 필요가 있다. 어떻게 하면 이런 신선감을 유지할 수 있을까? 한 가지 방법은 새로운 일을 함께 하는 것이다. 이것은 외면적으로 일어나는 것으로, 실제로 도움이 된다. 하지만 많은 것은 내면적으로 일어난다. 시간이 지나면 익숙해지도록 진화한 뇌에 맞서 독특함을 유지하기 위해 적용할 수 있는 원리는 어떤 것이 있을까? 그것은 바로 더 큰 틀(흔히 관점이라고도 부르는)을 유지하는 것이다.

다음 장에서 보겠지만, 뇌가 하는 모든 것은 상대적이다. 만약 우리가 타인에 대한 지각의 기준을 그 사람의 평균에 맞춘다면, 그 사람의 행동은 정의상 평균적인 것이 된다.(객관적으로는 그것이 아무리 훌륭하거나 형편없는 것이더라도 상관없이). 하지만 타인에 대한 지각의 기준을 더 기본적인 것(그 사람의 개인적인 정상이 아니라)에 맞춘다면, 그 사람이 어떤 사람이고 무슨 행동을 하는지에 대해 지각된 독특성 perceived uniqueness을 유지할 수 있다. 그러한 절대적인 기준 중 하나는 죽음과 죽음에 대한 두려움이다. 실존주의 심리학자들은 우리가 하는 모든 행동은 어떻게든 죽음에 대한 인식과 연관이 있다고 믿는다. 나는 우리가 하는 모든 행동은 불확실성에 기반을 두고 있다고 생각하는데, 이에 대해서는 나중에 더 깊이 다룰 것이다. 여기서는 뇌는 항상성도 '유지할' 수 있다는, 즉 세계가 변하더라도, 심지어 더 중요하게는 지각이 변하고 뇌가 적응하더라도, 계속 똑같은 것을 볼 수 있다는 사실만 알아두고 넘어가기로 하자.

궁극적으로 뇌는 근육처럼 작용하는데, '쓰지 않으면 잃게' 된다. 기적에 가까운 적응 능력을 보여주거나 감각을 최대한 끌어올려 사용한 사례들은 벤 언더우드가 '앞을 본' 방법처럼 어려운 상황에서 나온 경우가 많지만, 반드시 그래야 하는 것은 아니다. 예를 들면, 음악가들은 다른 사람들이 듣지 못하는 것을 듣는다. 왜 그럴까? 그들의 뇌는 보통 사람들과 달리 복잡한 역사를 겪었기 때문인데, 그들은 불확실성으로 시작한 그 역사에 적응하려고 노력하면서 자신의 청각 피질을 변하게 했다. 러시아 사람들은 영어권 사람들보다 빨간색 계통의 색조를 더 잘 구별하는데, 러시아어에는 더 많은 뉘앙스를 표현할 수 있는 단어들이 있기 때문이다.[26] 독일에서는 눈먼 여성을 유방암 검사를 하는 '촉진 검사자'로 훈련시키는데, 정상인 부인과 전문의보다 덩어리를 더 잘 탐지하기 때문이다![27] 이것들은 '정상'에서 벗어나 새로운 지각 세계로 접근하게 해주는 놀라운 혁신 사례들이다.

하지만 이것은 자신의 세계와 가장 효율적으로 관여하면서 창조성의 문을 여는 방법을 다 보여주는 전체 그림이 아니다. 다음 장에서는 '착각'을 잘하는 우리의 특성을 살펴보면서 실제로는 착각 같은 것은 없고 단지 맥락만 있을 뿐이라는 사실을 보여줄 것이다. 이 특성은 과거의 지각을 현재와 연결시킨다.

이제 우리는 정보는 무의미하고, 우리가 관여를 통해 의미를 만든다는 사실을 알았다. 이제 지각이 일어나는 맥락이 우리가 실제로 보는 것을 어떻게 결정하는지 알아볼 때가 되었다. 맥락이 **왜** 그토록 중요할까?

1824년. 비만인 데다가 통풍에 시달리던 프랑스 왕 루이 18세Louis XVIII는 고민거리가 하나 있었는데, 건강과는 아무 상관이 없는 문제였다. 파리에서 가장 명망 높은 태피스트리 공장으로 정부가 소유하고 운영하던 고블랭왕립제조소에서 생산하는 직물의 질에 대해 소비자의 불만이 점점 치솟고 있었다.[28] 사람들은 전시실에 진열된 색실(화려한 진홍색, 풀빛처럼 산뜻한 초록색, 햇빛처럼 찬란한 황금색 등)이 자신들이 구매해 집으로 가져가는 색실과 동일한 것이 아니라고 주장했다.[29] 이전 시대라면 이것은 그렇게 긴급한 문제가 아니었겠지만, 온건노선을 추구하던 루이 18세로서는 왕실에 대한 대중의 지지(그리고 조세)를 끌어올리는 것이 최우선 과제였다. 프랑스 혁명으로 왕과 귀족이 단두대에서 목이 떨어지는 격변을 겪으면서 국외로 망명했던 루이 18세는 나폴레옹이 워털루 전투에서 패한 뒤 1815년에 왕의 자리에 복귀했고(1814년에 나폴레옹 1세가 쫓겨난 뒤, 루이 18세는 프랑스로 돌아와 왕으로 즉위했다. 하지만 나폴레옹이 프랑스로 돌아와 재기하자 루이 18세는 다시 프랑스에서 쫓겨났다가 나폴레옹이 몰락한 후 왕으로 복위했다.—옮긴이) 통치 기간에 군주제의 위상을 회복하려고 노력했다. 이런 상황에서 루이 18세는 태피스트리에 도대체 무슨 일이 일어났는지 제대로 조사해줄 과학자가 필요했다.

루이 18세는 미셸 외젠 슈브뢸Michel Eugene Chevreul에게 이 일을 맡겼다.

슈브뢸은 젊은 화학자였는데, 기름과 지방으로 비누를 만드는 과정인 비누화에 관한 연구 덕분에 막 떠오르던 자신의 분야에서 유명 인사가 되었다.[30] 후진국에서조차 값싸고 효능이 뛰어난 비누를 흔하게 사용하는 오늘날에는 이 연구가 그다지 대단한 업적으로 보이지 않을 것이다. 하지만 페니실린이 발명되려면 아직 100년을 더 기다려야 했던 19세기 전반의 프랑스에서는 사람들이 감염 때문에 쉽게 죽어갔고, 산업적 규모의 비누 생산은 이제 막 시작된 참이었다. 전기 조명 역시 아직 발명되기 전이었기 때문에, 슈브뢸이 만든, 글리세린 성분이 포함되지 않은 별 양초도 그에게 '빛나는' 혁신가라는 명성을 안겨주었다.

이런 발견들을 통해 백만장자 산업가가 될 수도 있었겠지만, 슈브뢸은 일상적인 연구의 본질에만 관심을 가진 검소하고 엄격한 과학자였다. 제자들은 그를 흠모했고, 동료들도 그를 존경했다. 웨이브 진 갈기 모양의 머리카락은 나이가 들면서 더 헝클어졌는데, 오늘날 헝클어진 백발은 흔히 아인슈타인의 상징으로 간주되지만, 슈브뢸의 백발은 그보다 훨씬 앞선 것이었다. 슈브뢸은 아침 7시와 저녁 7시에 하루 두 끼만 먹었고, 나머지 낮 동안의 시간은 연구소에서 보냈다. 86세 때 이 습관에 대한 질문을 받자, "나는 많이 늙었지만, 아직도 할 일이 아주 많아요. 그래서 먹는 데 시간을 낭비하고 싶지 않아요."라고 슈브뢸은 대답했다.[31]

고블랭 공장의 염료국장으로 임명되었을 때 슈브뢸은 아직 40세가 채 안 되었는데, 태피스트리에 도대체 무슨 일이 일어나고 있는지 알아내려면 해야 할 일이 아주 많았다. 어쨌든 그것은 도대체 말이 되지 않는 상황처럼 보였다. 이곳에서는 세계에서 최고로 꼽히는 직물을 생산하고 있었는데, 뭔가 설명할 수 없는 일이 직물을 손상시키고 물리적으로 변형시키고 있었다—혹은 그런 일이 일어나는 것처럼 보였다.

매일 아침 네 기둥이 우뚝 선 고블랭 공장의 웅장한 현관을 들어서는 슈브뢸의 모습을 상상해보라. 직기들이 리드미컬하게 찰카닥거리는 소음이 사방에서 울리는 가운데 그는 동굴 같은 복도를 지나 자신의 사무실로 들어가 문을 닫고는, 요청받은 문제를 해결하는 데 매달렸다. 슈브뢸 같은 유형의 사람에게는 문제가 곧 목적이었고, 목적은 음식보다도 훨씬 포만감을 주는 것이었다. 훗날 그는 이렇게 회상했다. "염색 공장 책임자로서 임무를 수행하기 위해 나는 완전히 별개의 두 가지 문제를 해결해야 했다. 첫 번째 문제는 색의 대비(color contrast, 어떤 색의 자극이 반대되는 색의 자극을 강하게 하도록 일어나는 색채 효과—옮긴이)였고, 두 번째 문제는 염색의 화학이었다." 비누에 관한 연구에서 슈브룁은 어떤 물질의 구성 성분이 무엇이고, 특정 화합물이 어떻게 생겨났는지 이해하기 위해 복잡한 화합물을 분해하는 일에서 탁월한 능력을 보여주었다. 그래서 그의 연구는 사물 속으로 깊숙이 파고 들어가는 과정을 수반했다. (루이 18세가 슈브룁이 이 일에 적합한 사람이라고 판단한 이유도 이 때문일 가능성이 높다. 기만적인 실의 겉모습에 현혹되지 않고, 그것을 뛰어넘어 염료의 화학을 밝혀내야 했으니까.) 슈브룁은 지방과 기름 증기로 가득 찬 공기 속에서 유리와 화염 사이에서 물질을 끓이고 그 조성을 분석하면서 과학자로 경력을 쌓아왔지만, 이 모든 기술들이 아무 소용이 없는 상황에 맞닥뜨린 것은 이번이 처음이었다. 염료들에는 아무런 비밀도 숨어 있지 않았다. 아무도 그 앞길을 막을 수 없을 것처럼 보였던 슈브룁이 여기서 얼마나 큰 좌절을 느꼈을지는 상상만 할 수 있을 뿐이다. 그래서 슈브룁은 자신의 유기화학 지식이 자신을 인도하는 대로 고블랭 공장의 직물을 더 깊이 살펴보는 대신에, 바깥쪽으로—즉, *다른* 직물들로—시선을 돌렸다.

프랑스의 다른 장소들과 해외 공장들에서 만든 양모 견본을 입수해 그 질을 비교하는 일부터 착수했다. 하지만 여기서도 금방 막다른 골목에 이르렀다. 고블랭 직물의 품질은 의심의 여지 없이 우수했다. 그렇다면 고객들이 쏟아낸 불평의 원인은 태피스트리 자체의 물질적 속성에 있는 게 아니라, 다른 데 있는 게 분명했다. 이 문제는 혹시 화학이나 심지어 태피스트리 자체와 아무 상관 없는 것이 아닐까 하는 생각이 들었다. 혹시 *고객 자신들*에게 문제가 있는 게 아닐까? 그들이 색에 대해 근거 없는 불평을 한다는 게 아니라, 색을 '부정확하게' 지각하는 게 아닐까? 그래서 슈브뢸은 조사 범위를 좁혀 *각각의 실 조각 주위*에 무엇이 있는지에 초점을 맞춰 태피스트리를 '더 깊이' 살펴보았다. 물론 거기에는 동일한 실들이 있었지만, *색이 다른 실들*이 있었는데, 그 실들의 배열은 전시실의 실 견본들이 개별적으로 전시된 방식과 차이가 있었다. 바로 그 순간, 수수께끼가 '풀렸고' 그 *이유*도 밝혀졌다.

슈브뢸은 공장의 위기가 사실은 품질과는 아무 상관이 없고, **모든 것**이 지각에 관련된 문제라는 사실을 발견했다. 색이 달라 보이는 실들의 물리적 재료 자체는 차이가 없었지만, 고객들이 그것을 바라보는 **맥락**에 차이가 있었다. 색은 그 자체만 놓고 볼 때와 다른 색 옆에 놓고 볼 때 차이가 있었다(다음 두 페이지의 가운데에 있는 원들처럼). 슈브뢸은 자신이 깨달은 것을 "검은색 옆에서 생동감이 부족해 보이는 것은 인접한 색들 때문이며, 이 문제는 *색의 대비* 현상과 관련이 있다는 사실을 알았다."라고 묘사했다.[32] 태피스트리 안에서 색들의 관계 때문에 각각의 색이 우리 눈에 보이는 양상에 변화가 일어났다. 객관적 변화가 일어난 것은 아니지만, 관찰자의 지각에 변화가 일어났다. 사람들의 눈에는 물리적 실재가 정확하게 보이지 않았던 것이다.

물론 슈브뢸이나 어느 누구도 그 이유를 정확하게 알지는 못했다. 19세기의 프랑스 사람들에게는 색들 사이에 물리적 상호 작용이 전혀 일어나지 않는데도 색이 변할 수 있다는 개념은 이해하기 아주 어려운 것이었다. 그리고 우리가 현재 알고 있는 설명은 이해하기가 더

Michel Eugène Chevreul

Michel Eugene Chevreul

욱 어려웠을 것이다. 화학 분야 자체도 연금술의 마술적 믿음과 결별한 지 얼마 지나지 않은 시점이었다. 그럼에도 불구하고, 고블랭 직물에 대한 불평은 인간의 어떤 생물학적 결함에 그 원인이 있다는 게 명백했다.

조사를 시작한 지 10년이 지난 1835년, 슈브뢸은 길고도 기묘한 이 여행에 관한 책을『색의 동시 대비 법칙에 관해 *De la loi du contraste simultané des couleurs*』라는 제목으로 출판했다. 머리말에서 슈브뢸은 이렇게 썼다. "*다른 색 옆에 놓인 색이 옆의 색 때문에 다르게 보이는* 동시 대비 현상에 대해 이야기할 때, 이것이 두 색 혹은 그 색을 우리에게 드러내는 두 가지 재료 물질 사이에 물리적 또는 화학적 상호 작용이 일어난다는 뜻이 아니라는 점을 잊지 말라고 독자들에게 당부하고 싶다. 그것은 실제로는 이 두 가지 색의 동시 인상을 우리가 지각할 때 *우리 눈앞에서 일어나는 변화*에만 적용된다." 슈브뢸은 '실재'의 변화가 바깥 세상이 아니라 마음 내부에서 일어난다고 보았다. 이것은 색조를 띤 그림자를 연구하던 괴테에게 헛발질을 하게 한 것과 동일한 사고의 비약이었다.

슈브뢸의 획기적인 연구가 있고 나서 지각에 관한 그의 연구는 강한 물결처럼 다른 분야들로 퍼져나가 오늘날의 미술가들도 여전히 사용하는 색 이론의 기초를 낳았다. 대비 효과와 그의 유명한 색상환(각 색의 지각이 그것을 둘러싼 색들에 어떤 영향을 받는지 보여주는 고리 모양의 도표)에 대한 연구가 그런 기초가 되었다.

비록 화가들이 수백 년 전부터 색의 병치와 맥락을 사용하긴 했지만, 슈브룉의 연구는 처음으로 미술가들에게 우리의 가장 추상적인 지각 중 하나에 대해, 그리고 그 속에서 일어나는 상호 작용에 대해 이야기할 수 있는 공통의 언어를 제공했다. 슈브룉과 같은 시대에 살았던 외젠 들라크루아Eugène Delacroix는 "내 마음대로 그 주위의 색을 그릴 수 있게만 해준다면, 나는 진흙으로도 비너스의 살갗을 그릴 수 있다."라고 큰소리쳤다. 하마터면 고블랭 공장의 문을 닫게 할 뻔한 '착시'를 활용하는 능력이 아주 뛰어났던 들라크루아는 훗날 더 '참된' 것이지만 덜 '현실적인' 지각을 선호한 한 미술 학파—인상파—에 큰 영향을 미쳤다. 더 최근에 빛 설치미술가 댄 플레이빈Dan Flavin과 화가 브리짓 라일리Bridget Riley 같은 현대 미술가들은 지각을 중시한 작품을 극단적으로 추구했다. 플레이빈은 자신이 '색 잔상incidentals of color' 이라고 부른 것을 실험하면서 관찰자가 자신이 본다고 생각한 색들을 포함시키지 *않으려고* 했다. 라일리의 어지러운 다색 캔버스에서 줄무늬와 물결무늬의 색들—마찬가지로 지각을 가지고 '실험'한 라일리의 더 유명한 단색 작품과 대비되는—은 고블랭 태피스트리와 비슷하게 인접 색들에 따라 변한다.

미셸 슈브룉은 30년 동안 염료국장으로 일하다가 102세에 죽었는데, 화학 분야에서 찬란하게 빛나는 경력을 쌓으면서도 검소하고 일에 몰두하는 생활 방식을 계속 유지했다. 이와는 대조적으로 태피스트리를 조사하라고 그를 고용한 루이 18세는 슈브룉을 염료국장으로 임명한 바로 그해인 1824년 가을에 죽었다. 왕은 색이 왜 변하는지 그 이유를 생전에 알지 못한 채 눈을 감았다. 어쩌면 이것은 그에게는 잘된 일인지도 모르는데, 수십 년 뒤에 프랑스 군주제가 완전히 종말을 고하는 장면을 보지 않아도 되었기 때문이다. 고블랭 공장의 혼란은 프랑스 역사에 별다른 영향을 미치지 않았지만, 미술의 역사를 바꾸어놓았다.

지각—심지어 뇌의 가장 단순한 수준, 즉 색을 보는 것(만약 이 수준에서 이것이 정말로 옳다면, '그 위의 모든 수준'에서도 옳을 것이다)에서도—에 관해 슈브뢸 이야기에서 얻을 수 있는 큰 그림 차원의 교훈은…… 맥락이 무엇보다 중요하다는 것이다.

하지만 왜 그럴까?

이 질문에 답하려면, 뇌가 어떻게 작용하는지뿐만 아니라, 사람의 본질이 무엇인지까지 이해해야 한다. (덧붙여 말하자면, 이것은 벌—혹은 살아 있는 그 밖의 어떤 계라도—의 본질이 무엇인지 이해하는 것이기도 하다. 왜냐하면, 벌도 소위 착시를 경험하는데, 벌 역시 우리와 비슷한 지각 기술이 진화했기 때문이다.)

맥락이 무엇보다 중요하다.

뇌는 본질적으로 연결 장비, 즉 궁극적인 초사회적 시스템이다. 그래서 뇌는 **관계**를 다룬다. 뇌는 절대적인 것을 하지 않는다. 의미는 외부와 단절된 상태에서 만들어질 수 없기 때문에 그렇다. 우리가 지각하는 모든 정보는 무의미할 수 있지만, 동시에 일어나는 수백만 가지 상호 작용적 모호성이 없다면, 뇌는 자신의 방대한 해석 시스템에 공급할 것이 아무것도 없게 된다. 맥락과 그것을 정의하는 관계(더 드레스 사례에서 한 이미지의 서로 다른 스펙트럼 부분들 사이의 관계처럼)는 늘 변하는데, 우리는 특정 스펙트럼 자극원의 객관적 실재에 접근할 수 없는 반면, 시간과 공간에서 일어나는 동시적 관계는 우리의 신경 처리 과정이 **유용한** 주관적 지각 반응을 만드는 데 필요한 비교 데이터를 우리에게 풍부하게 제공한다. **차이(혹은 대비)를 감지하는 것**은 우리 뇌가 제대로 기능하는 데 필수적인 것이어서, 감각에서 다른 관계들을 박탈하면 감각 기능이 마비될 수 있다. 다시 말해서, 우리는 일탈이 필요하다.

예컨대 눈과 눈의 작용 방식을 살펴보자. 신속 운동과 미세 신속 운동은 시선이 짧은 순간에 급격하게 이동하는 움직임으로, 우리 눈에서 늘 일어나는 움직임이다. 이것들은 움찔거리는 움직임들로 짜인 태피스트리(우리의 주제를 일관되게 유지하기 위한)와 같으며, 이러한 신경생리학적 움직임은 우리의 시각을 부드럽게 작동하게 한다. 이것을 입증한 사람은 알프레드 야르부스Alfred Yarbus라는 러시아 심리학자이다. 1950년대에 야르부스는 영화 〈시계태엽 오렌지〉에 나오는 것과 비슷한 장치를 만들었다. 사람의 눈을 뜬 상태로 고정시키고, 눈꺼풀을 뒤로 젖혀 눈을 더 노출시킨 뒤, 흡입 '캡'을 통해 자신이 제시한 시각 자극을 향해 움직이는 신속 운동의 호와 선을 추적하는 장치였다. 야르부스의 장치로 신속 운동의 움찔거림을 거의 예술적으로 그려낸 스케치 비슷한 그림은 끊임없이 차이를 찾아내려는 목적과 결합된 이 움직임이 시각의 필수 요소임을 입증했다. 사실, 대비는 시각에 너무나도 필수적인 것인데, 이 사실은 필연적으로 다음의 아주 간단한 질문을 제기한다. 만약 대비를 제거하면, 어떤 일이 일어날까? 그 답은 눈먼 상태가 된다는 것이다. 공간이나 시간에 아무 차이가 없다면, 우리는 아무것도 보지 못하게 된다. 그것을 직접 보는(혹은 *보지 않는*) 실험을 해보자.

불안해하지 않아도 된다. 다음의 자가 실험은 아무 고통이 따르지 않는다(그리고 간단하다). 한 손으로 한쪽 눈을 가린다. 그리고 다른 손의 엄지와 검지를 다른 눈의 눈꺼풀 위와 아래에 가볍게 갖다댄다(캘리퍼스가 있다면 금상첨화이겠지만, 여러분이 캘리퍼스를 갖고 있어야 할 이유가 있을까?). 그러고 나서 눈을 뜬 상태로 그대로 있게 한다. 이 눈을 더 가만히 정지시킬수록 효과가 더 빨리 나타난다. 고정된 장면을 바라보면서 머리를 움직이지 않게 한다.

그러면 신속 운동이 제한되는데, 이것은 뇌가 시각을 만들어내는 데 필요한 관계적이고 차이를 가득 포함한 정보의 흐름을 차단한다. 간단히 말해서, 맥락의 본질을 제거하는 셈인데, 그럼으로써 의미를 만드는 뇌의 능력을 봉쇄한다. 그 결과로 여러분은 잠깐 동안 눈먼 상태가 된다. 얼마 지나지 않아 시야가 흐릿해지고 반점들이 나타나면서 시야가 분홍색을 띤 하얀 얼룩으로 변해가다가 세계가 사라져 갈 것이다. 자, 이제 이 지시대로 직접 실험을 해보라.

결과는 어땠는가? 아마도 여러분은 자신의 지각과 세계 사이에서, 그리고 자신의 감각과 뇌 사이에서 보이지 않게 일어나는 모든 과정을 더 잘 그리고 더 직관적으로 이해하게 되었을 것이다. 요점은 눈을 움직이지 않게 하면, 시간과 공간에 아무런 변화/차이/대비가 없으면, 눈을 뜨고 있더라도 온 세계가 사라지는 일이 실제로 일어난다는 것이다. 따라서 뇌는 **오직** 변화와 차이와 대비—뇌가 해석하는 데 필요한 모든 정보원—에만 관심이 있다. 하지만 내가 방금 여러분에게 해보게 한 '눈 고정' 실험의 기계론적 속성을 고려한다면, 내가 몇 페이지 앞에서 주장한 것처럼, 이것이 사람의 본질을 밝히는 맥락과 무슨 관계가 있을까 하는 의문이 들 수도 있다. 여기서 중요한 핵심은 이것이다 : 뇌는 맥락에서 얻는 관계들을 모두 다 받아들이고, *그것들에 행동적 의미를 부여한다.* 이것은 핵심이 **행동**에 있다고 말하는 것과 같은데, 행동은 과거의 지각을 현재와 이어준다.

버클리 주교 이야기를 다시 생각해보자. 우리는 세계에 직접 접근할 수 없고, 그래서 세계와 관여하는 것이 매우 중요하다. 우리는 오직 경험주의적 방법을 통해서만 무의미한 것으로부터 의미를 만들어낼 수 있기 때문이다. 우리가 만드는 의미는 우리 과거의 일부, 즉 뇌의 지각 데이터베이스가 된다. 그렇기 때문에 세계와 그 속에서 겪는 경험은 우리가 무엇을 어떻게 하고 있는가에 대한 피드백을 우리에게 제공한다. 뇌는 유용한 지각(즉, 우리가 살아남는/성공하는 데 도움을 준 지각)이 어떤 것이었고, 유용하지 않은 지각이 어떤 것이었는지에 대한 데이터를 저장한다. 우리는 이 역사를 가지고 앞으로 나아가며, 반응이 필요한 모든 상황에 적용하는데, 우리의 의식적 삶에서 거의 매 순간이 그런 상황이다. 하지만 여기서 유용성을 정확성과 혼동하지 않는 것이 중요하다. 뇌는 미래에 참조할 목적으로 어떤 것이 '옳은지' 기록하지 않는다. 옳음이라는 개념은 잊어버리는 게 좋은데, 정확성이라는 개념 자체를 초월하는 게 아주 중요하기 때문이다. 왜 그럴까? 지각에는 **정확성 같은 개념이 없기** 때문이다.

여러분이 액션 영화에 등장하는 주인공, 예컨대 남성 또는 여성 스파이라고 상상해보라. 지금 여러분은 음악이 흥분된 분위기를 고조시키는 액션 장면에서 지붕 위로 도망가고 있다. 유럽 도시의 첨탑들이 하늘 높이 삐죽 솟아 있고, 저 아래로는 소음이 들끓는 도시가 내려다보인다. 악당들이 바짝 뒤쫓아오는 가운데 여러분은 빨래가 널린 빨랫줄들 사이를 잽싸게 통과하고 벽을 뛰어넘어 질주하다가 *건물 가장자리에* 이르렀다. 젠장! 끝자락에서 미끄러지듯이 가까스로 멈춰선 뒤 상황을 파악한다. 맞서싸우거나 도망가거나 양자택일의 상황에 처했다. 도망가기로 선택한다. 5층 건물에서 다음 건물로 건너뛰기로 한 것이다. 시간은 몇 초밖에 없다. 그래서 뒤로 몇 걸음 물러났다가 건물 가장자리를 향해 질주한 뒤 훌쩍 뛰어올라 반대편 건물에 **착지한다!** 성공이다. 잠시 숨을 고르고 나서 다시 달리기 시작한다. 앞에 기다리고 있을지도 모르는 더 위험한 점프를 준비하면서. 악당들은 여전히 추격해오고 있고 숨은 가쁘지만, 여러분은 무사히 탈출했다.

이런 경험을 하고 난 뒤에 일어난 일을 직관적으로 분석하는 방법은 자신이 건너뛰어야 했던 거리를 자신의 뇌가 *정확하게* 판단했다고 생각하는 것이다. 여러분은 정말로 자신의 뇌가 다음 공식을 사용해 거리를 정확하게 계산했다고 믿는가?

$$d = \frac{v\cos\theta}{g} = \left(v\sin\theta + \sqrt{(v\sin\theta)^2 + 2gy_0} \right)$$

물론 그렇진 않을 것이다. 앞에서 이미 보았듯이, 지각 중 많은 부분은 놀랍게도 반직관적으로 일어난다. 대신에 우리의 신경망은 진화의 역사를 통해 이러한 질주를 수백만 번이나 경험했다. 따라서 여러분의 뇌는 자신(액션 영화의 주인공)의 행동이 목숨을 살릴 수 있도록 그 공간을 *유용하게* 지각했을 뿐이다. 이런 상황에서는 뇌가 정확성을 판단하기가 사실상 **불가능**하기 때문이다.

맥락은 과거를 현재와 이어주어 뇌가 유용한 반응을 결정할 수 있게 해주지만, 우리는 자신의 지각이 정확한지 아닌지 *결코 알 수 없다*. 지각의 통계적 역사에는 자신의 지각이 실재를 반영한 것인지 아닌지에 대한 정보가 포함돼 있지 않다. 왜냐하면, 또다시 우리는 실재하는 세계의 물체나 조건의 원천—여러분이 해야 했던 점프의 객관적 실재—에 직접 접근할 수 없기 때문이다. 그 근본 원인은 지각이 지각 자체에 의해 그 원천과 분리돼 있다는 데 있다. 물리적 세계에 대한 자신의 지각이 정확한지 알 수 있는 방법은 자신의 지각을 실재의 근본적인 진실과 직접 *비교*하는 것뿐이다. 일부 인공 지능(AI) 시스템이 이런 방식으로 작동한다. 인공 지능은 본질적으로 '종교적'인데, 자신이 얻은 결과가 옳은지 그른지 말해주는 신과 같은 존재—컴퓨터 프로그래머—가 필요하기 때문이다. 그러면 인공 지능은 이 새로운 정보를 미래의 반응에 포함시킨다. 하지만 사람의 뇌는 이런 식으로 작동하지 않는다. 우리는 신과 같은 프로그래머가 없어서 세계에 대한 정보를 직접 얻지 못하는 '연결주의자' 인공 지능 시스템을 닮았다. 대신에 이 시스템은 자기 네트워크들의 구조를 무작위로 변경하고 증식시킨다. '유용한' 방식으로 변하는 시스템은 살아남고, 따라서 장래에 번식할 가능성이 더 높다(연결주의자 인공 지능 시스템은 또한 사람과 마찬가지로 우리가 착시라 부르는 효과도 본다). 우리의 지각 뇌는 연결주의자 시스템처럼 물리적 실재에 접근하지 못한다. **절대로**. 따라서 우리의 지각이 정확한지 아닌지 알 수 있는 방법이 전혀 없는데, 우리가 세계를 모호하지 않은 상태로 경험하는 일은 절대로 없기 때문이다.

하지만 이것은 실제로는 중요하지 않다.

행동은 우리가 부여하는 의미, 즉 우리의 반응(내적인 것이건 외적인 것이건)을 통해서만 어떤 의미를 지닌다. 따라서 오직 *반응*만이 자신의 지각적 가정 혹은 이 상황에 대한 뇌의 유용성 개념을 드러낸다. 감각을 통해 자신의 행동에 대해 뇌가 받는 피드백은 단지 *그 결과*—즉, 자신이 취한 행동이 유용한지 아닌지—를 측정하는 데에만 도움이 될 뿐이다. 여러분이 건물 사이를 건너뛴 사례의 경우, 그 행동은 분명히 유용했다. 하지만 여러분은 자신의 뇌와 몸이 악당을 피하기 위해 어떻게 유용한 점프를 만들어낼 수 있었는지 여전히 궁금할 것이다. 그것은 쉽다. 현재의 맥락에서 현재의 자극을 받아들인 뒤, 비슷한 맥락에서 비슷한 자극에 맞닥뜨렸던 동등한 상황과 연관이 있는지 살펴보기만 하면 된다. 더 간단하게 말하면, 현재에 도움을 얻기 위해 과거를 참조하는 것이다—단, 인지적 방법이 **아니라**, 반사적 방법으로.

오감을 통해 들어오는 정보는 모호하기 때문에, 뇌가 감각 정보를 파악하는 과정은 경험에 영향을 받을 수밖에 없다(이 중요한 관여의 과거는 앞장에서 보았듯이 진화와 발달과 학습이라는 세 기간에 걸쳐 일어난다는 사실을 명심하라). 뇌가 세계를 보는 방법은 미래에 살아남을 확률을 높이리라는 기대를 품고서 어떤 것이 유용한지 파악하기 위해 이 역사—그리고 오로지 **이것**만—를 참조한다. 실제로 살아가면서 맞닥뜨리는 거의 모든 상황에서 다음에 어떤 일이 일어날지 알려주는 최선의 예측 인자는 과거에 비슷한 상황에서 일어난 일이다. 따라서 주어진 상황에 대한 우리의 지각은 반응의 유용성을 측정하는 것에 지나지 않으며, 객관적 실재 따위는 무시한다. 사실, 생각해보라……,

생존이 걸린 상황에서 정확성 따위에 누가 신경 쓰겠는가?

여러분은 앞의 사진에서 포식동물을 발견할 수 있는가? 90%의 정보를 활용하면, 발견할 수 있다. 포식동물은 분명히 저기에 있다. 만약 발견하지 못했다면, 여러분은 죽은 목숨이다. 자, 다시 한 번 자세히 살펴보라.

유용한 해석은 곧 살아남는다는 것을 의미하며, 따라서 미래의 지각에 정보를 제공할 역사의 일부로 기록 보관소에 보관된다. 객관적 실재는 기껏해야 우연의 일치에 지나지 않는다.

외국어를 배우는 일도 뇌가 끝없이 유용성을 찾는 노력이 우리 자신의 귀와 입에서 어떻게 펼쳐지는지 보여준다. 많은 영어 사용자들은 굴러가는 듯한 에스파냐어 r 발음에 어려움을 느낀다. 더 일반적으로는, 외국어를 배우려고 시도해본 사람은 거의 대부분 아주 *이질적인* 소리에 맞닥뜨린다. 잘 알려진 예는 영어를 배우는 일본인이 흔히 '헬로'를 '헤로'라고 발음하는 것이다. 이런 일이 일어나는 이유는 일본인이 r과 l 발음의 차이를 귀로 듣지 못하기 때문이다. 일본어에 이런 소리들이 없어서 그런 것이 아니다. 일본어에도 두 가지 소리가 있다. 그보다는 일본어에서는 두 가지 소리를 구별하지 않기 때문이다. 이들에게는 두 가지 소리를 구별하는 것이 유용했던 지각적 과거가 없기 때문에, 정확성(두 가지 소리를 객관적으로 다르게 듣는 것)은 중요하지 않다. 그 결과, 이들의 뇌는 훈련을 통해 그 차이를 듣지 못하게 되었는데, 차이를 구별해봐야 아무런 유용성이 없기 때문이다.

우리의 색 지각 역시 정확성 대신 유용성에 의존하는 뇌의 속성을 잘 보여준다. 빛은 직선 스펙트럼 위에서 물리적으로 존재하지만, 우리의 시각 피질은 빛을 원을 이루는 네 가지 범주(빨강, 초록, 파랑, 노랑)로 분해함으로써 그것을 조직한다. 학교에서 배운 로이

우리
실자
보
단지 고
보기
유용했
볼 뿐

G. 비브Roy G. Biv를 기억하는가?(Roy G. Biv는 가상의 이름으로, 무지개의 일곱 가지 색깔을 쉽게 외우도록 만든 것이다. 7개의 철자는 red, orange, yellow, green, blue, indigo, vilolet, 즉 빨주노초파남보에 해당한다.—옮긴이) 이것은 네 가지 범주와 동일한 것인데, 주황색, 남색, 보라색은 미묘한 차이를 더하기 위해 추가한 것일 뿐이다. 사람의 뇌는 빛을 빨강, 초록, 파랑, 노랑의 범주로 처리하기 때문에, 다른 색들은 이 네 가지 색의 제한적인 조합으로만 볼 수 있다는 것을 의미한다(우리는 빨간색을 띤 초록색이나 파란색을 띤 노란색은 보지 못한다. 이런 색을 불가능한 색이라 부른다). 우리의 지각은 빛의 선—한쪽 끝에는 짧은 파장의 빛이, 반대쪽 끝에는 긴 파장의 빛이 있는—에서 양 끝을 붙들고 그것을 구부려 양 끝을 닿게 함으로써 원으로 만든다. 그래서 이 연속체의 양 끝이 실제로는 정반대인데도 지각적으로는 비슷해지는 결과가 나타난다.

다음 시나리오를 한번 상상해보라. 무작위로 고른 100명을 키가 작은 사람부터 키가 큰 사람의 순으로 일렬로 죽 세워야 한다고 하자. 그래서 한쪽 끝에는 키가 60cm인 아기가 서고 반대쪽 끝에는 키가 2m가 넘는 사람이 선다. 이 집단은 이 순서를 그대로 유지하면서 직선을 닫힌 원으로 바꾸기로 했는데, 그 결과로 아기가 거인 옆에 서게 된다. 우리가 색을 보는 방식도 이와 비슷하다. 원 모양에 따르는 조건을 감안하면 이것은 논리적이지만, 객관적 조직이라는 관점에서 보면 전혀 논리적이지 않은데, 이것은 마치 1kg의 추를 500kg의 추 옆에 세워놓은 것과 같기 때문이다. 어떤 색에 대한 우리의 지각이 실제 물리적 색과 일치하는 경우는 우연의 일치에 불과하다고 말하는 이유는 이 때문이다. 우리 뇌가 정보를 처리하도록 진화한 방식 때문에 어떤 것이라도 우리는 그 실재를 정확하게 볼 수 없다. #TheDress처럼 기묘한 혼동과 불일치가 일어나는 이유도 이 때문이다.

우리 뇌는 빛을 범주별로 지각하도록(유용하게, 하지만 정확하지 않게 지각하도록) 진화했는데, 이러는 것이 시각 자극을 아주 효율적으로 지각하는 방법이어서 뇌세포들을 아껴 다른 감각들을 처리할 수 있기 때문이다. (갯가재는 자신이 살아남아 번성한 환경을 제외한 나머지 환경에서는 어떤 곳에서도 자연 선택을 통해 도태되었을 것이다. 왜냐하면, 갯가재의 뇌는 뛰어난 시각 능력에 많은 뇌세포를 쓰느라 우리가 우리 환경에서 살아남는 데 필요한 다른 자원을 가질 수 없기 때문이다.) 흥미롭게도 데일 퍼브스와 토머스 폴저Thomas Polger와 나는 우리가 주장한 빛의 사색 분해가 지도 제작의 원리에 반영돼 있다는 사실을 최초로 지적했다. 어떤 지도든지 네 가지 색만 있으면, 국경을 맞댄 모든 나라를 서로 다른 색으로 칠할 수 있다. 이 사실은 수학에서 그 유명한 사색 정리를 낳았는데, 이것을 증명하려고 많은 수학자가 100년이 넘게 도전했지만 실패만 거듭하다가 1976년에 케네스 아펠Kenneth Appel과 볼프강 하켄Wolfgang Haken이 마침내 증명했다. 그들은 컴퓨터를 사용해 반복 연산하는 방법으로 이 정리를 증명했다. 즉, 가능한 조합(수십억 가지나 되는)을 모두 다 검토하는 방법을 통해 사색 정리가 *틀렸음을 입증*할 수 없다는 것을 증명했다. 이런 방식이 수학 정리를 증명하는 데 쓰인 것은 처음이었는데, 이 때문에 이것이 정당한 증명인가를 놓고 뜨거운 논쟁이 벌어지기도 했다.

지각에 대해 이야기할 때 지도는 유용한 은유인데, 가장 기본적인 차원에서 우리 뇌는 우리에게 오직 하나의 목적지(살아남는 것!)를 향해 우리를 안내하도록(혹은 반대로 수백만 가지 다른 방향—모두 우리를 죽음이라는 같은 장소로 데려가는—으로 안내하지 않도록) 설계된 경로 체계인 일종의 지도가 되도록 진화했기 때문이다. 아마도 이 사실, 그리고 주관적 지각과 객관적 실재의 차이를 '가장 분명하게' 보여주는 예는 **통증**이라는 인간의 보편적인 경험일 것이다.

않는다.

것을

다.

계단에서 넘어져 팔이 부러졌다고 하자. 그러면 몹시 아프다. 토마토를 썰다가 손가락을 베었다고 하자. 역시 몹시 아프다. 누가 여러분 코를 때렸다고 하자. 엄청나게 아프다! 나는 이것을 영어로 "It f*%@^king hurts!"라고 표현한다. (여기서 나는 문자 2개를 기호 4개로 대체했지만, 그래도 여러분은 이 단어를 'fucking'이라고 정확하게 읽을 것이다. 여러분의 뇌에 암호화되어 입력된 과거의 읽기 맥락 때문에 그렇다.) 신체적 손상을 입으면, 우리는 일어난 사건이 주는 통증을 *느낀다*. 그런데 통증이란 도대체 무엇인가? 그것은 빛처럼 객관적으로 측정할 수 있는 것인가? 통증은 지각과 경험 밖에 따로 존재하는 물리적 속성을 갖고 있는가? 물론 그렇지 않다!

통증은 물리적으로 별개의 외부 현상이 아니다. 색을 비롯해 우리가 의식적으로 경험하는 그 밖의 모든 것과 마찬가지로 통증은 뇌 속에서 일어나는 현상이며, 절대로 다른 곳에서 일어나는 현상이 아니다. 뼈가 부러진 뒤에 팔 *내부*에서 일어나거나, 엄지에서 피가 날 때 피부 *위*에서 일어나거나, 퍼렇게 멍이 들 때 눈 *주위*에서 일어나는 감각은 없다. 물론 그 부위에 통증이 느껴지긴 하지만, 이것은 아주 유용한 지각적 투사에 지나지 않는다. 통증이 일어나는 장소는 바로 뇌 속이며, 복잡한 신경생리학적 과정을 통해 일어난다. 그렇다고 해서 이 경험이 덜 실재적인 것으로 느껴지는 것은 아니다. 특별한 종류의 신경세포 또는 신경 말단인 *통각 수용기*는 손상을 알아채고, 뇌를 포함한 신경계로 메시지를 전달한다. (통각 수용기는 몸 전체에 균일하게 분포돼 있지 않다. 촉각에 특별히 민감한 손가락 끝과 젖꼭지를 비롯해 여러 부위는 팔꿈치 같은 다른 부위보다 통각 수용기가 월등히 더 많다.) 이런 의미에서 객관적으로 생리학적인 어떤 일이 통증과 함께 일어나지만, 이것은 우리가 지각하는 원인의 **의미**이지, 원인 자체는 아니다.

우리는 실제로는 그저 지각에 불과한 통증을 왜 사실로 경험할까? 통증은 마음과 몸, 주변 세계 사이에서 위기—그리고 반응—를 논의하기 위해 일어나는 *대화*이다. 통증은 현재의 맥락에서 우리가 거둔 성공(혹은 그것의 결여. 이 경우에는 극심한 공포의 버튼을 막 누른 것에 가깝다)의 창발적 결과이며, 행동의 동기 유발 요인이다. 통증은 '정확하지' 않은데, 정확성은 우리 뇌에 불가능한 동시에 중요하지 않기 때문이다. 통증은 생사가 달린 공식 성명과 같은 긴급성을 지닌 경고 신호로, 우리가 뭔가 해야 한다는 것을 확실하게 알린다!

따라서 통증은 본질적으로 무의미한 정보로부터 실행에 옮길 수 있는 의미를 만드는 생리학적 지각으로, 뇌에게 그것을 우리 자신을 보호해야 할 사건이 일어난 것으로 해석하도록 만든다. 비명을 지르는 통각 수용기에 대해 이런 식으로 반응하는 우리의 역사는 왜 우리 종이 아직도 살아 있는지 그 이유를 알려준다. 이것은 우리를 아주 심오한 진실로 안내하는데, 이 진실은 우리의 모든 행동에 담긴 진실을 드러낸다…….

모든 지각은 뇌가 과거의 유용성(혹은 '정보의 경험적 의미')을 구성한 것에 지나지 않는다. 이것은 과학적 사실인데, 사실 아주 기묘한 사실이기도 하다. 그런데 이런 일이 어떻게 일어날까? 그 구성은 어디서 일어날까? 우리의 감각이 어떻게 외부 세계에 극히 적게 의존하는 대신에 해석이라는 우리의 내부 세계에 더 많이 의존하는지 이해하면, 그 답이 명백하게 드러난다.

머리말에서 이야기했듯이, 우리 뇌가 사용하는 정보 중 눈에서 오는 것은 겨우 10%밖에 되지 않는다. 나머지 90%는 뇌의 다른 곳들에서 온다. 눈에서 1차 시각 피질로 이어진(시상을 통해) 연결 하나당 다른 피질 지역에서 온 연결은 10개가 있다. 게다가 눈에서 시각 피질로 가는(이번에도 역시 시상을 통해) 연결 하나당 그 반대 방향으로 가는 연결이 10개 있는데, 이것은 눈에서 오는 정보에 극적인 영향을 미친다. 정보 흐름의 관점에서 본다면, 우리 눈은 보는 것과 거의 관련이 없는 셈이다. 시각은 시각 정보를 해석하는 우리 뇌의 복잡한 네트워크에서 일어난다. 따라서 *보는 것이 믿는 것* *seeing is believing*이란 격언은 틀렸다.

우리를 실재와 분리하는 복잡한 과정은 실로 엄청나게 방대한 것이지만, 그와 동시에 아주 성공적인 것이기도 하다. 이것은 아주 중요한 질문을 낳는다. 무의미한 정보의 의미를 본다는 것은 무엇을 의미하며, 과거의 의미가 어떻게 현재의 의미를 제약할 수 있는가? 이 질문에 답하기 위해 색 지각을 우리가 본질적으로 더 많은 의미를 담고 있다고 느끼는 것—언어—과 비교해보자.

자, 여러분은 이것을 어떻게 읽는가? 그 답을 다음 이메일 주소로 보내주기 바란다: info@labofmisfits.com

여기서 여러분이 해야 할 일은 그저 단순히 **눈에 보이는 것을 그대로 읽는** 것이다(크게 소리를 내어 읽어도 되고 마음속으로 읽어도 된다).

ca   y u read   t is

필시 여러분은 이것을 다음의 일관성 있는 완전한 문장으로 읽었을 것이다 : *Can you read this?* 또 이것도 한번 읽어보라.

w at ar   ou rea in

아마도 여러분은 *What are you reading?*이라고 읽었을 것이다. 처음 지시를 다시 생각해보라. 눈에 **보이는** 것을 그대로 읽으라고 했다. 대신에 여러분은 제시된 문자열에 실제로 존재하지 않는 **단어들**을 읽었다. 왜 그랬을까? 경험을 통해 뇌는 영어에서 함께 따라다니는 문자들의 통계를 자신의 내부에 암호화했기 때문이다. 그래서 뇌는 언어 경험 역사를 적용해 과거에 읽기에 유용했던 것들을 읽으면서 거기에 없는 단어들을 읽었다(앞에 나왔던 f*%@^king의 경우처럼). 이제 문장에 실제 단어들 대신에 문자들이 있다고 해도, 여러분은 여전히 의미를 읽는다는 사실에 주목하라. 이 문자열들 중에서 고유한 가치를 가지고 있는 것은 하나도 없기 때문에 그렇다. 이것들은 우리 역사와 문화의 구성물이다. 이것은 뇌는 관계가 필요하다는 이야기를 다시 떠오르게 하는데, 그래서 뇌는 서로 다른 문자들을 연

전체 사람들 중
46%는 "is seeing believing"
이라고 읽고,
30%는 "seeing is believing"
이라고 읽고,
24%는 "believing is seeing"
이라고 읽는다.

결시키려고 한다. 하지만 여기에는 다른 함의도 있다. 여러분의 '읽기' 방법은 유효하긴 하지만, 그것이 유일한 방법은 아니다. 예컨대, 앞의 문장을 다음과 같이 해석할 수도 있지 않은가?

what are you dreaming?

여러분은 맥락에 반응했고, 그 행동에 제약을 받았다. 나는 여러분이 읽기 형태로 관여하는 상황을 만들었고, 그래서 여러분의 뇌는 빈 곳을 가장 유용하게 채우는 방법을 찾았는데, 단어를 *읽는 방법*이 바로 그것이었다. 이것은 완벽하게 이치에 닿는다. 하지만 여기서 여러분을 위해 의미를 만들어내는 물리학 법칙은 존재하지 않는다. 문자와 문자열은 그 자체로는 임의적이다. 요컨대 이것들은 본질적으로 무의미하다. 단지 역사를 통해 의미를 띨 뿐이다. 뇌는 우리의 지각적 역사를 바탕으로 가장 유용한 반응이라고 간주하는 것을 제공하지만, 그것이 **유일한** 반응은 아니다.

우리가 실재를 보지 못한다는 것을 보여준 1장의 밝기 대비 실험에서 보았듯이, 우리 뇌는 빛의 세기에 따라 서로 다른 의미를 만들어낸다. 회색 사각형들은 객관적으로는 동일한 상태로 머물러 있었지

만 우리의 지각에서는 색이 변했는데, 우리의 과거가 현재에서 다른 '색조'의 의미를 유용하게 만들어냈기 때문이다. 이제 우리는 왜 이런 일이 일어났는지 잘 이해하기 때문에 회색에 대한 지각을 다시 살펴보기로 하자.

156쪽 사진에 또다시 회색 사각형들이 등장하는데, 이번에 사각형들은 아주 비슷하지만 별개의 두 장면(빛이 아주 어두운 두 공간)에서 방바닥에 놓인 타일들의 형태로 등장한다. 이번에도 주변 '배경' 때문에 사각형들은 회색 음영의 정도가 서로 달라 보이지만, 실제로는 동일하다. 이번에는 불을 켜고 157쪽의 두 장면을 보면서 어떤 일이 일어나는지 살펴보자.

두 장면에서 맨 왼쪽에 있는 타일과 맨 오른쪽에 있는 타일은 무시하라. 왼쪽 장면에서는 꽃병 바로 아래에 있는 타일을 보라. 그것은

거의 하얗게 보인다. 이번에는 오른쪽 장면에서 그것에 대응하는 타일, 즉 찻잔 오른쪽에 놓인 타일을 보라. 숯처럼 회색으로 보일 것이다. 하지만 이 두 타일의 회색 음영은 여전히 정확하게 똑같다.

내가 한 것이라곤 장면의 정보에 변화를 준 것뿐인데, 이것은 여러분의 과거 경험을 바탕으로 정보가 지닐 수 있는 의미를 변화시킨다. 이 경우, 탁자 아래 어두운 배경의 '의미'는 '그림자'인 반면, 오른쪽 장면에서 어두운 배경은 '어두운 표면'을 의미한다. 그 정보를 변화시킴으로써 나는 여러분의 뇌가 감각으로부터 얻는 정보를 사용해 만드는 타일의 의미를 변화시켰다. 두 타일은 원래의 배경에 그대로 머물러 있지만, 나는 방의 조건을 바꿈으로써 여러분이 이 배경들을 해석하는 데 변화를 가져왔다. 여러분이 보는 것은 두 타일이 여러분의 과거 행동에서 비슷한 경험적 의미를 가질 가능성의 통계적 표상이며, 이것은 바로 여러분의 뇌가 만들어낸 것이다. 이 과정은 앞에 나왔던

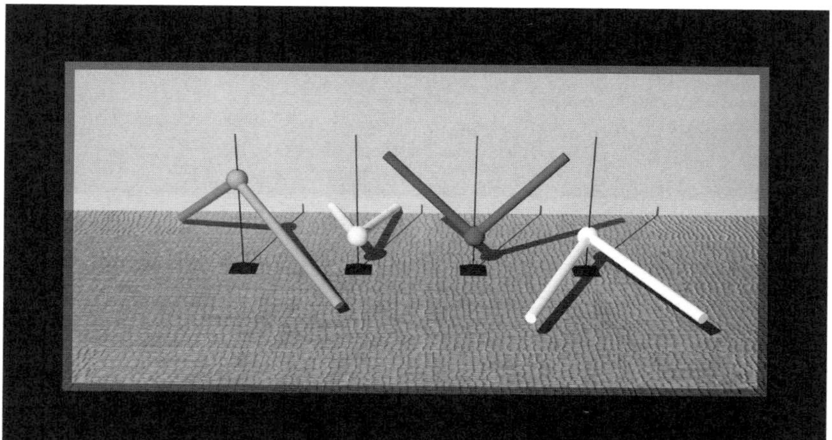

Can you read this? 같은 문자열을 여러분이 읽는 방식을 상기시킨다. 우리의 지각은 같은 것을 여러 가지 방식으로 보게 만드는데, 심지어 얼핏 보기에 오직 한 가지 방식밖에 없는 것처럼 보이는 경우에도 이런 일이 일어난다. 아래의 두 이미지에서 보게 되겠지만, 단어와 밝기의 의미에 성립하는 것은 **형태**의 의미에도 성립한다.

158쪽 그림에서 막대를 2개씩 결합해 만든 네 가지 각도를 살펴보라. 각각의 경우에 두 막대가 이루는 각도는 90°가 아니다. 틀림없는가? 그렇게 생각했다면 틀렸다(159쪽 그림 참고).

여러분에게 소개한 이 '착시'들에서 우리는 과거의 유용성이 현재의 지각을 어떻게 변화시키는지, 그리고 그 과거는 인류 진화의 역사에서 아주 먼 곳에서 온다는 것을 보았다. 그런데 우리는 직접 접근할 수 없는 실재 세계에서 돌아다니는 데 놀랍도록 뛰어나긴 하지만, 우리 뇌가 진화시킨 탁월한 보기 방법을 경계할 필요가 있다. 그

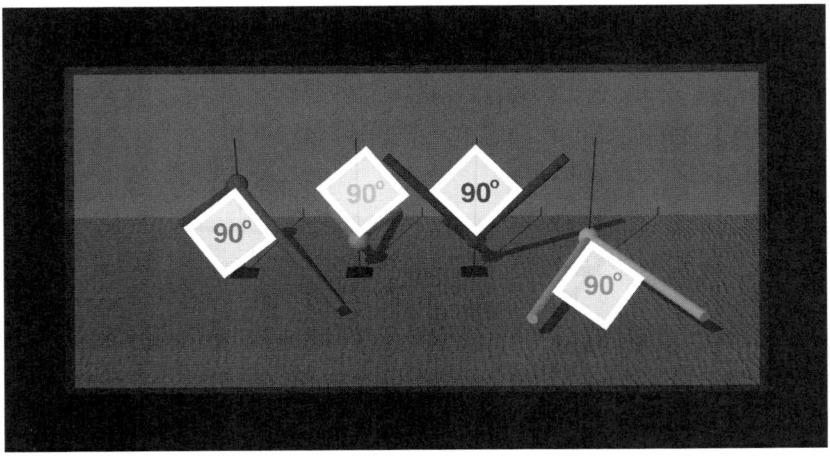

이유는 과거가 우리의 지각을 과거에 붙들어둘 잠재력이 있기 때문인데, 이것은 우리를 슈브뢸과 태피스트리 이야기로 다시 돌아가게 한다.

인간 지각에 대한 슈브뢸의 심오한 통찰과 그가 만든 색상환은 오늘날까지도 미술에 큰 영향을 미쳤지만, 모든 것이 꼭 좋은 쪽으로만 그런 것은 아니다. 그의 발견 덕분에 탄생할 수 있었던 미술 작품들에 좋지 않은 영향을 미쳤다는 뜻이 아니라, 미술이 우리에게 우리 자신을 이해하도록(혹은 *잘못* 이해하도록. 그럼으로써 다르게 보기를 손상시키면서) 가르치는 방식이 좋지 않은 결과를 낳았다는 뜻이다.

런던의 테이트 갤러리가 2006년 터너상 수상 후보에 오른 마크 티치너Mark Tichner의 작품을 묘사하면서 한 말처럼, 미술가들은 자신들이 만들어낸, 방향 감각에 혼란을 일으키는 효과의 원인이 '우리 감각의 취약성'에 있다고 말하길 좋아한다. 하지만 이것은 헛소리나 다름없는데, 우리 감각은 취약하지 않기 때문이다. '취약성'은 특정 상황, 특히 방향 감각에 혼란을 일으키도록 설계된 상황에서 *느끼는* 지각을 표현하는 단어이지만, 이것은 제대로 된 설명이 *아니다*.

지각은 임의적이거나 무질서한 것이 아니라, 행동을 통해 과거를 현재와 연결시키는 놀랍도록 체계적이고 심지어 통계적인 과정이다. 슈브뢸이 1830년대의 프랑스에서 실제로 존재하는 색을 우리가 항상 그대로 보는 게 아니라는 사실을 발견했을 때, 그 현상은 실생활의 마술에 가까운 것이었다. 다만 마술의 경우에는 우리는 마술사가 우리를 속인다는 사실을 알지만, 이것은 그렇지 않기 때문에 일종의 진짜 마법과 같은 것이었다. 하지만 마술(그리고 이 문제에 관한 한 소위 마법도)의 약점은 일단 트릭을 간파하고 나면, 흥미가 사라진다는 데 있다. 반면에 우리가 착시라고 부르는 현상의 아름다움은 그 비밀을 알고 나면 그 현상이 *더욱* 흥미로워진다는 데 있다. 하지만 이것 역시 이러한 지각의 '트릭'을 이해하는 완전한 그림이 아닌데, 앞에서 내가 여러분에게 소개한 실험들을 *착시*라고 불렀을 때, 그것은 솔직한 표현이 아니었기 때문이다. 착시 자체가…… 착시이다!

착시 자체가……
착시이다!

만약 뇌가 사물을 실재하는 그대로 보도록 진화했더라도, 착시는 여전히 존재할 것이다. 하지만 뇌는 있는 그대로 정확하게 보도록 진화하지 않고, 오직 유용하게 보도록 진화했기 때문에, 착시는 존재하지 않는다. 전통적인 착시 개념에는 결함이 있는데, 이 개념은 우리가 세계를 실재하는 모습 그대로 보도록 진화했다는 개념을 내포하고 있기 때문이다. 이제 여러분도 잘 아는 것처럼, 우리는 그렇게 진화하지 않았다. 우리는 실재를 보지 못하며, 따라서 우리는 과거에 보기에 유용했던 것을 보도록 진화했다. 이것은 모든 것은 착시이거나 아무것도 착시가 아니라는 것을 의미한다. 그리고 아무것도 착시가 아니라는 것이 현실이다.

다르게 보려면 먼저 *보는 것* 자체를 다르게 보아야 한다. 이것은 단순히 시각적인 것을 넘어서서 심오한 실제적인 삶의 의미에서 중요하다. 어쨌든 세계는 계속 변한다. 어제 옳았던 것이 오늘은 옳지 않을 수 있는데, 이것은 예컨대 발전이 엄청난 속도로 일어나는 기술과 사업의 세계에서는 과거 그 어느 때보다도 더 그렇다. 맥락은 항상 변하므로, 우리의 지각 역시 변해야 한다. 뇌의 원리들을 더 잘 이해할수록 과거의 경험이 얼마나 미묘하게 우리를 편향시키고 우리를 만드는지 잘 알 수 있다. 이 사실을 알면, 뇌의 장비들을 장악하고, 그럼으로써 *새로운* 과거를 만드는 법을 배워 미래의 가능성에 대한 뇌의 지각을 바꿀 수 있다. 이것은 다음 장에서 자세히 살펴볼 것이다.

본질적으로 삶은 연속적인 시행착오를 경험하는 것에 지나지 않는다. 삶은 경험적인 것이다. 성공하려면 뇌가 허용하는 한 가능성—그리고 가능한 지각—을 되도록 많이 가질 필요가 있다. 관점이 좁으면, 택할 수 있는 길이 적다. 따라서 갇히는 것을 피하려면, 단지 맥락을 *re di g*하는 데 그치지 않고, *dre mi g*하도록 노력해야 한다. 이것은 쉬운 일이 아닌데, 지각에 관한 한…… **우리는 개구리이기 때문**이다.

이것은 은유적 표현에 불과한 게 아니다. 우리는 신경 처리 방식이나 행동에서 개구리와 놀랍도록 비슷한데, 내가 그 유사성을 잘 보여주는 특정 유튜브 비디오[33]를 좋아하는 이유는 이 때문이다. 26초짜리 이 비디오 클립에서 배고픈 개구리는 스마트폰 화면에 있는 디지털 개미들을 향해 달려들어 혀로 핥으려고 한다. 자신이 앤트 크러셔 Ant Crusher(개미 죽이기)라는 게임 속에서 게임을 하고 있다는 사실을 전혀 모른 채 말이다(우리는 개구리가 그 사실을 모른다고 가정하지만, 만약 그 반대라면, 환상적이지 않을까?). 개구리는 큰 기대를 품고 개미를 차례로 먹으려고 노력하다가 결국 그 단계에 실패하고 만다. 주인이

리셋 버튼을 누르는 순간, 화난(혹은 아마도 몹시 배고픈) 개구리는 주인의 손가락을 콱 문다. 이것은 재미있지만 신랄한 풍자를 포함하고 있는데, 많은 점에서 우리는 이 개구리와 *같기* 때문이다. 우리는 단지 과거의 지각이 말해주는 것에 따라 반응하고 반응하고 또 반응할 뿐이다. 하지만 만약 지각과 행동 면에서 우리가 본질적으로 개구리와 같다면, 사람의 마음을 차별화하고 그것을 아름답게 만드는 것은 무엇일까?

5장

왕자가 되길 꿈꿨던 개구리

비록 삶이 단순한 게 아니란 사실은 우리 모두가 잘 알지만, 삶은 매우 기본적인 것을 바탕으로 굴러간다. 어느 순간이건 우리 뇌(살아 있는 어떤 생물의 뇌도 마찬가지지만)는 항상 오직 한 가지 결정만 내린다. 어떤 것을 향해 **다가가느냐** 아니면 그것으로부터 **멀어지느냐** 하는 결정이 그것이다. 우리(그리고 그들)가 선택하는 반응은 유튜브의 개구리와 마찬가지로 우리 역사에 기반을 둔 가정들을 바탕으로 한다. 모든 지각과 행동은 과거에 우리가 보기에 유용했던 것이 직접적으로 발현된 것이다. 하지만 우리 뇌는 개구리 뇌와 다른 게 분명한데, 어떻게 *다를까*? 사람의 마음을 아름답게 만드는 것은 무엇일까? (답을 들으면 여러분은 깜짝 놀랄지 모르겠다.) 그 답은 바로 우리는 망상에 자주 사로잡힌다는 것이다!

사람의 마음을 아름답게 만드는 것은 무엇일까? (답을 들으면 여러분은 깜짝 놀랄지 모르겠다.) 그 답은 바로 우리는 망상에 자주 사로잡힌다는 것이다!

망상의 힘은 우리에게 상상을 하게 만드는 데 있다. 우리의 지각은 늘 성장하고 변하면서 계속 진행되는 이야기이며, 우리 뇌는 우리를 단지 그 이야기의 수동적인 청자에 머물지 않고 그 이야기를 쓰는 화자로 만들어준다. *이것*이 바로 망상이다. 우리는 자신을 왕자나 공주로 **상상하는**(그리고 개구리 왕자를 책—이 책—에서 은유로 사용하는) 능력이 있는 개구리이다. 정말로 놀라운 것은 상상을 통해 우리가 실제로 자신의 신경세포(그리고 역사)를 *변화시킬* 수 있고, 따라서 지각적 행동도 *변화시킬* 수 있다는 점이다. 그렇게 하려면, 뇌에서 고도로 진화한 도구가 필요한데, *의식적 사고*가 그것이다.

우리의 지각 중에서 1차원적 의미를 지닌 것은 하나도 없다. 모든 지각은 *다층적 의미*를 지닌다. 빨간색은 하나의 의미이고, 빨간 사과는 의미 위에 포개진 의미이며, 잘 익은 빨간 사과는 의미 위에 포개진 의미 위에 포개진 의미이며, 이런 식으로 의미의 층들이 차곡차곡 쌓인다. 이 층들은 재귀적인데, 우리는 무한정은 아니지만 한동안은 자신의 생각을 생각하는 것에 대해 생각할 수 있기 때문이다. 이것은 우리에게 마음속으로 다른 시나리오와 가능성(심지어 개구리가 아닐 가능성까지 포함해)을 탐구할 수 있는 능력을 준다.

우리는 파충류 뇌 구조에서부터 더 최근에 진화한 대뇌 구조에 이르기까지 우리 진화사에서 제각각 다른 단계들을 나타내는 뇌 지역들의 조합을 사용해 문자 그대로 매일 개구리에서 출발해 왕자가 된다. 가장 큰 창조의 원천이 여기에 있지만, 가장 큰 두려움의 원천 역시 여기에 있다. 스코틀랜드 시인 로버트 번스Robert Burns가 내가 가장 좋아하는 시 중 하나(한 손에 위스키를 들고 읽으면 아주 좋다)에서 생쥐를 묘사한 다음 구절이 이를 잘 대변한다.

생쥐들과 사람들이 세운 최고의 계획도
실패로 끝나고 말며,
우리에게 슬픔과 고통만을 남기는구나,
약속된 즐거움 때문에!

그래도 나와 비교하면 너는 축복받은 몸이구나!
넌 오직 현재에만 신경 쓰면 되지만,
아아! 나는 눈을 뒤로 돌려
음울한 전망을 본다!
그리고 비록 앞날은 보지 못하지만,
나는 앞날을 짐작하고 두려워하지!

번스의 생쥐는 실은 내가 좋아하는 유튜브의 개구리처럼 사람보다 의식의 층이 적은 모든 동물의 대역이다. 그림 형제에서부터 디즈니에 이르기까지 동화에 개구리 왕자 비유가 수백 년 동안 사용돼온 이유는 우리 뇌가 파충류나 다른 동물의 뇌와 *다르기* 때문이다. 어쨌든 우리가 아는 한 동물의 세계에는 사람에 대한 시나 이야기, 브로드웨이 뮤지컬이 없다. 다른 동물과 달리 우리 뇌는 우리에게 세계와 가능성을 상상하게 해준다. 그렇긴 하지만, 거미는 먹이에게 다가가는 경로를 상상하는 것처럼 보인다는 사실을 지적할 필요가 있다. 왜냐하면, 거미는 먹이로부터 *멀어지는* 경로로 움직이다가 마침내 먹이를 향해 달려들기 때문인데, 이렇게 하려면 매우 높은 인지 능력이 필요하다. 많은 개는 이렇게 하지 못하는데, 많은 개 주인은 뒤쪽이 완전히 **열려 있는** 울타리의 반대편에 자기 개가 '갇히는' 상황을 경험한 적이 있을 것이다. 이것은 동물계에서 일어나는 대부분의 일들과 마찬가지로 사람은 반드시 유일무이한 존재가 아니라, 연속체 위에서 하나의 점을 차지하고 있는 존재에 불과하다는 것을 의미한다.

요점은 이것이다 : *우리가 상상하는 이야기는 우리를 아주 크게 변화시킨다.* 이야기를 상상함으로써 우리는 **지각을 만들어낼** 수 있고, 그럼으로써 지각에 기반을 둔 미래의 행동을 변화시킬 수 있다. 의식의 유일한 이점은 아니더라도 한 가지 이점은 바로 실행에 옮기는 위험을 감수할 필요 없이 경험을 상상하는 데 있다. 그리고 단지 현재의 사건뿐만 아니라, 과거의 사건도 상상할 수 있다. 이것은 우리의 시행착오, 즉 실재 세계에서 직접 행하는 경험적이고 물리적인 관여와 마찬가지로, *우리가 뇌를 사용해 뇌를 내부적으로 변화시킬 수 있다는 것*을 뜻한다. 나중에 우리는 이렇게 할 수 있는 도구들과 이것이 자유 의지가 실제로 사는 곳과 어떤 관계가 있는지 배울 테지만, 여기서는 일탈 능력을 촉진하는 우리의 놀라운 망상을 더 깊이 이해하는 데 초점을 맞추기로 하자. 의미 위에 겹쳐진 의미를 우리가 어떻게 변화시킬 수 있으며, 그럼으로써 지각 방법을 어떻게 변화시킬 수 있는지(이것은 또한 지각이 기술임을 의미한다) 살펴볼 것이다.

1915년 12월 어느 추운 겨울날, 얼마 전에 페트로그라드(상트페테르부르크의 옛 이름. 1919~1924년에 사용됨—옮긴이)로 이름이 바뀐 러시아 도시에서 미술의 역사는 '전과 후'가 확연히 갈리는 획기적인 순간을 맞이했다. 새로 탄생한 쉬프레마티슴Suprematism(절대주의) 운동의 아버지로 불리던 러시아 미술가 카지미르 말레비치Kazimir Malevich는 도비치나 미술국에서 '마지막 미래파 그림 전시회 0.10'이라는 집단 전시회를 열었다. 웨이브 진 검은 머리와 강렬한 시선을 가진 아방가르드 미술가 말레비치는 자신을 포함해 다른 미술가들의 그림들을 공개했는데, 모두 기존의 관습을 강하게 거부한 작품들이었다. 우크라이나에서 폴란드계 농부의 아들로 태어난 말레비치는 미술이 삶에서 중심적 위치를 차지한다고 열정적으로 믿었기 때문에, 이 전시회는 그에게 단순한 미술 쇼에 불과한 것이 아니었다. 말레비치는 '광적인 팸플릿 저자'와 '미친 수도사'로 알려져 있었다.[34] 그가 대중을 위해 자신이 창안해 제시한 비전을 굳게 믿은 것은 옳았다. 그날 밤 말레비치가 공개한 작품들은 마르셀 뒤샹Marcel Duchamp의 〈샘〉(진짜 소변기를 전시한 작품)보다는 악명을 덜 떨쳤지만, 중요성만큼은 그에 뒤지지 않았다. 그것은 나머지 20세기 동안 추상 미술이 나아갈 길을 제시했다.

12월 19일에 열린 이 전시회에서는 '현실'을 구체적으로 표현하는 것을 지양하고 뭉툭한 기하학을 선호했는데, 제한된 형태와 색으로 사실주의보다 더 강한 감정을 불러일으키는 새로운 미술 양식이었다(세련된 색들을 사용한 들라크루아는 이를 분명히 싫어했을 것이다). 그날 밤에 공개된 작품들 중 가장 혁명적인 것은 지금은 전설이 된 말레비치의 〈검은 사각형〉이었는데, 이름 그대로 흰색 배경에 검은 사각형 하나만 덩그러니 그려놓은 작품이었다. 그리고 나서 3년 뒤인 1918년, 말레비치는 이번에는 반대편 극단으로 치달렸는데, 어둠 대

신에 밝음을 가지고 실험하면서 〈흰색 위의 흰색〉이라는 작품을 그렸다. 그때까지 자신이 내놓은 작품 중 가장 급진적인 작품이자 당시의 미술 분야에서 지축을 뒤흔든 작품 중 하나였다. 이것은 흰 사각형을 다른 흰 사각형 위에 올려놓은 것이었다.

〈검은 사각형〉과 〈흰색 위의 흰색〉이라는 작품이 탄생할 수 있었던(그리고 많은 사람들이 중요하고 필요한 작품들이라고 주장했던) 이유는 말레비치가 진공 속에서(즉, 외부와 철저하게 단절된 상태에서) 작품을 만들지 않았기 때문이다. 말레비치는 고대의 정교한 프리즈에서부터 후기 인상파의 정물화에 이르기까지 미학의 역사, 즉 이전의 미술과 개념들과 대화를 나누었다(자연히 그는 암묵적인 거부를 통해 슈브뢸의 색상환과도 대화를 나누었다). 무엇보다도 말레비치는 미술에서 '아름다움'의 정의에 대한 일반적 통념에 도전했다.[35] 그는 사람의 심장과 마음이 이미지에 어떻게 반응하는지 실험하면서 파괴와 재현에 대해 역사적인 성명을 발표했다. 그의 목표는 새로운 종류의 아름다움을 향해 나아가는 길을 여는 것이었다. 말레비치는 선언문에서 "절대주의자(쉬프레마티스트)에게 객관적 세계의 시각 현상은 그 자체로는 아무 의미가 없다."라고 썼는데, 자기도 모르게 미술의 지각에 관한 진실뿐만 아니라, 이제 여러분도 아는 것처럼, 뇌가 지각을 *만들어내기* 위해 작용하는 방식에 관한 진실까지 이야기했다. "중요한 것은 느낌인데, 느낌 자체는 그것을 불러일으킨 환경과는 완전히 별개의 것이다."[36]

〈흰색 위의 흰색〉의 의미는 그 물감의 화학에서는 발견할 수 없다. 그 역사를 배제하고 바라보면, 그것은 무의미한 것이 되고 만다—

혹은 적어도 기본적으로 다른 종류의 의미가 되고 만다. (말레비치는 아마도 자신의 기준이 자신의 작품에 적용되리라고는 예상하지 않았겠지만, 이것은 사실이다. 그의 유명한 유화 작품은 객관적 세계의 시각적 현상이다.) 추상 미술을 싫어하는 사람들이 아직도 말레비치를 아방가르드 공허空虛의 최고봉으로 간주하는 이유는 아마도 이 때문일 것이다. 그런가 하면 다른 사람들은 그를 우상처럼 여기면서 그의 그림에 거금을 지불한다—2008년, 소더비 경매에서 〈흰색 위의 흰색〉은 무려 6000만 달러에 팔렸다. *한 순간의 의미*를 사는 데 6000만 달러를 지불한 것이다. 거금을 주고 산 것은 그림이 아니라, 경험적 의미, 즉 그림 위에 층층이 쌓인 지각이다. 그림 자체는 아무 가치가 없다. 더군다나 그 순간의 의미는 정적인 것이 아니며, 맥락과 관련된 역사가 장래에 그 앞에서 계속 펼쳐짐에 따라 영원히 변할 것이다—기억을 미래의 기억과 함께 층층이 쌓아감에 따라 우리 자신의 기억이 변하는 것처럼. 각 기억의 의미는 특정 기억의 표상이 아니라 전체의 표상이다.

*우리 자신*의 지각적 과거를 감안할 때, 〈흰색 위의 흰색〉은 *우리*에게 무슨 의미를 지니는가?

물론 객관적으로는 말레비치의 유명한 그림은 그 제목이 뻔뻔하게 선언하는 바로 그것, 즉 흰색 위에 겹쳐진 흰색, 혹은 그렇게 보이는 두 가지 음영이다. 개구리 눈에 비치는 모습은 바로 이것이고, 우리 눈에 비치는 모습 또한 이것이다. 하지만 그와 동시에 우리는 훨씬 많은 것을 본다. 사람은 자신의 생태계에서, 자신과 환경 사이의 **상호작용**에서, 생겨난 개념들에 따라 살아간다. 우리는 바로 이 개념들을 보고, 생각하고, 행동에 옮긴다.

주변을 한번 '둘러보라'. 우리에겐 철학과 원리와 견해가 있다. 우리에겐 열띤 트위터 논쟁이 있고, 심지어 매년 동음이의어 말장난 세계 챔피언을 뽑는 대회도 있다. 이 현상들과 관련된 '재료'는 어떤 물리적 의미에서도 '실재'하는 것이 아니지만, 개념적으로 아주 중요하다. 우리가 쌓는 이러한 의미 위의 의미 위의 의미는 우리의 삶에 큰 영향을 미친다. 말레비치가 탐구한 것이 바로 이것인데, 그는 1919년에 쓴 〈박물관에 관해〉라는 글에서 심지어 이렇게 말했다. "사람들 사이에서 많은 개념들이 나올 것이고, 이 개념들은 실제 표상보다 (공간은 덜 차지하면서) 더 활발하게 살아갈 때가 많을 것이다."[37] 이 많은 개념들은 어떤 실질적 의미에서로도 실재하는 것이 아니다. 그것은 손으로 거머쥘 수 없다. 그것은 단어와 개념의 구름에 지나지 않는다. 하지만 그것이 뇌에 이르면, 지각이 작용하는 방식을 바꾸고, **우리가 보는 방식을 바꾼다!** 이 구름은 다른 지각만큼 실재하는데, 그것은 우리가 먹는 음식의 맛이나 신체에 생기는 손상, 우리가 키스하는 사람과 마찬가지로 **바로** 지각이기 때문이다. 이것은 문학 분야의 학자들이 제임스 조이스James Joyce가 『율리시스*Ulysses*』와 『피네간의 경야*Fennegan's Wake*』에서 쓴 것에 관한 글을 씀으로써 경력을 쌓을 수 있는 이유를 설명해준다. 또, 미국 작곡가 존 케이지John Cage가 〈4분 33초〉를 작곡해 불멸의 명성을 얻은 이유도 설명해준다. 이 작품은 4분 33초 동안 지속되는 이것으로만 이루어져 있는데, 이것이 무엇이냐 하면 바로…….

침묵이다.

여러분은 '침묵'이란 단어 아래에 이어진 흰 여백을 시각적 침묵의 한 형태로 해석했을 것이다. 맞는가? 케이지의 곡을 '듣는' 경험은 청중에게 침묵과 음악이란 진정 무엇인가라는 질문과 한 종류의 듣기가 다른 종류의 듣기와 정말로 다른가라는 질문을 떠오르게 했다. 〈4분 33초〉가 허세를 부리는 소극이라고 믿은 일부 청중에게서 조롱조의 불만이 터져나오는 장면을 쉽게 상상할 수 있다. 하지만 음악이 연주되지 않는 콘서트 홀에서 모두가 '침묵' 속에 앉아 있는 가운데 바스락거리는 소리들이 실제로는 관람 행위와 연대감, 고독, 기대, 예술에 대해 복잡하고 의미심장한 이야기를 들려줄 수 있다는 사실을 갑자기 깨닫는 모습을 상상하는 것도 가능하다. 그것은 단순히 본질적으로 해석에 열려 있는 상황을 우리 뇌가 해석하는 주관적 의미에 달려 있다. 내가 말하고자 하는 망상의 의미가 바로 이것이다. 즉, 우리가 지각하는 감각 정보뿐만 아니라, 시각이나 후각, 미각, 촉각, 청각과 아무 관계도 없는 추상적인 개념에서도 마음이 의미를 만들어내는 엄청난 능력을 말한다.

몇 년 전에 나는 두 친구(마크 리스고Mark Lythgoe와 마크 마이오도닉Mark Miodownik)와 함께 런던 사우스뱅크에 있는 헤이워드미술관에서 과학자로서는 최초로 '미술 작품'을 전시하는 특권을 누렸다. 그것은 앞에서 슈브뢸과 미술 작품 제작에 사용되는 색의 지각을 논의할 때 언급했던 미술가 댄 플레이빈 회고전의 일부로 기획되었다. 나와 친구들은 전시실 안쪽에 있는 방 하나를 통째로 사용할 수 있었다. 내가 설치한 것은 투명한 플렉시 유리로 만든 거대한 작품으로, 높이

20m의 천장에 매달려 바닥 1m 위까지 내려와 있었다. 이 거대한 작품 속에는 흰 플렉시 유리 조각들로 만든 작은 사각형들이 박혀 있어 마치 공중에 떠 있는 바둑판 같은 인상을 주었다. 천장에 매달린 이 작품은 벽에서 1.5m쯤 앞쪽에 설치되었다. 그 벽에는 거대한 흰색 캔버스가 펼쳐져 있었다. 앞쪽에서 바라보면, 그것은 사실상 〈흰색 위의 흰색〉을 내 나름의 방식으로 표현한 것처럼 보였는데, 뒤쪽의 흰 캔버스 배경에 흰 블록들이 놓여 있는 것처럼 보였기 때문이다.

그런데 그게 다가 아니었다. 방 건너편에 큰 무대 조명이 5개 매달려 있었는데, 하나만 빼고 모두 각각 다른 색의 젤 필터가 붙어 있었다. 가운데 있는 것은 흰색이었다. 위쪽 선반에 숨겨져 있는 컴퓨터가 조명을 조절해 빨간색과 흰색, 파란색과 흰색, 초록색과 흰색, 노란색과 흰색 빛을 순서대로 비추었다. 그 결과, 공중에 매달린 흰 사각형들은 각각 두 가지 그림자를 캔버스에 비췄다. 한 그림자에는 색을 띤 빛만 도달했고, 다른 그림자에는 흰색 빛만 도달했다. 자연히 색을 띤 그림자는 조명에서 나오는 빛의 색과 같았는데, 캔버스에서 그 부분에 닿는 빛은 오직 그것뿐이었기 때문이다. 놀라운 사실은 캔버스에서 흰색 빛만 닿는 곳(즉, '흰색 그림자')이 전혀 흰색으로 보이지 않고, 대신에 다른 그림자의 반대색(보색)으로 보인다는 점이었다. 그래서 만약 흰색 빛과 빨간색 빛을 둘 다 캔버스에 비추면, '흰색' 그림자는 초록색(빨간색의 보색은 정확하게는 청록색이지만, 저자는 편의상 그와 비슷한 초록색으로 표현했다.— 옮긴이)으로 보였다! 흰 사각형들이 흰 캔버스 앞에 돋을새김처럼 선명한 모습으로 매달려 있었기 때문에, 이것은 〈흰색 위의 흰색〉을 3차원적으로 구현한 버전인 동시에 흰색이라는 개념 자체를 실험적으로 탐구한 괴테의 그림자도 상기시키는 것이었다—혹은 댄 플레이빈이 잔상 색이라고 부른 것, 즉 실제로는 아무 색도 존재하지 않는데 자신의 작품에 나타난 색을 상기시키는 것이었다. (탁상용 스탠드 2개를 사용하면, 이 효과를 재현할 수 있다. 한 스탠드에는 회색 젤 필터를, 다른 스탠드에는 색이 있는 젤 필터를 씌운다. 두 불빛을 흰색 벽에 비추어 두 불빛이 겹치게 한다. 그러고 나서 손으로 두 불빛을 가려 벽에 손 모양의 그림자 2개가 비치게 한다. 여러분 눈에 보이는 색들은 맥락이 무엇보다 중요하다는 사실을 상기시킬 것이다.)

전시회를 개막하는 날 밤은 큰 흥분을 자아냈지만, 전시회는 그만 엉망이 되고 말았다. 헤이워드의 담당자들은 펑 하고 터지는 플레이빈 전구들과 합선이 일어나는 회로들 때문에 어쩔 줄 몰라 했다. 내 컴퓨터도 멈춰서고 말았고, 결국 작품에 빛을 비춰야 할 **조명들이 하나도** 제대로 작동하지 않았다. 따라서 그림자도 전혀 생기지 않았고, 아무런 조명도 비치지 않았다. 이 실패는 그냥 기분만 상하는 데 그치지 않고, 만천하에 공개될 참이었다. 수백 명의 사람들이, '전체 미술계'가 그곳에 와 있었다. 그런데 내 작품은…… 간단히 말해서…… '고장난' 상태였다. 사람들이 그것을 보기 전까지는 그랬다. '제대로 작동하지 않는다는' 것은 어디까지나 견해 문제이니까(게다가 그곳은 미술관이었다).

나는 검은색 공간 뒤쪽 벽에 기대서서 낙담한 채 '고장 때문에 당분간 관람 불가'라는 팻말을 내걸어야 하나 생각하고 있었다. 내 오른쪽에는 우리 공간(흰 캔버스 말고는 전체가 검은색으로 칠해진)으로 들어가는 큰 입구가 있었는데, 이 틈을 통해 약한 빛이 내 작품으로 새어들어왔다. 그 결과로 흰 캔버스 위에 아주 미묘한 그림자가 비쳤다. 바로 그때, 예술에 상당한 조예가 있어 보이는 두 남자가 그 문을 통해 걸어들어오더니 내 작품 앞에 섰다. 그들은 그곳에 머물더니…… 계속 머물면서…… 보고…… 움직이고…… 생각에 빠졌다. 그러다가 한 남자가 다른 남자에게 그것을 '설명'하기 시작했는데, 그 묘사가 아주 놀라웠다. "빛의 미묘한 작용을 봐. 그런데 그림자들이 다른 그림자를 배경으로 선명한 형태를 만들어내고 있어. 이것은 유사성 속에서의 차이를 표상해. 미묘한 차이의 아름다움으로 말이야. 대단한 걸!"

물론 그 작품은 사실은 고장난 것이었지만, 그들의 경험에서는 그렇지 않았다. 그 경험에 의미를 새로 부여하는 그들의 능력은 나에게는 다행스럽게도 그 경험을 구원해주었다(그리고 정말로 의미를 새로 부여했다). 물론 그들은 그 작품에서 어떤 의미를 보았다. 그것이 고장났다고 생각해야 할 이유가 있는가? 그들의 뇌는 의미를 만들어냈고, 그래서 그것은 그들의 눈에는 고장난 작품으로 보이지 않았다.

망상이 나를 구한 것이다.

댄 플레이빈–괴테–말레비치–버클리에게 바친 이 작품을 통해 내가 경험한 이야기가 보여주듯이, 망상은 뇌의 가장 강력하고 피할 수 없는 도구 중 하나이다. 여러분이 바로 이 문장을 이해하는 것도 바로 망상 덕분이다. 머리말에서 언급했듯이, 내가 이 책을 쓴 의도는 여러분 자신의 지각의 원천에 대한 자각을 일깨워 여러분의 의식에 새로운 의미의 층을 만듦으로써, 미래에 자신의 세계와 인생을 새로운 방식으로 볼 수 있도록 하기 위해서이다. 이 적극적인 정신적, 감정적 관여는 다르게 보는 과정을 시작하게 한다. 하지만 개념의 영역에서 벗어난 곳에서도 우리는 *문자 그대로* 망상에 잘 빠진다. 우리는 실재를 보지 못할 뿐만 아니라, **실제로 존재하지 않는 것을 본다.** 이것은 좋은 일이다. 두고 보면 알 것이다.

**하지만 개념의 영역에서 벗어난 곳에서도 우리는 문자 그대로 망상에 잘 빠진다.
우리는 실재를 보지 못할 뿐만 아니라, 실제로 존재하지 않는 것을 본다. 이것은 좋은 일이다. 두고 보면 알 것이다.**

이제쯤 여러분은 이 책의 오른쪽 페이지마다 오른쪽 아래 구석에 작은 다이아몬드 그림이 있다는 사실을 알아챘을 것이다(아마도). 이것은 그냥 장식물로(혹은 단지 장식물로만) 집어넣은 것이 아니다. 이 다이아몬드들은 플립북이다.

엄지를 사용해 전체 페이지들을 재빨리 차례대로 넘겨보라. 그러면 축소판 애니메이션 영화를 보는 효과가 나타날 것이다. 다이아몬드는 처음에는 오른쪽으로 도는데, 그 방향으로 회전하는 효과가 나타나도록 그려놓았기 때문이다. 이렇게 하고 나서 다이아몬드 플립북을 다시 한 번 넘겨보라. 다만, 이번에는 다이아몬드가 반대 방향, 즉 왼쪽으로 돈다고 상상하면서 그렇게 해보라. 여러 번 시도할 필요가 있을 수도 있지만, 눈을 흐릿하게 만들어 다이아몬드 주위를 바라보면서 도는 방향이 바뀌었다고 **상상**하면…… 실제로 그렇게 나타날 것이다.

여러분은 지금 막 자신의 망상 경향이 작동하는 것을 보았다. 다이아몬드는 여러분이 그것을 어떻게 상상하느냐에 따라 이쪽으로 회전했다 저쪽으로 회전했다 한다. 만약 그 중심면을 위에서 내려다본다고 상상한다면, 다이아몬드는 오른쪽으로 돌 것이다. 만약 동일한 중심면을 밑에서 올려다본다고 상상한다면, 다이아몬드는 왼쪽으로 돌 것이다. *지금 여러분은 자신이 지각하는 것을 변화시키고 있다.* 달리 표현하면, 우리 뇌는 실재를 보도록 진화하지 않았기 때문에, 이것은 우리에게 자신이 *실제로 보는* 것에 직접적인 행위 주체성을 제공한다.

여러분이 방금 직접 목격한 것처럼 자신의 지각에 대한 생각은 지각을 변화시킬 능력이 있다. 물론 여러분이 다이아몬드에서 본 움직임은 실제로는 존재하지 않는다. 따라서 여러분은 단지 일련의 정지 상들을 받아들이는 게 아니라, 그것들 사이의 작은 차이를 받아들이면서 그 차이를 움직임으로 보는 것이다(파이 운동phi-motion이라고 부르는 현상). 여러분은 변화 자체가 아니라 변화의 경험적 의미를 보고 있는 것이다. 이 망상이 없다면, 영화는 존재할 수 없다. 게다가 여러분은 어떻게 생각하느냐에 따라 상상하는 회전 방향도 *바꾼다.* 이 이야기는 마치 여러분이 마약을 복용한 것처럼 들린다!

여기서 우리가 단순한 움직임에 대해서만 이야기하고 있다는 사실을 명심하라. 더 복잡한 움직임은 어떨까? 다이아몬드 플립북은 망상에 빠지기 쉬운 우리의 신경학적 경향을 보여주는 아주 단순한 예에 지나지 않는다. 이것은 많은 휴대 전화 사용자가 느꼈다고 보고하는 '유령 진동' 현상과, 왜 일부 비디오 게임 중독자가 플러그를 뽑고 나서 며칠 뒤에 게임 전이 현상이라 부르는 환청 비슷한 경험을 하는지 설명해준다.[38] 그 밖에 또 어떤 것이 있을지 상상해보라.

다르게 보는 것에 망상이 어떻게 관여하는지 이해하기 전에, 우리가 실제로 존재하는 것과 상상한 것을 지각할 때 뇌 속에서 일어나는 일의 차이를 이해할 필요가 있다. 이것이 왜 그토록 중요할까?

왜냐하면, 둘 사이에 별 차이가 없기 때문이다. 적어도 질적으로는 그렇다.

상냥하고 흰 염소 수염을 기른 스티븐 코슬린Stephen M. Kosslyn은 하버드 대학교 심리학 교수와 미국 고등 교육에 과감한 혁신을 가져온 미네르바 계획의 초대 책임자를 지냈다. fMRI를 사용해 그가 한 획기적인 연구는 여러 분야의 과학자들이 지각, 특히 상상 속의 심상과 시각적 심상을 생각하는 방식을 근본적으로 바꿔놓았다. 그의 획기적인 업적은 뇌의 관점에서는 어떤 것을 시각적으로 상상하는 것과 그것을 직접 보는 것 사이에 아무 차이가 없다는 사실을 증명한 것이다.

스포츠 훈련 기술을 사용해본 적이 있는 사람은 이 개념에 익숙할 것이다. 예컨대 올림픽 봅슬레이 선수에서부터 프로 골퍼와 축구 스타에 이르기까지 많은 엘리트 운동선수들은 자신이 실제로 경기를 하는 모습을 시각화하는 데 많은 시간을 할애한다. 이것은 새로운 방법은 아니지만, 얼마 전까지만 해도 그 효과를 뒷받침하는 과학적 근거가 없었다. *운동 심상*motor imagery은 실제로 하지 않는 어떤 동작을 마음속으로 그려보는 '정신적 시뮬레이션' 또는 '인지적 리허설'이다.[39] 연구에 따르면, 이 훈련 방법은 스포츠 분야뿐만 아니라 다른 분야에서도 효과를 볼 수 있다.

코슬린은 "심리 치료에서 공포증은 심상을 실제 물체나 상황의 대역으로 사용해 실제로 그것을 지각하는 경험에 '익숙해지게' 함으로써 치료할 수 있습니다."라고 말한다. "'정신적 시뮬레이션'을 돌림으로써 장래의 조우에 대비한 연습을 할 수 있습니다. 그런 시뮬레이션을 사용해 트렁크 속에 물체를 채워넣거나 가구를 배치하는 최선의 방법이 무엇인지 판단할 수 있어요. 물체나 장면을 시각화함으로써 그것에 대한 기억을, 종종 아주 극적으로, 향상시킬 수 있어요……. 청각 심상과 후각 심상에 대한 연구가 진행되었는데, 두 경우 모두 지각과 심상이 일어나는 동안 활성화되는 뇌 지역들이 많이 겹쳤어요." 요컨대, 아무 위험 없이 심상을 인간 세계의 모든 영역에 적용할 수 있다 — 심상을 잘 활용하면, 사회적 불안을 극복하거나, 과중한 업무를 신속하게 끝내거나, 주말마다 하는 포커 게임에서 이기는 데 도움을 얻을 수 있다. 이와 비슷하게 연구자들은 뇌졸중 재활 치료에 심상 치료를 포함시키는 의사들처럼 심상을 다양한 분야들에 적용하려고 노력하고 있다.[40]

뇌 차원에서 볼 때 '실재성realness'은 물리적으로 경험한 것은 *실재적인* 것으로, 상상한 것은 *비실재적인* 것으로 보는 종래의 편협한 개념보다 훨씬 더 넓고 개방적인 개념이다. 신경세포 차원에서 이 두 가지는 모두 다 물리적으로 경험된다. 이것을 '감안'하면, 내면적 심상(그리고 망상)의 효과는 정말로 아주 직관적인 것이다. 성적 흥분이라는 측면에서 생각해보자. 영화 〈위대한 레보스키The Big Lebowski〉의 팬들은 포르노 왕 재키 트리혼Jackie Treehorn이 "사람들은 뇌가 가장 큰 성감대라는 사실을 잊고 있어."라고 한 말을 기억할 것이다. 이 말은 나체를 상상하는 것만으로도 눈앞에서 그 나체를 보는 것만큼이나 큰 성적 흥분을 느낄 수 있다는 뜻이다. 진짜 섹스와 상상 섹스(그리고 갈수록 점점 증가하는 가상 현실 섹스)는 뇌의 동일한 부위들에 혈액의 흐름을 증가시키며, 몸의 다른 부위들도 마찬가지다.

그렇다면 심상은 창조적 지각을 만드는 데 어떤 도움을 줄까? 그 답은 또다시 우리 뇌가 암호화하는 유용성의 역사에, 그리고 이 지각적 기록이 미래에 우리가 보는 것을 어떻게 결정하는가에 달려 있다. 내가 설명한 지각에 관한 기본적 진실은 변함이 없다. 그것은 바로 우리는 실재를 보지 못한다는 것이다—단지 과거에 보기에 유용했던 것만을 본다. 하지만 뇌는 망상적 성격을 지니고 있기 때문에, 우리가 보는 방식을 결정하는 과거는 우리가 직접 체험한 지각만으로 구성된 것이 아니라, 상상한 지각으로도 구성돼 있다. 그렇기 때문에 단지 **생각하는** 것만으로도 우리는 미래에 자신이 보는 것에 영향을 미칠 수 있다. 양자 사이에는 어떤 관계가 있을까? 지금 우리가 보는 것은 과거에 우리가 본 것—상상한 것이건 아니건(비록 모두 똑같은 비중을 지닌 것은 아니지만)—의 역사를 나타낸다.

이 때문에 우리는 자신의 지각을 경험하는 *동시에* 만들어내는 존재이다!

벤 언더우드와 그의 놀라운 반향정위 능력을 다시 생각해보자. 언더우드는 강렬한 시행착오 과정을 거쳐 적응하고 탁탁거리는 소리를 냄으로써 '보는' 법을 배웠으며, 이것은 그의 뇌 구조를 변화시켰다. 심상의 경우에도 비슷한 과정이 일어나는데, 다만 시행착오가 밖이 아니라 우리 내부에서 일어난다는 점이 다르다. 뇌의 '근육'을 강화하려는 시도는 물리적 환경뿐만 아니라 정신적으로 구성한 환경도 풍부하게 만들려고 노력한다는 뜻이다. 상상한 지각은 직접 체험한 지각과 비슷하게 우리의 미래를 형성하는데, 둘 다 물리적으로 우리의 신경 구조를 변화시키고(정도의 차이는 있는데, 직접 체험한 경험이 일반적으로 훨씬 강한 통계학적 영향을 미친다), 또 항상 긍정적인 쪽으로 변화시키는 것은 아니기 때문이다. 어떤 경험의 부정적 의미(경험 자체가 아니라)를 다시 체험하는 악순환에 '갇히는' 반추 행동을 생각해보라. 반추는 부정적 연결 배선을 강화시켜 부정적 의미를 지나치게 중요한 것으로 만들게 된다.

만약 우리가 이렇게 체화된 저위험 사고 실험 중 하나를 할 때마다 그것이 마치 경험인 것처럼 암호화된다면, 우리는 앞장에서 보았던 중요한 결론을 재검토할 필요가 있다. 자신의 생태계를 변화시키면 자신의 뇌도 변한다고 했던 결론 말이다.

자신의 생태계를 변화시키면 자신의 뇌도 변한다.

상상한 지각은 보는 것에 아주 큰 영향력을 미치기 때문에 우리 환경의 일부를 차지한다. 이것은 맥락이 여전히 아주 중요하지만, *그 맥*

락에서 절대적으로 필수적인 부분이 우리 내부에 존재한다는 말을 달리 표현한 것이다. 나는 나 자신의 맥락이다. 뇌는 외부 환경뿐만 아니라 내부 환경의 복잡성하고도 상응한다. 만약 내가 복잡하고 어려운 가능성을 상상한다면, 내 뇌는 그것에 적응할 것이다. 동물원에 갇힌 호랑이가 반복적으로 전위 행동displacement behavior(상반된 두 가지 충동이 갈등을 일으킬 때 나타나는 제3의 행동—옮긴이)을 보이는 것처럼, 만약 우리도 자신의 상상력을 따분하고 신경증을 불러일으키는 철창(경험적 '진실'보다 두려움을 나타내는 경우가 더 많은) 속에 가둔다면, 우리 뇌는 이 상상된 의미에 적응할 것이다. 자신의 좁은 우리 안에서 이리 갔다 저리 갔다 하는 불쌍한 호랑이처럼 우리 뇌도 파괴적 의미를 주기적으로 반추할 것이고, 그러면서 필요한 것 이상으로 그것을 더 중요한 것으로 만들게 된다. 현재 지각한 이 의미는 과거 사건들의 의미(그리고 새로운 의미)와 함께 미래 의미의 역사 중 일부가 되어 미래의 지각을 빚어낸다. 만약 받아들인 맥락이 가능성을 제한하길 원치 않는다면, 모든 숲 중에서 가장 어두운 숲(머리뼈 속에 있는) 속으로 들어가, 도전해오는 생각들에 대한 두려움을 제압할 필요가 있다.

자신의 망상을 선택하는 법을 배워야 한다. 만약 그러지 않으면, 망상이 나를 선택할 것이다(물론 모든 망상이 선택 가능한 것은 아니란

사실을 기억해야 한다).

> **자신의 망상을 선택하는 법을 배워야 한다. 만약 그러지 않으면, 망상이 나를 선택할 것이다(물론 모든 망상이 선택 가능한 것은 아니란 사실을 기억해야 한다).**

우리 뇌는, 근본적으로는, 통계적 분포이다. 따라서 우리 경험의 역사는 유용한 과거 지각들의 데이터베이스를 만든다. 새로운 정보가 늘 흘러들어오고, 우리 뇌는 늘 그것을 다음 번 지각을 만들어내는 이 통계적 분포에 통합시킨다(따라서 이런 의미에서 '실재'는 늘 진화하는 '결과 데이터베이스'의 산물에 지나지 않는다). 그렇기 때문에 우리의 지각은 확률론에서 첨도尖度, kurtosis라고 부르는 통계적 현상에 좌지우지된다. 첨도는 본질적으로 자료 분포가 점점 더 가팔라지는 경향, 즉 한쪽 방향으로 치우친 경향을 말한다. 이것은 우리가 긍정적인 것이건 부정적인 것이건 한 가지 해석 쪽으로 기울어졌을 때, 현재의 사건들로부터 우리 자신에 이르기까지 모든 것을 보는 방법에 적용된다. 첨도가 높은 것, 즉 한쪽으로 치우친 것은 그곳에서 벗어나 다른 곳으로 옮겨가기가 어렵다. 이것은 다르게 보기가 단지 개념적으로만 어려운 게 아니라는 말을 달리 표현한 것이다—그것은 통계적으로 어렵다. "같은 잔을 보고도 낙관론자는 물이 반쯤 차 있다고 보고, 비관론자는 물이 반쯤 비어 있다고 본다."라고 말할 때, 우리는 실제로 수학에 대해 이야기하고 있다. 내 생각에는 **진정한 낙관론자는 우선 마실 게 있다는 사실에 기뻐할** 것 같은데 말이다!

좋은 소식이 있는데, 첨도는 우리에게 이로울 수 있다(다만, 이것은 유용한 망상을 선택할 경우에만 그런데, 우리는 파괴적인 것을 선택할 가능성도 있기 때문이다). 핵심 비결은 자기 내부의 확률 분포에 영향을 미치는 자신의 능력을 활용하는 것이다. 상상한 지각은 자기 강화 능력이 있기 때문에, 그것을 조절함으로써 뇌의 해석이 만들어내는 주관적 실재를 변화시킬 수 있다. 오늘 긍정적으로 생각하면, 통계적으로 우리는 내일도 똑같이 생각할 가능성이 더 높다.[41] 이것은 '약한' 자명한 이치처럼 들리지만, 사실은 엄밀한 과학으로 입증되었다. 심리학자 리처드 와이즈먼Richard Wiseman은 우연과 행운에 대한 체계적 연구를 선도했는데, 살아가면서 일관되게 '운이 좋은' 사람들은 결국에는 일이 잘될 것이라고 믿는 공통점이 있다는 사실을 발견했다. 이들은 경험에 열린 자세를 보이고, 실망스러운 결과를 반추하지 않으며, 삶에 여유 있는 자세로 임하고, 실수를 배움의 기회로 여기는 등의 특징이 있다.[42] 동일한 자기 강화 효과가 있는 개념적, 행동적 탄력이 부정적인 것에도 적용된다는 사실은 그다지 놀랍지 않을 것이다.

심상과 상상을 현재나 과거의 의미 수정에 적용할 때 큰 위력을 발휘할 가능성이 있지만, 여기에는 제약이 있다는 사실을 알아둘 필요가 있다. 예컨대 파란색을 보는 것은 그 자체로 하나의 의미이지만, 우리는 파란색이 파란색이 아닌 다른 색이라고 상상할 수 없다. 이것은 우리가 다시 만들어낼 수 없는 지각인데, 진화를 통해 우리 뇌 속에 단단히 자리잡았기 때문이다. 따라서 우리의 의식은 분명히 경계선 내에서 작동한다. 다만, 이 경계선은 흔히 인위적으로, 대개는 다른 사람들에 의해 정해지지만, 더 곤혹스러운 사실은 우리 자신이 정하기도 한다는 점이다. 우리 모두(특히 어린이)는 다른 사람에게 질문을 했다가 **아니라는** 대답을 들은 경험이 있다. 그러면 자연히 *왜?*라는 질문이 나온다. 이 질문은 완벽하게 합리적으로 보이지만, 질문을 던지면 "그건 그냥 그런 거야!"라거나 그 밖의 진부하고 사려 깊지 못한 대답을 듣게 된다. 이런 대답은 어느 것도 세계의 물리학과는 아무 관계가 없는 대신에 그 사람의 뇌에 암호화된 가정들과 밀접한 관계가 있다. 나는 이것을 '부정의 물리학Physics of No'이라고 부르는데, 그 대답이 마치 자연 법칙인 것처럼 취급되기 때문이다. 부정의 물리학을 뒤집는 방법은 이 책의 뒷부분에 나올 것이다. 그것은 쉽지 않은데, 상상하고, 생각하고, 다른 사람들뿐만 아니라 자신에게도 이의를 제기하는 **용기**가 필요하다.

흥미로운 것은 우리가 나이에 따라…… 다른 방향성을 가진 지각과…… 다른 망상에 빠지는 경향이 있다는 점이다. 최근의 연구에 따르면, 청소년은 자신의 정서 상태를 확인해주는 것들을 주로 보는 쪽으로 세계를 바라보는 경향이 있다. 슬프거나 괴로울 때(많은 사람들이 개인적 경험으로부터 기억이 나겠지만, 이 나이 때에는 흔한 일이다) 청소년은 슬픈 이미지를 찾고, 슬픈/괴로운 편견으로 자신의 환경을 해석한다. 학계의 용어를 빌리면, 청소년은 '정서 조절'을 터득하는 데 더 힘든 시간을 보낸다.[43] 이것은 우리가 농담처럼 흔히 십대의 불안이라고 부르는 현상에 대한 신경학적 설명인데, 이런 현상이 없다면 찢어진 청바지나 '이모emo'(다른 사람들보다 유달리 감성이 풍부한 사람.

특히 이모 장르의 음악을 좋아하는 사람—옮긴이)라는 용어나 너바나 같은 밴드도 나타나지 않았을 가능성이 크다. 그러한 불안은 많은 점에서 문화적으로나 개인적으로 하나의 통과 의례인 반면, 부정적 통계 분포 쪽으로 치우친 망상이 심한 젊은이는 '조절 기술'을 개발하는 법을 배우는 것이 매우 중요하다. 왜냐하면, 미국의 10~24세 남녀 집단에서 세 번째로 높은 사망 원인이 자살이기 때문이다.

그렇지만 좋은 소식이 있다. 나이가 들수록 우리는 자신이 원하는 정서를 대표하는 것들을 바라보는 경향이 있는데, 이것은 우리 뇌가 미래의 지각을 만들 때 사용하는 일종의 희망적인 개연성이다. 우리가 힘든 하루를 보냈을 때, '꿈같은 휴가'를 보낼 장소('뛰어내리기에 가장 가까운 다리'가 아니라)를 검색하는 이유는 이 때문이다. 하지만 나이가 들면서 우리의 행동이 더 '현명해지는' 경향을 보이는데도 불구하고, 이것은 우리가 자신의 망상을 선택할 때 행위 주체성을 덜 발휘해도 된다는 뜻이 아니다. 상황적 조건(사랑하던 사람의 죽음, 이혼, 실직, 중년의 위기) 때문에 우리는 현재의 쓸모없는 생각에 취약해질 수 있으며, 물론 이것은 더 쓸모없는 미래의 지각을 낳는다. 게다가 우리 모두는 자신의 뇌에 각자 나름의 고유한 통계적 '구성'을 갖고 있다. 어떤 사람들은 건강한 조절자가 되기 쉬운 반면, 다른 사람들은 조절 능력이 전혀 없는 사람이 되기 쉽다. 하지만 머리말에서 소개한 나의 저녁 파티 실험 이야기에서 말한 것처럼, 우리는 더 높은(혹은 더 낮은) 권력 상태로 쉽게 점화될 수 있으며(심지어 스스로를 점화하기까지 한다), 이것은 우리의 행동에 영향을 미친다.

지각의 이 측면과 중요한 관계가 있는 한 가지 개념은 확증 편향이다. 이것은 '아전인수 편향'이라고도 부르는데, 이름만 보고도 무엇을 뜻하는지 대충 감이 올 것이다. 이것은 따로 설명이 필요 없는 개념인데, 인간의 본성 자체를 무시하는 우리의 집단적 성향은 말할 것도 없고, 자기 말고는 누구 말에도 귀를 기울이지 않는 인간의 성향을 부정적으로 일컫는 말이다. 확증 편향은 자신이 이미 가지고 있는 관점을 확인하는 방식으로 모든 것을 지각하는 경향을 가리킨다. 이 편향은 우리가 논증하는 방식(그리고 논증을 폄하하는 방식)에서부터 대인 관계와 일에서 행동하는 방식에 이르기까지 모든 것에 존재한다. 확증 편향은 심지어 기억을 자기 자신에 대한 개념에 따라 바꾸면서 자신이 기억하는 것을 조작하기까지 한다(그래서 기억은 부정확한 경우가 많다). 이 개념은 개인에게만 국한된 게 아니라, 사회 집단에도 적용된다. 정당, 맹목적 애국주의, 스포츠 팬덤, 종교 등도 모두 *인지 편향*에 시달린다. 이런 편향들은 전체 민족의 역사에도 영향을 미치며, 양 성의 역사에도 흔히 일어난다. 역사적으로 서양 사회에서 여성의 지위 향상(교육, 직업, 시민의 권리 측면에서)은 다양한 방식으로 억제되었는데, 남자들이 여성의 능력에 대해 퍼뜨린 허위 정보도 중요한 원인이었지만, 여성 자신이 그것을 내면화한 것도 한 가지 원인이었다.[44]

확증 편향은 이 책의 기본 전제를 다시 돌아보게 한다. 우리는 실재에 접근할 수 없으며…… 자신에게 익숙하고…… 자신을 훌륭해 보이게 하는 버전의 실재를 지각한다(혹은 실제로는 이 경우에는 발견한다). 예를 들어 만약 여러분이 큰 방에 모인 사람들(특히 남자들)—대체로 전체 인구의 무작위 표본에 해당하는—에게 "여기 있는 사람들 중 평균적인 운전자보다 운전 실력이 더 나은 사람은 몇 명이나 될까요? 더 낫다고 생각하는 사람은 손을 들어보세요."라고 말한다면, 대다수 사람들이 손을 들 것이다. 하지만 그런 일은 불가능하다. 모든 사람이 평균 이상일 수는 없다. 균일한 표본 추출을 가정한다면, 정의상 전체 사람들 중 절반은 중앙값 이하여야 하는데, 중앙값의 정의가 그렇기 때문이다. 이와 비슷하게, 연구 결과에 따르면, 우리는 자신이 이타적이고 고상한 행동을 할 가능성이 실제보다 더 높다고 믿는다(그와 동시에 동료들의 관대함은 과소평가한다).[45] *우리는 자신에게는 최고의 영웅이다!*

하지만 우리는 자신의 편향에 눈이 멀어 있어 그것을 알아채기가 아주 어렵다. 하요 아담Hajo Adam과 애덤 갈린스키Adam Galinsky는 2012년에 발표한 유명한 연구에서 주의력을 테스트하는 일련의 심리 과제를 수행하는 동안 의사가 입는 흰색 가운을 입은 사람들이 외출복을 입은 사람들보다 더 좋은 점수를 얻는다는 사실을 발견했다. 또한, 이들은 같은 흰색 가운을 입었지만, 그것이 의사가 입는 것이 아니라 페인트공이 입는 것이라는 이야기를 들은 사람들보다 더 나은 성적을 얻었다.[46] '복식 인지enclothed cognition'라 부르는 이 연구 분야는 우리가 무엇을 입었느냐에 따라 다른 사람들만 우리에게 기대를 투사하는 게 아니라, 우리도 비슷한 기대를 자신에게 투사해 자신의 지각과 행동에 직접 영향을 미친다는 것을 보여준다—또 하나의 망상 사례.

아담과 갈린스키의 실험은 *점화* 효과, 즉 한 가지 자극(실험실 가운 착용)이 추후의 자극(주의력 테스트)과 맞닥뜨렸을 때 행동과 지각에 영향을 미치는 효과를 아주 강하게 보여준다.[47] 따라서 우리는 단지 다른 사람들을 위해 자신의 '등급'을 매기고, 매일 우리가 입는 옷을 보고서 그들이 우리를 어떻게 대해야 하는지 조건을 형성할 뿐만 아니라, *스스로* 자신의 등급을 매기는 일에 적극적으로 관여한다.

아마도 여러분은 점화 또는 역하 자극(역치 이하의 자극) 개념에 과학자뿐만 아니라 마케팅 연구자들도 큰 관심을 보인다는 사실이 별로 놀랍지 않을 것이다. 자신의 구매 충동(그 밖의 수천 가지 행동은 말할 것도 없고)을 억제하기 어렵다는 사실은 유쾌한 소식이 아니지만, 쇼핑을 할 때 프랑스 음악이 흘러나오면 사람들이 프랑스 와인을 살 가능성이 더 높아진다는 사실이 입증되었다.[48] 인위적인 상황에서 벗어나 일상생활의 '야생'에서도 같은 일이 일어난다. 같은 동전인데도 부잣집 아이보다 가난한 집 아이에게는 그것이 더 커 보인다. 신체적으로 피곤할 때에는 언덕이 더 가팔라 보인다. 무거운 짐을 지고 갈 때에는 거리가 더 멀어 보인다. 우리는 일반적으로 바람직한 물체를 실제보다 더 가까이 있다고 지각한다. 그렇다면 뇌 속에서 아주 기본적인 지각 차원에서 뭔가 강력한 일이 일어나고 있는 게 분명하다—부적응자 연구소가 2012년에 런던과학박물관에서 '레이츠Lates(늦은 밤)'라 이름 붙인 클럽 분위기의 야간 행사 동안에 바로 이것을 탐구하기 위한 실험을 한 이유도 이 때문이다.

이 실험은 우리 연구소의 부적응자 중 한 명인 리처드 클라크

Richard C. Clarke가 주도했는데, 사실 여러분은 이미 이 실험에 약간 친숙할 것이다. 1장에 나왔던 밝기 대비 '착시'가 기억나는가? 여러분은 동일한 회색 음영을 주변의 색 맥락에 따라 서로 다르게 지각했다. 우리는 동일한 '테스트'를 사용했는데, 다만 우리의 목표는 피험자들이 실재를 보지 못한다는 사실을 보여주기 위한 것이 아니었다. 대신에 우리는 권력 감각이 지각에 어떤 영향을 미치는지 연구하려고 했다. 우리는 자존감을 조정하거나 무엇을 사야 할지 결정하는 것처럼 뇌가 수행하는 복잡한 과제에 망상이 큰 영향을 미친다는 사실을 이미 알고 있었지만, 목표와 무관한 더 기본적인 수준의 지각에 어떤 영향을 미치는지 궁금했다. 망상은 수준이 더 높은 것처럼 보이는 개구리 왕자의 인지 과정뿐만 아니라, 개구리의 더 기본적인 지각 과정에도 생리학적으로 영향을 미칠 수 있을까? 만약 그렇다면, 이것은 망상이 지각의 모든 수준에서 중심적 역할을 한다는 걸 뜻한다.

밝기 지각은 뇌가 수행하는 가장 기본적인 시각 과제 중 하나이다. 그렇기 때문에 우리는 그것이 어떤 사람의 통제나 권력 상태가 저수준의 지각을 정말로 결정할 것이라는 우리의 가정을 검토하기에 아주 적절한 도구라고 믿었다. 당장 해결해야 할 첫 번째 과제는 실험에 자원할 피험자들을 찾는 것이었다. 그러려면 생음악과 칵테일 '브레인 바Brain Bar'와 함께 전시 중인 다양한 과학 전시물로부터 그들의 관심을 돌려야 했다. 모집이 끝났을 때, 우리는 54명의 자원자를 확보했다. 그들을 무작위로 권력이 낮은 집단, 권력이 높은 집단, 대조군, 이렇게 세 집단으로 나누었다. 왜 그랬느냐고? 그들을 점화하기 위해서였다.

우리는 글쓰기와 기억을 포함한 보편적인 점화 기술을 사용했다. 우리는 피험자들에게 과거 사건에 대한 그들의 지각을 조사하는 실험에 참여할 것이라고 말했다. 그러고 나서 짧은 이야기 형식의 수필을 쓰라고 했다. 권력이 높은 집단은 스트레스를 받았지만 충분히 통제할 수 있었던 기억에 관한 글을 써야 했다. 권력이 낮은 집단은 스트레스를 받았지만 전혀 통제할 수 없었던 기억에 관한 글을 써야 했다. 중립적인 대조군에 속한 사람들은 그날 과학박물관에서 한 경험에 대한 글을 썼다. 이것들은 서로 아주 다른 세 가지 점화였고, 서로 아주 다른 세 가지 망상을 만들어낼 잠재력이 있었다.

이제 세 집단은 서로 다른 세 가지 '자가 편향' 상태 또는 그 편향의 결여 상태(대조군의 경우)에 있었기 때문에, 우리는 밝기 대비 테스트(피험자들은 이 테스트가 우리가 그들에게 참여한다고 믿게 한 기억력 실험과는 아무 관계가 없는 것이라고 생각했다)를 시작했다. 각각의 피험자에게 서로 다른 배경에 둘러싸인 회색 '표적' 8개를 보여주었다. 그 순서는 무작위적이었고, 배경은 색과 상대적 위치, 모양이 모두 달랐지만, 분광계로 측정한 밝기는 모두 일정했다. 피험자들은 각 표적의 밝기를 수치로 순위를 매겼는데, 이 방법으로 우리는 그들의 주관적이고 점화 효과에 영향을 받은 '착시적' 회색 음영 지각을 계량화할 수 있었다. 물론 이 지각은 그들의 뇌가 만들어낸 것이다. 그러고 나서 우리는 그들을 우리의 부적응자 '박물관의 밤' 연구소로 되돌려보내고, 우리가 무엇을 발견하게 될지 조용히 생각에 빠졌다. 그 수치들을 분석한 우리는 아주 흥미로운 사실을 발견했다.

이전 연구들에서 낮은 권력 상태에 있는 사람들은 복잡한 지각 과제를 수행하는 능력이 낮아진다는 사실이 밝혀졌지만, 우리는 밝기 지각과 같은 기본 과정에서는 그 반대가 성립한다는 사실을 발견했다. 낮은 권력 정서 상태로 점화된 피험자들은 높은 권력 집단이나 대조군의 피험자들보다 맥락과 관련된 시각 단서를 평균적으로 더 많이 사용했다. 낮은 권력 집단의 뇌가 무의미한 자극을 이해하는 능력은 통제력을 덜 느끼도록 우리가 심어준 망상 때문에 더 *예리해졌다*. 이들에게는 권력(즉, 통제력)의 느낌을 만회하고 그럼으로써 유용한 지각을 구성하려는 진화적 필요가 다른 집단들보다 더 강하게 작용했고, 이 때문에 동료들보다 더 다르게 볼 수 있었다. 이것은 이들이 마찬가지로 그 착시를 더 강하게 본 어린이들과 비슷하게 행동했다는 것을 의미한다. 어린이는 어떤 의미에서는 '믿으려는' 성향이 더 강했다. 그래서 이들의 지각과 실재는 자신의 심리 상태에 의해 크게, 체계적으로, 그리고 통계적으로 변했다. 요컨대, 낮은 권력 상태에 있는 사람들은 자신의 권력을 증가시키려는 시도에 해당하는 행동을 한다.

권력은 심지어 눈의 움직임을 변화시킴으로써 어떤 장면을 바라보는 방식도 변화시킨다. 서로 다른 상태에 있는 사람들은 실제로 사물을 서로 다르게 본다. 예를 들면, 낮은 권력 상태에 있는 사람은 배경을 보는 반면, 높은 권력 상태에 있는 사람은 전경前景을 본다. 우리가 보는 것이 우리가 감지하는 이미지들의 통계를 결정하기 때문에, 권력은 세계에서 우리가 사는 이동 주택을 움직이는 방식뿐만 아니라,

창문의 방향까지 변화시킨다. 우리가 외부의 영향에 휘둘리기가 얼마나 쉬운지, 그리고 지각의 망상적 성격이 어떻게 우리를 '운 좋게' 또는 '불운하게' 만드는지 아는 것은 다소 두려운 경험으로 비칠 수도 있지만, 이런 행동들은 합리적이다. 만약 낮은 권력 상태에 있다면, 그 사람의 행동은 통제력을 회복하는 쪽으로 향할 것이다. 따라서 연구에 따르면, 심지어 '배경 기분 상태'조차도 우리의 의사 결정에 강한 영향을 미친다.[49] 요점은 놀라운 점이 많은 우리 뇌는 우리를 취약하게 만들기도 하지만, 이러한 취약성 자체도 유용성이 있다는 것이다. 이어지는 장들에서는 자신을 방해하는 대신에 돕는 방향으로(새로운 개념과 예상치 못한 창조적 통찰을 제공하도록) 자신의 뇌를 적극적으로 사용하는 방법을 살펴볼 것이다. 우리가 그렇게 할 수 있는 이유는 의식—스스로를 수정하는 뇌—이 있기 때문이다.

자신의 과거 경험에 적용한 의미가 자신에게 가져다준 개인적 부정의 물리학을 무너뜨리려면, 자신에 대한 한 가지 기본 사실을 받아들여야 한다. 그것은 바로 우리가 가정들을 갖고 있다는 것이다! 이것들은 아주 뿌리 깊은 가정들인데, 너무나도 뿌리 깊이 박혀 있어서 이것들이 없이는 우리는 한 발짝도 나아갈 수 없다. 이 가정들은 시행착오 경험(그 경험이 내부적인 것이건 외부적인 것이건)으로 축적된 경험적 역사의 결과이다. 필연적으로 이 가정들은 우리가 생각하고 행동하고 느끼는 것을 제한한다. 하지만 그러면서 관계와 경력을 손상시킬 수 있다. 자기 방해나 심지어 익숙한 행동에서 벗어나는 것은 아주 단순한 첫걸음에서 **시작**하는데(하지만 그것으로 끝나는 것은 아니다), 그 첫걸음은 바로 자각이다. 자신이 가정들을 갖고 있고, 그 가정들로 정의된다는 사실을 자각하는 것이다. 이것은 "그래, 난 알아. 우리 *모두*가 가정들을 갖고 있다는 사실을. 하지만……."이란 뜻이 아니다. 내 말은 이것을 정말로 아는 것을 뜻한다. 즉, *그 앎을 적극적으로 실천하면서 살아가는* 것을 뜻한다. 앞으로 보게 되겠지만, 이런 종류의 자각은 혁명적인 도구이다. 이것은 자신의 뇌와 지각뿐만 아니라, 사람으로서 살아가는 방식 전체에 변화를 가져오는 출발점이다.

6장

가정의 생리학

색 없는 사과를 생각할 수 있는가?

망상은 새롭고 강력한 지각을 만드는 데 아주 중요한 도구인데, 우리 뇌—따라서 미래의 지각 역시—를 내부에서 바꾸도록 해주기 때문이다. 하지만 만약 사람의 뇌가 진화에서 학습에 이르기까지 시행착오 역사의 물리적 표상이고, 모든 지각이 반사 반응이라면, 설사 가장 웅대한 망상을 가진 사람이라 할지라도, 그 누가 자신의 지각을 변화시킬 수 있겠는가? 모두가 아주 잘 알다시피, 어쨌든 과거는 절대로 변할 수 없는 게 아닌가? 이미 일어난 일은 돌이킬 수 없다. 하지만 마음의 작용에서는 문제가 그렇게 단순하지 않은데, 모두가 알다시피, 우리는 시간 자체의 실재는 말할 것도 없고 실재를 기록하지 않기 때문이다.

우리 뇌가 우리와 함께 미래로 보내는 것은 실제 과거가 아니다—적어도 객관적인 과거는 분명히 아니다. 실재에 대한 우리 지각의 역사가 뇌에 제공하는 것은 뇌의 기능적 구조에서 발현되는 **반사적 가정들**reflexive assumptions인데, 우리는 이것을 가지고 지금 현재와 이곳을 지각한다. 이 가정들은 우리가 생각하는 것과 하는 일을 결정하며, 다음에 무엇을 해야 할지 예측하는 데 도움을 준다. 그 반대도 언급할 필요가 있다. 즉, 이 가정들은 우리가 생각하지 않는 것과 하지 않는 것도 결정한다. 맥락에서 따로 떼놓고 보면, 우리의 가정들은 좋은 것도 아니고 나쁜 것도 아니다. 그것들은 그저 우리 자신이다—집단적으로나 개인적으로나.

뇌가 가정들을 갖도록 진화한 우리는 운이 참 좋은 편이지만, 많은 가정은 우리가 숨 쉬는 공기와 비슷할 때가 많다. 즉, 눈에 보이지 않는다. 의자에 앉을 때 우리는 의자가 무너지지 않을 것이라고(대개는) 가정한다. 발걸음을 내디딜 때마다 우리는 땅이 무너지지 않고 자신의 다리도 무너지지 않을 것이라고 가정한다. 또, 다리를 앞으로 충분히 멀리 내뻗고, 체중 분포를 적절히 변화시켜 몸을 앞으로 충분히 추진할 것이라고(사실, 걷는 것은 계속 넘어지는 과정이므로) 가정한다. 이것들은 필수적인 가정들이다.

걷기와 숨쉬기를 비롯해 아주 유용하지만 생각하지 않아도 뇌가 알아서 일어나게 해주는 그 밖의 모든 행동들을 일일이 생각해야 한다고 상상해보라. 그럴 경우, 우리는 제대로 움직이지 못할 가능성이 높다. 우리가 주의를 한 가지 과제(지각신경과학에서 '국지적' 정보라 부르는)에만 집중할 수 있다는 게 부분적인 이유이지만, 우선 순위 문제도 있다. 삶의 기반을 이루는 모든 기능을 일일이 다 생각해야 한다면, 필시 우리는 심장과 폐가 제 기능을 하도록 하는 데 대부분의 시간을 쓰느라 잠도 제대로 자지 못할 것이다. 심장이 계속 뛰도록 의식적으로 신경 쓰지 않아도 되는 이유는 지휘 본부 역할을 하는 뇌가 우리 몸을 위해 내장된 생리적 가정들을 관리하기 때문이다. 그런 과제에 상당한 사고 에너지를 써야 한다면, 변화하는 세계에서 살아남는 데 결코 유리하지 않을 것이다. 우리는 그런 식으로 지각하도록 진화하지 않았다.

그렇다면 우리의 지각을 실제로 안내하는 것은 무엇이며…… 추출되고 있는 과거와 무슨 관계가 있을까? 한 가지 답은 지금 이 순간까지 우리 종이 수만 년 동안 발달시켜온 기본적인 기계론적 가정들이다. 이것은 단지 호흡뿐만 아니라 시각에도 적용된다. 다른 동물들과 마찬가지로 우리는 이미 우리 내부에 '심어진' 가정들(물리학 법칙과 같은)을 많이 가진 채 태어난다. 우리 눈이 갑자기 갯가재의 시력을 갖도록 재프로그래밍되지 않는 이유는 이 때문이다. 우리는 우리 종에게 가장 효율적인 방식으로 빛을 처리하도록 발달했다. 하지만 뇌 속에 미리 설치된 가정들이 전부 다 기본적인 것은 아니다(여기서 말하는 '기본적인'은 기본적인 기능 측면에서 그렇다는 뜻이다. 이 가정들은 실제로는 아주 복잡하다). 이것은 우리가 단지 개구리하고만 비슷한 게 아니라, 칠면조하고도 비슷해서 그렇다.

칠면조는 이전에 동일한 시각적 경험을 한 적이 없더라도, 맹금과 일치하는 패턴이 망막에 포착될 경우 스스로를 보호하는 내인성 반사 능력을 갖고 태어난다. 1950년대의 한 흥미로운 실험에서는 어린 칠면조의 두려움 반응을 측정했는데, 칠면조는 맹금 실루엣에는 겁을 먹었지만, 오리 실루엣에는 겁을 먹지 않았다. 칠면조는 태어나면서부터 이것을 그냥 안다.[50] 이와 비슷하게 최근의 연구는 사람은 선천적으로 뱀을 두려워하는 본능을 갖고 태어난다는 것을 보여준다. 이것은 우리의 과거로부터 생겨난 적응적 가정으로, 우리가 살아남는데 도움을 주었고 지금도 도움을 준다. 우리는 결코 만날 수 없는 조상들로부터 이것을 물려받았다. 이와 비슷하게 버지니아 대학교 연구자들은 취학 전 어린이와 어른이 여러 가지 시각 자극에 반응하는 속도를 측정했다. 어린이와 어른 모두 뱀에 대해 '주의 편향'이 나타났는데, 개구리와 꽃, 애벌레처럼 위협적이지 않은 자극보다 뱀을 더 빨리 감지했다.[51] 따라서 사람은 빈 서판書板이 아닌 게 분명하다.

빈 서판 개념은 사람이 어떻게 이와 같은 존재가 되어 이와 같은 삶을 살아가는가 하는 질문을 놓고 벌어진 아주 오래된 논쟁의 일부이다. 철학자부터 과학자와 정치인에 이르기까지 온갖 사람들이 이 주제를 놓고 치열한 논쟁을 벌였는데, 사회에서 평등을 구현하려면 어떻게 하는 게 최선인가라는 질문의 기반이 되는 본질적인 윤리 문제들에 중요한 함의를 지니기 때문이다. 인간은 환경의 산물일까, 아니면 유전의 산물일까? 인간은 이미 개성과 신체적 구조가 결정된 채 태어나는가, 아니면 경험과 환경이 인간을 만들어가는가? 만약 우리가 이 질문에 대한 답을 안다면, 사회의 병폐를 훨씬 잘 처리할 수 있을 것처럼 보였다. 하지만 이것은 잘못된 질문인데, 신경 발달 연구 분야, 특히 후성유전학이 보여주었듯이, 반드시 둘 중 어느 하나가 정답이 아니기 때문이다. 그렇다고 유전과 환경의 결합도 정답이 아니다. 정답은 양자의 *부단한 상호 작용*에 있다고 봐야 할 것이다. 유전자는 구체적인 형질을 암호화하지 않는다. 대신에 세포들과 세포 내 환경 및 세포 외 환경 사이에서 일어나는 *상호 작용*의 메커니즘과 과정과 요소를 암호화한다. 유전과 발달은 본질적으로 생태학적 과정이다.

뇌에서 일어나는 발달 과정을 연구해보면, 신경유전학이 지지하는 이 통찰이 옳다는 걸 분명히 알 수 있다. 뇌 속에는 성장 방법과 무엇을 성장시켜야 하는지에 대한 대략적인 청사진이 내재한다. 하지만 일어나는 정확한 성장의 종류는 놀랍도록 가변적이다. 시각 피질 조각을 청각 피질에 이식하면, 이식된 세포들은 마치 자신이 청각 피질 세포인 것처럼 행동하면서 다른 청각 지역들과 연결이 생기는 반면, 시각 피질과는 연결이 생기지 않는다. 예를 들면, 이식된 시각 피질은 시상 내의 특정 세포핵과 연결이 생기는데, 만약 (1차) 시각 피질에 머물러 있었더라면 시상 내의 다른 세포핵과 연결되었을 것이다. 또한, 다른 피질 지역과도 연결이 생기는데, 이 과정 역시 시각 피질에 그대로 남아 있었더라면 일어나지 않았을 것이다. 심지어 그 내부 과정의 구조도 변한다. 예를 들면, 시각 피질 중간층에 있는 세포들은 오른쪽 눈이나 왼쪽 눈에서 온 연결들이 우세한 반면(이 부위를 눈 우세 기둥이라 부른다), 막 태어난 시각 피질 지역을 청각 피질로 이식하면 이러한 연결 패턴이 생기지 않는다. 해당 세포의 기능과 세포 '공동체'(이것은 소셜 네트워크와 비슷하다)에서 그 세포가 담당하는 더 큰 역할을 결정하는 것은 세포들의 성질과 세포들의 합주와 그 연결들의 결합이다. 이러한 생리학적 실재는 생물학적 원리이기도 하다. 피질 속의 세포이건, 더 큰 사회나 조직의 사람이건, 모든 계는 이들의 내재적 성질과 시간과 공간에서 일어나는 이들의 외부적 관계 사이의 *상호 작용*으로 정의된다. 이것은 우리 각자의 '의미'가 필연적으로 우리의 내부적 및 외부적 상호 작용으로 정의된다는 것을 의미한다. 따라서 발달하는 시각 신경세포는 우리처럼 대체로 특정 세포 시간의 범위 내에서 다능성(즉, 서로 다른 잠재적 용도로 쓰일 수 있는 능력)을 지니고 있다(성격 특성과 아주 비슷하게). 우리처럼 신경세포는 그 생태계로 정의된다. 하지만 맥락에 따라 나타나는 이러한 탄력성은 우리의 서판이 텅 비어 있다는 걸 의미하지 않는다. 우리의 서판 각각에는 동일한 기본 가정이 적혀 있는데, 그 가정은 지각하고 생존하려면 우리가 가정들을 가져야 한다는 것이다.

게다가 우리가 *점점 더 많은* 가정을 추구할 것이라는 가정도 암호화되어 있다.

우리 뇌는 모든 맥락에 두루 적용할 수 있는 원리(물리학의 정리처럼)를 찾길 바라면서 경험을 사용해 이런 가정들을 최대한 획득하려고 한다. 예컨대 높이를 살펴보자. 기묘하게도 우리는 높이에 대한 두려움과 거기에 포함된 위험에 대한 인식이 전혀 없이 태어나는 것처럼 보인다. 바구니 속의 새끼 고양이를 테스트하는 데 사용한 것과 같은 '시각 절벽visual cliff'을 사용한 최근 연구에서 아이는 높은 곳을 피하긴 하지만 자동적인 두려움 반응을 보이지는 않았다.[52] 하지만 시간 경과와 함께 아이가 발달함에 따라 실생활의 경험(절벽에 다가가는 아이를 향해 부모가 고함을 지르거나 아이가 이층 침대에서 떨어져 다치거나 하는 사건들을 통해)에서 얻은 내장된 가정들의 위계가 추가되면서 우리는 높이를 존중하는 법을 배우게 된다. 이러한 주의의 기원이 무엇이건, 그 이후로 우리는 자신을 더 안전하게 지켜주는 아주 유용한 가정을 갖게 된다. 이것은 상식처럼 느껴지는데, 실제로 상식이기 때문에 그렇긴 하지만, 처음부터 우리 뇌에 있었던 것은 아니다. 그 중요도는 낮지만 우리의 행동에 영향을 미치는 다른 가정들—실제로 *수천 가지*나 되는—은 신체적 생존이 아닌 사회적 생존과 관련이 있지만, 이것들 역시 상당히 신체적인 것이다.

눈 운동 역학은 나머지 모든 사람들의 그것과 동일해야 한다. 그렇지 않은가? 어쨌든 우리 모두의 뇌에는 동일한 시각 처리 하드웨어가 들어 있고, 모두 동일한 소프트웨어를 사용해야 할 것이다. 이것은 직관적 결론이지만, 옳지 않다. 우리는 출신 지역에 따라 서로 다른 '프로그램'을 사용해 시각 과제를 처리한다. 데이비드 켈리David J. Kelly와 로베르토 칼다라Roberto Caldara는 2010년에 한 흥미로운 실험에서 서양 사회 출신 사람들은 동양 사회 출신 사람들과 눈 운동이 다르다는 사실을 발견했다. 이들은 "문화는 사람들이 자신의 시각적 세계에서 정보를 추출하기 위해 눈을 움직이는 방식에 영향을 미친다."라고 묘사했다. 아시아 사람들은 시각 정보를 더 '전체적으로' 추출한 반면, 서양 사람들은 더 '분석적으로' 추출했다(얼굴을 인식하는 능력에서는 이들 사이에 아무 차이가 없었다). 서양 문화권 사람들은 정보를 자신 있게 처리할 수 있는 별개의 요소 또는 '두드러진 물체'에 초점을 맞추는데, 이것은 개인주의 성향이 아주 강한 문화적 특성과 일치한다. 반면에 동양 문화권 사람들은 집단과 공동의 목표를 중시하는데, 이 때문에 얼굴의 어떤 특징보다는 '지역'에 더 주의를 집중하는 경향이 있다. 그 결과로 현실에서 아시아 사람들은 평균적으로 코 부근에 초점을 맞추는 반면, 서양 사람들은 눈과 입에 초점을 맞춘다. 서로 다른 눈 운동은 지각 형성에도 극적인 영향을 미치는데, 우리가 '바라보는' 대상은 뇌가 의미를 만드는 데 사용하는 정보의 성격을 제약하기 때문이다. 입력 정보의 성격이 다르게 변하면, 잠재적 의미가 제한되는 결과를 낳는다. 사회적으로 학습된 가정들과 이것들과 비슷한 편향들은 우리의 회색질에 영향을 미칠 뿐만 아니라, 이어지는 지각과 행동에도 영향을 미치지만, 이것들은 더 큰 문화적 가정들로부터 무의식적으로 발달하기 때문에, 우리는 이것들이 우리 뇌 속에서 실체화되어 그곳에 있는지조차 모른다.

우리의 지각과 심지어 삶의 궤적을 형성하는 데 아주 중요한 그 밖의 가정들도 사회적으로 학습되지만, 그 효과는 미묘한 눈 운동보다 우리의 행동을 통해 훨씬 쉽게 알아볼 수 있다. 이것은 모든 사람이 기원한 바로 그 맥락, 그리고 우리 모두가 어떤 형태나 방식으로든 공유한 맥락에서 가장 강하게 드러나는데, 그것은 바로 *가족*이다.

찰스를 만나보자. 찰스는 1809년에 영국 슈롭셔 주에서 여섯 형제 중 다섯째 아이로 태어났다. 찰스는 부유한 가정에서 자란 귀여운 영국인 사내아이로, 발그스름한 볼과 곧은 갈색 머리카락을 갖고 있었다. 어린 시절부터 딱정벌레를 채집했고 박물학에 관심을 보였다. 나이 많은 일부 형제들과 달리 찰스는 통념에 의문을 품는 경향이 강했다. 예를 들어 학교에서 공부를 잘하는 것이 정말로 중요한가라는 의문을 품어 아버지를 화나게 했다. 찰스는 그저 질문을 위해 질문을 던지길 즐겼는데, 아무리 미친 소리처럼 들리거나 실제로 미친 소리라고 해도 개의치 않았다. 1831년, 찰스는 상식에서 벗어나는 길을 택해 이번에도 아버지의 속을 썩이면서 비글호를 타고 남아메리카로 여행에 나섰는데, 지질학과 곤충, 해양 생물, 그 밖의 동물에 대해 소중한 관찰을 할 수 있으리라는 기대를 품고 떠났다. 실제로 그가 한 관찰은 아주 소중한 것이었다. 갈라파고스 제도에서 발견한 열두 종의 핀치를 연구하고, 신의 설계와 우리 종의 기원에 관한 자신의 믿음에 질문을 던짐으로써 찰스는 과학을 돌이킬 수 없게 바꿔놓았다. 여기서 이야기한 찰스는 물론 진화론을 완성한 찰스 다윈Charles Darwin이다.

다윈은 이론의 여지 없이 아주 총명했지만(호기심이 아주 많았던 것은 말할 것도 없고), 자기 형제 중에서 나중에 태어난 덕분에 갖게 된 가정들이 없었더라면, 진화 과정을 밝혀내지 못했을지도 모른다. 이것은 진화심리학자이자 맥아더 특별 연구원을 지낸 프랭크 설로웨이 Frank J. Sulloway가 펼친 주장이다. 이 연구에서 설로웨이는 가족 중에서 태어난 순서가 그 사람의 성격 특성과 행동, 지각에 큰 영향을 미친다는 것을 보여주었다. 이것은 우리 모두가 부모의 시간과 관심을 끌려고 경쟁하기 때문인데, 자신이 태어난 순서에 따라 이 경쟁에서 이기기 위해 서로 다른 전략과 편향을 발달시키게 된다. 설로웨이는 이 상황을 "그 결과는 가족 안에서 펼쳐진 진화의 군비 경쟁이었다."[53]라는 유명한 말로 표현했다. 그렇다고 형제들이 나이가 더 많거나 적은 형제들과 부모의 사랑을 놓고 의식적으로 치열한 생존 경쟁을 벌인다는 이야기는 아니다. 대신에 가족의 구조는 우리가 어떤 사람이 되느냐에 불가피하게 영향을 미치는데, 출생 순서에 자연적으로 어울리는 행동들의 효과 때문에 각자 서로 다른 것에 능숙해지기 때문이다. 예를 들면, 맏이는 어린 동생들을 돌봄으로써 부모의 총애를 받는 경향이 있고, 따라서 일반적으로 권위 있는 사람에 대한 충성심과 존경심이 발달한다. 뒤에 태어난 동생들은 이와는 대조적으로 부모의 관심을 끌 수 있는 '잠재적 재능'을 발달시킨다. 이런 이유 때문에 동생들은 더 개방적이고 모험적이며 권위를 덜 존중한다. 각자가 형제들과 경쟁하며 가족의 생태계 내에서 '성공하려면' 어떻게 행동해야 하느냐 하는 것은 시행착오의 역사를 통해 뇌에 기록된 지각적 가정들에 관한 문제가 되며, 이 지각적 가정들은 척도라는 측면에서 나름의 통계적 비중을 지닌다.

그렇다면 찰스 다윈이 다르게 볼 수 있었던 것은 단순히 형제 중에서 다섯째였기 때문이란 말인가? (흥미롭게도, 거의 같은 시기에 다윈의 진화론과 비슷한 개념을 발달시켰지만 논문을 덜 발표한 앨프리드 러셀 월리스Alfred Russel Wallace도 맏이가 아니라 뒤에 태어난 동생이었다.) 그렇다면 이것은 만약 여러분이 맏이나 외자식으로 태어났다면, 혁신과는 거리가 먼 성향이니 그런 건 아예 꿈도 꾸지 말아야 한다는 뜻인가? 둘 다 그 답은 '아니요'이다. 요점은 각각 다른 시기에 다양한 경험을 통해 우리 뇌가 발달시킨 가정들은 단지 우리의 지각을 빚어내는 데 그치는 것이 아니고, 그 가정들이 바로 우리 자신이라는 것이다. 이 가정들은 우리가 자극에 반응하여 만들어낸 '경험적 의미'의 층들로, 우리가 지각하는 실재를 정의한다. 즉, 우리가 자신과 남을 어떻게 지각하고, 따라서 삶을 어떻게 이끌어나갈지 정의한다. 그런데 물리적으로 말한다면, 뇌 속에 있는 가정들은 무엇인가?

이제 우리는 모든 지각은 결국 어떤 것을 향해 **다가가야** 할지 혹은 그것으로부터 **멀어져야** 할지 결정하는 문제이고, 이것은 모든 종들에 공통적으로 적용된다는 사실을 안다. 다가가느냐 멀어지느냐를 선택하는 이 결정은 우리가 하는 행동을 왜 지각하는지 그 이유에서 필수적 부분을 차지하며, 가정들은 불가피하게 우리가 선택하는 방향에 영향을 미친다. 그렇다면 이 과정은 어떻게 우리의 지각을 만들어낼까?

가정의 본질은 생리학적인 것이며, 실제로는 전기적인 것이다. 가정은 단순히 추상적인 생각이나 개념이 아니다. 가정은 우리 뇌 속에 물리적으로 존재하며, 나름의 물리학 '법칙들'이 있다. 이것을 *편향의 신경과학*이라 부를 수도 있다. 지각 '스크린'에 투사되어 우리가 보는 실재는 우리의 오감이 받아들인 정보의 흐름에서 시작된다. 이 자극(혹은 하나 이상이라면 자극들)은 일련의 수용기들에 자극을 주는데, 이 자극은 뇌로 이동해(입력) 피질의 여러 부분들과 뇌의 다른 지역들로 전달되고, 결국 어떤 반응(운동 반응 그리고/또는 지각 반응. 다만 운동 반응과 지각 반응의 분리는 이전에 생각했던 것만큼 분명하지 않다)을 촉발한다. '기본적으로' 이것은 일어나는 전체 신경과학을 한 문장으로 표현한 것이다. 지각은 복잡한 반사활reflex arc(특정 반사에 관여하는 신경경로)에 지나지 않으며, 의사가 무릎뼈 아래에 있는 무릎 힘줄을 툭 칠 때 우리가 저절로 다리를 앞으로 죽 뻗는 것과 크게 다르지 않다. 사실, 기본적으로 우리의 삶은 순차적으로 일어나는 수백만 개의 무릎 반사 반응이다.

어느 순간에 우리가 경험하는 것은 뇌 전체에 분포된 전기 활동의 안정적인 패턴에 불과하다—이것은 지각을 바라보는 비낭만적 견해이지만, 대체로 정확한 견해이다. 살아가면서 자극에 반응해 우리 뇌에서 생겨나는 전기 패턴은 물리학에서 *끌개 상태*attractor state라고 부르는 '안정적' 상태로 점점 변해간다.[54] 끌개 상태의 예로는 사막의 모래 언덕과 강물의 소용돌이를 들 수 있다. 심지어 우리은하도 끌개 상태이다. 이것들은 모두 시간이 지나면서 많은 개개 요소들의 상호 작용으로부터 생겨난 창발적이고 안정한 패턴을 나타낸다. 이런 의미에서 이것들은 자기 나름의 안정한 에너지 상태 또는 *운동량*을 갖고 있는데(이동하기 어려울 수 있다는 점에서), 이 상태는 계속 지속시키는 것이 가장 자연스럽다(다만, 어린이의 뇌 상태는 어른의 뇌 상태만큼 안정하지 않다). 진화가 하는 일은 일부 끌개 상태를, 혹은 더 정확하게는 일련의 끌개 상태들을, 순차적으로 선택하는 것이다(다른 것들보다 더 유용한 것으로 판단하여).

전기 패턴은 뇌에서 다른 부위들을 연결하는 신경 경로들이 만들어내는데, 엄청나게 복잡하게 뻗어 있는 연결망 초고속도로에 해당하는 신경 경로들은 뇌의 인프라를 이루고 있다. 이 전기 패턴은 어떤 행동과 생각의 가능성을 높이는 반면, 다른 행동과 생각의 가능성은 낮춘다. 연구에 따르면, 이 초고속도로에 연결이 더 많을수록 더 다양하고 복잡한 가정(예컨대 더 높은 수준의 어휘 능력과 기억력)을 가질 가능성이 높다.[55] 하지만 뇌에 상호 연결이 아무리 많고, 이 상호 연결이 지각에서 차지하는 중요성이 아무리 크다 하더라도, 우리의 지각이 평생 동안 실제로 받아들여 사용하는 신경 전기 펄스의 수는 아주 적다. 적다는 것은 물론 *상대적으로* 그렇다는 이야기인데, 그 잠재력은 거의 무한에 가깝기 때문이다.

뇌에 있는 세포들은 **데카르트적 나**를 이룬다. 여기서 데카르트는 물론 사람의 의식에 대해 기계론적 견해를 가졌던 프랑스 철학자 르네 데카르트René Descartes를 가리킨다. "나는 생각한다. 고로 나는 존재한다.cogito, ergo sum."라는 유명한 말도 바로 이 기계론적 견해에서 나온 것이다. 우리의 생각, 따라서 우리의 존재는 우리 뇌의 철도망—전기 패턴이 (열차처럼) 그 반사활을 따라 나아가도록 하는—을 이루는 세포들에 달려 있다. 이 세포들의 수를 세는 것 자체도 아주 흥미로운 문제이다. 여러 해 동안 신경과학자들은 우리 뇌에 있는 신경세포의 수가 약 1000억 개라고 인용하고 또 재인용했다(신경세포는 신경계통의 기본 단위로, 시냅스를 통해 신호를 보내고 받는 일을 한다). 우수리 없이 딱 떨어지는 1000억은 근사해 보이고 영향력이 큰 수이다. 하지만 이것은 틀린 수치로 드러났다.

1000억이라는 수치가 어디서 나왔는지 정확하게 아는 사람은 없는 것으로 보이며, 이 수치를 인용한 과학자들은 이해는 가지만 안이하게 이 수치가 옳다고 가정한 것으로 보인다. 왜냐하면, 이들은 이것을 다른 사람들에게서 듣고서 그냥 그대로 인용했기 때문이다. 아이러니하게도 여기에는 완전성을 선호하는 우리의 편향이 반영되었을 가능성이 높은데, 그래서 1000억이라는 어림수가 나왔을 것이다. 그런데 2009년에 수자나 에르쿨라노-오제우Suzana Herculano-Houzel라는 브라질 연구자가 놀랍도록 천재적인 혁신을 통해 이 수치가 잘못된 가정임을 밝혀냈다. 이 수치는 의도치 않게 스스로를 사실로, 즉 과학적 *밈*meme(밈에 대해 더 자세한 이야기는 잠시 뒤에 나온다)으로 위장한 것이었다.[56] 에르쿨라노-오제우는 기증받은 뇌 4개를 액화시키는 과정을 포함한 천재적인 연구 방법을 통해 평균적으로 우리의 신경세포 수는 생각했던 것보다 140억 개(이것은 개코원숭이 뇌의 신경세포 수와 비슷하다) 더 적다는 사실을 발견했다. 140억 개가 결코 적은 수는 아니지만, 860억 개의 신경세포도 *상당히 많은* 수이다. 따라서 '생각하기 때문에 존재하는' 나는 바로 이 모든 신경세포들이며, 또 그들끼리 서로 대화하는(혹시나 뇌가 자신의 전부라고 오해할까 봐 덧붙인다면, 신경세포들은 나머지 몸 전체와 환경하고도 대화를 나눈다) 방식이다.

이제 우리가 지각을 할 때 뇌에서 일어나는 상대적으로 적은 수의 전기화학적 패턴 이야기로 돌아가보자. 우리 뇌를 이루는 세포들 사이에는 약 100조 개의 연결이 생긴다. 이것은 실로 엄청나게 많은 수이지만, 이것이 실제로 의미하는 것은 무엇일까? 잠재적 연결들은 가능한 반사활을 이루고, 반사활은 행동을 빚어내기 때문에, 이것은 우리가 무엇을 지각하고, 우리가 만들어낸 지각이 좋은 것인지 나쁜 것인지, 혁신적인 것인지 현실에 안주하는 것인지, 모험적인 것인지 보수적인 것인지를 포함해, 우리가 보이는 반응을 좌우한다. 따라서 우리가 이야기하고 있는 것은 *가능한 반응* 대 *실제* 반응이며, 가능한 반응의 수는 상상할 수 없을 정도로 많다. 예를 들어 사람의 뇌세포 수가 860억 개가 아니라 단 50개뿐이라고 상상해보자(개미의 뇌세포도 약 25만 개이기 때문에, 뇌세포가 50개뿐이라면 여러분은 아주 초보적인 생물이 되고 말 것이다). 하지만 이 50개의 뇌세포 각각에 연결이 50개씩 있다고 하고, 서로 연결할 수 있는 경우의 수를 다 따져보면, 가능한 *커넥톰*connectome(모든 연결들을 뭉뚱그려 부르는 말)의 수는 알려진 우주에 존재하는 원자의 수보다 많을 것이다. 단 50개의 신경세포만으로 말이다! 자, 이제 100조 가지의 연결이 일어나는 860억 개의 세포들이 만들 수 있는 잠재적 패턴의 수를 생각해보라. 그 수는 무한에 가까울 것이다. 하지만 실제 우리 지각은 무한이 *아니다*—사실, 무한에 한참 모자란다. 그것은 객관적으로 가능한 것의 아주 미소한 부분집합에 지나지 않는다. 왜 그럴까? 바로 **경험**에서 나오는 우리의 가정들 때문이다.

경험에 크게 좌우되는 이 편향들은 우리의 생각과 행동을 만들어내는 시냅스 경로를 정의하고 제한한다. 그래서 자극(입력)과 그 결과로 나타나는 신경 패턴(출력), 즉 지각 사이의 관계는 뇌의 네트워크 구조에 제약을 받는다. 이 전기화학적 구조는 시행착오를 통해 뇌를 형성하는 경험적 과정의 직접적 표상이다. 이것은 몇 초 전부터 수천 년 전에 이르기까지, 그리고 풍부한 환경에서 빈약한 환경에 이르기까지 경험을 통해 형성된 가능한 반응들의 네트워크이다. 그래서 우리의 반사활은 단지 우리 몸속에만 들어 있는 게 아니라, 우리의 생태계 속에도 들어 있다. 층층이 쌓인 역사가 우리에게 전해지는데, 이것은 우리의 '개구리(그리고 칠면조)' 뇌를 형성한 경험들 중 대부분이 *우리가 그곳에 없는 상태에서* 일어났다는 것을 의미한다. 하지만 이러한 진화의 역사는 우리가 지각하는 것과 행동하는 방식 중 아주 많은 것의 '실재'를 결정한다. 종 단계에서 일어난 이러한 경험이 자신이 살아오면서 겪은 경험적 역사와 결합하면, 자기만의 고유한 가정들의 태피스트리(혹은 더 정확하게는 내장된 위계)를 갖게 되며, 이것은 우리의 반응을 만들어내는 전류—즉, **생각들**—를 제약하려고 위협하는 동시에 우리가 살아남도록 도와준다.

요컨대, 나의 가정들은 나를 **나답게** 만든다. 이것은 자신의 의식적 정체성에 대해 지각하는 거의 모든 것은 그것을 의심할 경우 위기에 처하게 된다는 뜻이다. 하지만 우리에게 나만의 '독특성'을 부여하는, 뇌에 기초한 이 편향들을 만드는 *과정*은 또한 우리에게 세상에 꼭 필요한 독특한 사람들(나는 이들을 '일탈자deviator'라고 부른다)을 제공한다.

2013년 말, 기니에서 한 어린아이가 에볼라 바이러스에 감염되었다. 에볼라는 아주 고통스럽고 전염성이 강한 출혈열로, 치사율이 무려 50%나 된다. 이 '최초 환자' 이후에 에볼라는 서아프리카에서 급속도로 퍼져 2014년 초에 이르자 1970년대에 그 바이러스가 처음 발견된 이후 최초로 유행병 수준에 이르렀다. 에볼라는 모두 아홉 나라에 퍼졌는데, 가장 큰 피해가 발생한 곳은 라이베리아로, 약 5000명이 사망했다. 2014년 여름에 40세의 라이베리아 출신 미국인 패트릭 소여Patrick Sawyer가 에볼라에 걸린 여동생을 만나러 간 곳도 바로 라이베리아였다. 소여가 여동생을 돌보던 도중에 여동생은 사망하고 말았다. 장례식이 끝난 후 7월 20일에 소여는 비행기를 타고 나이지리아로 갔다. 나이지리아는 아직 이웃 나라들로부터 에볼라가 퍼지지 않은 상태였다. 나이지리아에서 가장 혼잡한 도시인 라고스에 도착한 소여는 구토와 설사에 시달리다가 공항에서 쓰러지고 말았다. 마침 그 당시 공중 보건 부문의 의사들이 파업 중이어서 소여는 아메요 아다데보Ameyo Adadevoh라는 나이지리아인 의사가 일하던 민간 병원으로 실려갔다.

아다데보는 몸속에 의사의 피가 흐르는 여성이었다. 아버지는 크게 존경받던 병리학자이자 대학교 고위직을 지냈는데, 아다데보도 자신의 전문 분야에서 아버지로부터 물려받은 엄격함을 발휘했다. 아다데보는 웨이브 진 검은 머리와 커다란 검은색 눈을 가졌는데, 그 눈에서 뿜어나오는 진지한 시선으로 내분비 전문의로 일하고 있던 라고스의 퍼스트컨설턴트병원 복도를 이리저리 훑었다. 소여가 병원에 도착하자, 아다데보가 소여의 담당의가 되었다. 소여는 말라리아에 걸렸을 뿐이라고 주장했지만, 아다데보는 믿지 않았다. 소여는 퇴원하려고 했지만, 에볼라 감염 여부를 검사해봐야 한다고 확신한 아다데보는 그 요청을 거부했다. 이전에 에볼라 환자를 치료해본 적이 전혀 없었는데도 불구하고 그런 결정을 내렸다. 소여는 격분했고, 아다데보는 동료들과 함께 소여를 물리적으로 제지해야 했다. 언쟁이 벌어지는 소란 도중에 소여의 팔에서 정맥 주사가 빠져나오면서 아다데보에게 피가 튀었다. 그들은 마침내 소여를 제지했지만, 승강이는 그걸로 끝나지 않았다.

아다데보와 동료 의사들이 소여의 검사 결과를 기다리는 동안 라이베리아 정부가 소여를 넘겨달라고 나이지리아에 외교적 압력을 가했다. 이번에도 아다데보가 거부했다. 다른 사람을 감염시킬 위험이 없다고 보장할 만큼 안전한 이송 방법이 없는 상태에서 아다데보와 동료 의사들은 소여의 격리를 계속 유지하기 위해 싸웠고 결국 이겼다. '최초 감염자'를 격리시켜 무력화시킴으로써 이제 그들은 이미 20명에게 바이러스를 옮긴 소여의 영향력을 통제하기 위해 나이지리아 당국의 반응을 이끌어내는 노력에 집중할 수 있었다.

소여가 나이지리아에 도착하고 아다데보가 담당의가 되고 나서 3개월이 지난 2014년 10월 20일, 세계보건기구는 나이지리아에 에볼라 환자가 한 명도 없다고 공식적으로 발표했다. 주변 지역이 에볼라의 창궐로 큰 고통을 받고 있는 가운데 나온 놀랍고도 희망적인 소식이었다. 그 당시 〈텔레그래프〉의 수석 외신 기자는 이렇게 썼다. "서아프리카의 다른 지역에서 여전히 사망자 수가 치솟고 있는 사정을 감안하면, 이것은 대단한 소식처럼 들리지 않을 수도 있다. 하지만 상황이 얼마나 나빠질 수 있었는가를 감안하면, 이것은 정말로 매우 고마워해야 할 소식이다. 대신에 나이지리아에서 에볼라로 인한 사망자 수가 1만 명을 돌파했고, 앞으로 수십만 명의 희생자가 더 발생할 것으로 보인다는 소식을 지금 내가 전하고 있을 가능성도 얼마든지 있었다."[57] 얼마 후 전 세계의 매체에서 보도한 것처럼 이 승리는 대체로 아다데보 덕분에 가능했는데, 안타깝게도 아다데보는 자신의 노력이 낳은 결과를 보지 못했다. 소여는 에볼라 감염으로 사망했는데, 그에게서 바이러스가 옮은 7명도 함께 사망했다. 그중 한 사람이었던 아다데보는 2014년 8월 19일에 사망했다. 사망 후 아다데보는 동료들과 함께 나이지리아를 보호한 영웅으로 칭송받았다. 만약 소여를 철저하게 격리하지 않았더라면, 나이지리아도 매우 치명적인 에볼라 발생으로 고통받았을 게 거의 확실하다. 이들의 용감한 반응—다른 사람들의 가정들에 맞서—은 전 세계 다른 나라들에 모범이 되었고, 올바른 가정이 작동한 사례를 보여주었다. 아다데보 이야기는 가정이 어떻게 유용한 생각과 행동을 낳는지, 그리고 이 가정이 어떻게 다른 사람들이 보지 못하는 발상을 한 사람에게 특별히 떠오르게 하는지 생생하게 보여준다.

우리의 신경 패턴이 생각과 지각을 어떻게 형성하는지 더 잘 이해하기 위해 아다데보의 가정이 그녀의 생각과 지각을 어떻게 형성했는지 자세히 살펴보기로 하자(그 가정이 생겨난 과정은 대부분 생략하고서). 그러려면 우리 머릿속에서 전기를 띤 860억 개의 세포들로부터 더 좋은 아이디어를 더 많이 얻는 데 필수적인 새 개념을 소개할 때가 되었다.

가능성 공간

가능성 공간은 주어진 네트워크(혹은 커넥톰) 구조에서 가능한 신경 활동의 패턴들이다. 집단적으로 우리의 신경 네트워크는 머릿속에서 가능한 모든 패턴들을 결정한다. 다시 말해서, 우리가 가질 수 있는 지각/아이디어/행동의 기반을 포함하고 있는데, 따라서 이런 것들을 아주 많이 포함하고 있다(하지만 그 잠재력은 무한과는 거리가 멀다). 이 지각/아이디어/행동에는 가장 빛나고 세상을 뒤흔들 만한 것에서부터 가장 시시하고 따분한 것에 이르기까지 온갖 것이 다 포함돼 있다. 대부분은 우리가 실제로는 전혀 경험하지 못하는 것이지만, 이론적으로는 자극들이 특정 방식으로 연결(네트워크 연결)이 되기만 한다면 어떤 것이라도 가능하다. 게다가 이 공간 *밖에는* 적어도 바로 그 순간에는 우리 뇌에서 일어나지 않고, 정말로 일어날 *수 없고* 따라서 우리에게 생기지 않는 지각들과 아이디어들이 있다—가능한 것보다 훨씬 더 많이. 우리의 가정(즉, 우리의 역사인 뇌세포들 사이의 연결성)은 그 경계들과 그 안에 들어오는 모든 것을 결정한다—따라서 우리의 가능성 공간의 구조와 크기도. 이 패턴들은 각자 다른 패턴들과 관련이 있으며, 어떤 것들은 다른 것들보다 서로 더 비슷하다.

이론적으로 신경 패턴의 수는 무한에 이를 수 있지만, 모두가 다 유용한 것은 아니다. 가능성 공간의 도식 안에서 아다데보의 행동을 살펴보자. 아다데보는 나이리지아 정부 당국자들과 공유한 가정이 있었는데, 그것은 에볼라의 확산을 최대한 빨리 그리고 완전히 억제할 필요가 있다는 생각이었다. 하지만 실행 방법에 대한 생각은 다른 사람들과 달랐는데, 이것이 두 번째 가정을 낳았다. 즉, 최선의 반응은 최대한 빨리 소여를 나이지리아 밖으로 내보내야 한다고, 곧 라이베리아로 보내야 한다고 가정했던 당국자들과는 반대로 소여를 라고스 병원에 격리 상태로 두어야 한다고 가정했다. 아다데보는 다른 가정을 갖고 있었기 때문에 가능성 공간도 달랐는데, 이것은…… 아이디어와 생각과 믿음과 행동 등으로 발현되는…… 뇌의 잠재적 활성화 상태가 달랐다는 것을 의미한다. 아다데보의 뇌 생리학에서 암호화된 이렇게 다른 가정들은 아다데보 자신의 독특한 역사를 표상하는 것이었고, 이 때문에 아다데보의 신경세포들은 동일한 회로 연결(가정)이 없는 사람들은 만들어낼 수 없는 '다음번의 가능한' 지각(끌개 상태)을 만들어낼 수 있었다. 여기서도 그 역사가 구체적으로 어떤 것이었는지에 초점을 맞추는 대신에, 그것 때문에 아다데보는 지각할 수 있었던 것을 다른 사람들은 지각할 수 없었다는 사실에 초점을 맞춰 살펴보기로 하자. 아다데보는 자신을 위해 '큰 도약'을 한 것이 아니었다. 아다데보가 한 '큰 도약'은 다른 사람들의 관점에서 볼 때 그렇게 보였는데, 그들은 아다데보가 볼 수 있는 것을 볼 수 없었기 때문이다. 그 이유는 단지 그들의 가능성 공간이 아다데보의 그것과 달랐기 때문이다. 처음부터 아다데보는 경험 많은 전문가여서 의학 분야에서 최선의 방법을 알았을 뿐만 아니라, 심지어 갈등과 위험이 치솟는 순간에도 그것을 그대로 *실천했다*. 따라서 아다데보는 건전한 신념을 갖고 있었는데, 그보다 더 중요한 것은 그것을 추구할 용기를 갖고 있었다는 사실이다. 정부의 압력에도 불구하고, 아다데보는 자신의 경력에 생길지도 모를 손해보다는 동포들의 집단 안녕을 우선시했다. 아다데보의 지각과 행동을 이끈 필수적인 가정은 사람들의 안녕을 위해 자신의 안전을 도외시한 희생의 가치였다. 그것은 의사로서 받은 전문 훈련에 못지않게 아다데보의 가능성 공간을 형성하는 데 큰 역할을 했다. 다시 말해서, 아다데보는 어렵게 얻은 지식에다 용감한 의도까지 갖고 있었다.

여기서 이 장의 목적과 부합하는 요점은 왜 아다데보가 나이지리아를 에볼라 위기에서 벗어나도록 이끈 가정을 가졌느냐가 아니라, 단순히 아다데보가 *다른 사람들과 다른 가정들을 가졌다*는 사실이다. 그것은 여러분도 나도 마찬가지인데, 우리의 일상적이고 영웅적인 행동들은 그런 가정들에서 비롯된다. 그 가정들은 우리 자신의 신경학적 가능성 공간 안에 똑같이 들어 있다. 아다데보 이야기는 과거의 경험이 파란색과 빨간색 신호등을 설치한 시냅스 경로들에서 행동이 어떻게 창발하는지 잘 보여준다. 하지만 지금 와서 돌이켜보면 아다데보의 훌륭한 반응처럼 보이는 행동에 대해 정작 아다데보 자신은 '훌륭하거나' '창조적인' 것이라고 느끼지 않았다. 이것은 중요한 점인데, 그것은 그저 아다데보의 가정들이 만들어낸 가능성 풍경 내에

서 **가장 자연스러운**(사실, 아마도 가장 *개인적으로* 합리적인) 생각이었을 뿐이다. 개인 X(아다데보—그림에서 왼쪽 인물)의 가능성 공간에는 해결책이 들어 있었던 반면, 개인 Y(나이지리아 정부—그림에서 오른쪽 인물)의 가능성 공간에는 **들어** 있지 않았다. 그래서 Y는 그 해결책을 문자 그대로 전혀 알 수가 없다. 이것은 사람이나 기업, 조직, 나라가 다른 사람이나 기업, 조직, 나라의 행동을 '지각할'(문자 그대로 그리고/또는 은유적으로) 수 없어서 생기는 갈등을 설명해준다. 여기서 쟁점은 그러한 의견 불일치가 아니라, 훨씬 더 광범위한 종류의 병리적 실명 상태로, 이런 상태에 있는 사람들은 실제 눈과 관련된 병리를 앓고 있는 사람들보다 훨씬 많다.

나이지리아에서 에볼라 확산 위험에 대해 사람들이 실명에 가까운 반응을 보인 사례에서 가정에는 '또 다른 측면', 즉 부정적 가능성이 있다는 사실이 분명히 드러난다. 가정은 뇌의 정상적 기능을 위해 꼭 필요한 반면, 가정이 만들어내는 생각과 마찬가지로 항상 좋기만 한 것은 아니다(적어도 일반적으로는. 왜냐하면, 모든 것은 필연적으로 맥락에 의존하므로). 가정은 전염성이 매우 높은 소여를 격리 상태에서 풀어줄 뻔했던 정부 공무원들처럼 우리를 쓸모없거나 파괴적인 행동에 취약하게 만들거나…… 맥락을 무시한 일반화(전혀 유용하지 않은)에 취약하게 만든다. 따라서 가정은 유용한 지각을 가능하게 만드는 동시에 본질적으로 지각을 제한하는데, 때로는 좋은 결과(우리가 나쁜 생각을 자주 하지 않는다는 점에서)를 낳기도 하고, 때로는 나쁜 결과(우리가 좋은 생각을 자주 하지 않는다는 점에서)를 낳기도 한다. 따라서 이 구조들을 만드는 과정이 뇌의 신경 구조에 내재한다는 사실은 우리에게 축복이다. 발달은 결코 완전히 끝나지 않는데…… 우리 뇌는 진화하도록 진화했고, 우리는 적응하도록 적응하여, 연속적인 시행착오 과정에 따라 새로운 가정으로 자신의 가능성 공간을 변화시키면서 끊임없이 '정상성을 재정의'하도록 적응했기 때문이다.

여기서는 가정이 지각을 어떻게 제한하는지 더 잘 이해하기 위해, 뇌의 잠재적 생각에 대한 이론적 지도(225쪽 그림)를 살펴보면서 전지적 존재의 역할을 하는 행동의 수학적 '신 모형'을 만들어보자. 우리는 모든 것을 볼 수 있다. 일어난 일과 일어나고 있는 일뿐만 아니라, 일어날 수 있는 일과 일어났을 수도 있는 일을 모두 다 볼 수 있다. 그래서 가능한 모든 지각의 행동적/생존적 가치를 나타낼 수 있는데, 우리는 가능성 공간을 산들과 골짜기들의 *'지형'*으로 변화시킬 수 있다. 산은 '최선'의 지각을, 골짜기는 최악의 지각을 나타낸다. 여기서 우리는 과학에서 복잡계라고 부르는 것의 상호 작용으로부터 생겨나는 우리의 *창발적* 끌개 상태의 신경 공간을 *적합도 지형*fitness landscape으로 전환시켰다. 이 개념은 수학과 진화, 물리학을 포함한 여러 분야의 연구에서 나왔는데, 어떤 특성(혹은 더 일반적으로는 '해결책')이 얼마나 '적합'한지를 지도에서 골짜기나 가짜 봉우리나 진짜 봉우리로 표시한다. 골짜기에 있을 때, 그 특성은 생존 가능성이 감소하고 그 동물/종은 죽는다. 진짜 봉우리에 있을 때, 그 동물/종은 동일한 개념적 지형에서 더 낮은 '봉우리'에 있는 동물/종보다 더 잘 살아남는다. 우리의 생각과 행동도 우리에게 미치는 유용성 수준에서 이와 비슷한 '적합도'를 가진다. 다음 그림에서 골짜기는 작은 점, 가짜 봉우리는 중간 크기의 점, 진짜 봉우리는 큰 점에 해당한다. 이것들이 모두 동일한 가정에서 만들어졌다는 사실에 유의하라.

생명의 최고 적합도 지형을 안다는 것은 이 지형이 시간과 맥락에 따라 어떻게 변하는지 아는 것이며, 따라서 신의 마음을 아는 것이다. 이것은 진리를 안다고 공언하는 모든 종교 텍스트—혹은 어떤 텍스트라도—의 요점이다. 과학 텍스트는 엄밀함을 추구하려고 노력하는 반면(예컨대 다윈의 『종의 기원』이나 스티븐 호킹의 『시간의 역사』), 다른 텍스트들(예컨대 성경, 코란, SF 작품)은 그렇지 않다. 물론 우리 중

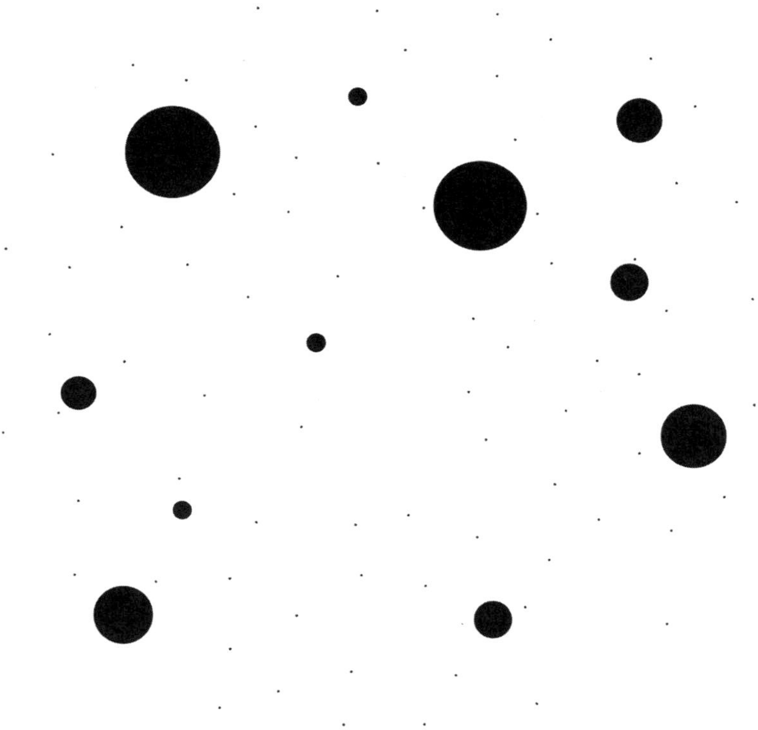

신은 아무도 없다.(다행히도!) 하지만 어떤 사람들은 신이 되겠다고, 혹은 심지어 더 나쁘게는 신이 '생각하는' 것이 무엇인지 안다고, 요컨대 사실상 신과 '통한다고' 공언한다. 문제는 실생활의 비전지적 세계에서는 어떤 지각이 다른 지각보다 더 나은지 우리가 사전에 *선험적으로* 알 수 없다는 것이다. 앞 문장에서 특별히 중요한 것은 바로 '선험적으로'라는 단어이다! 왜냐하면, 선험적으로 아는 것은 가능성의 지형을 탐구하는 '탐색 전략'이 시행착오 혹은 경험론의 핵심이기 때문이다. 아다데보처럼 단지 자신의 가정이 우리를 생각하게 만든다는 사실만 알 뿐이며, 우리는 자신의 행동이 낳을 결과(아다데보의 경우에는 사람들의 목숨을 구하는 것)를 자주 확신하지만, 그 결과로 미래에 어떤 일이 일어날지 사전에 알 수 없다. 현재의 가정이 과거에 일어난 성공과 실패를 기반으로 한다는 아이러니에도 불구하고 그렇다. 자신의 가능성 공간을 탐색하고 아다데보처럼 우월한 지각을 발견하려면, 자신에게 가정을 제공한 경험의 지각 기록에 의지해야 한다. 직접 체험한 것이건 상상한 것이건, 시행착오 과정은 골짜기들을 피하면서 가장 높은 산들을 찾기 위해 이 지형을 탐색하는 것에 지나지 않는다. 하지만 만약 자신의 가능성 공간에 좋은 아이디어와 나쁜 아이디어가 모두 있다면, 좋은 아이디어에 도달하는 것은 어떻게 보일까?

이 질문에 답하기 위해 자신을 가능성 공간 중앙에 서 있는 인물로 나타내보자. 이것이 여러분의 현재 지각 상태이다. 여기서 질문은 다음번에 여러분이 나아갈 생각이나 행동의 지점이 어디인가 하는 것이다. 엘레나 알바레스 부이야Elena Alvarez-Buylla(내 연구실과 협력해 연구한)는 꽃의 발달 연구 사례에서 꽃의 발달 단계들—심피(암술을 구성하는 잎)에서부터 꽃받침과 꽃잎에 이르기까지—은 제각각 특정 순서에 따라 일어난다는 사실을 보여주었다. 이것은 그 상태들 자체가 진화 동안에 선택되었을 뿐만 아니라, *실제적인 순서*도 선택되었다는 것을 시사한다. 뇌도 다르지 않다. 뇌 역시 계속 변하는 신경 패턴의 끌개 상태들로 자리를 잡았으며, 주어진 특정 시간 및 공간의 생태학

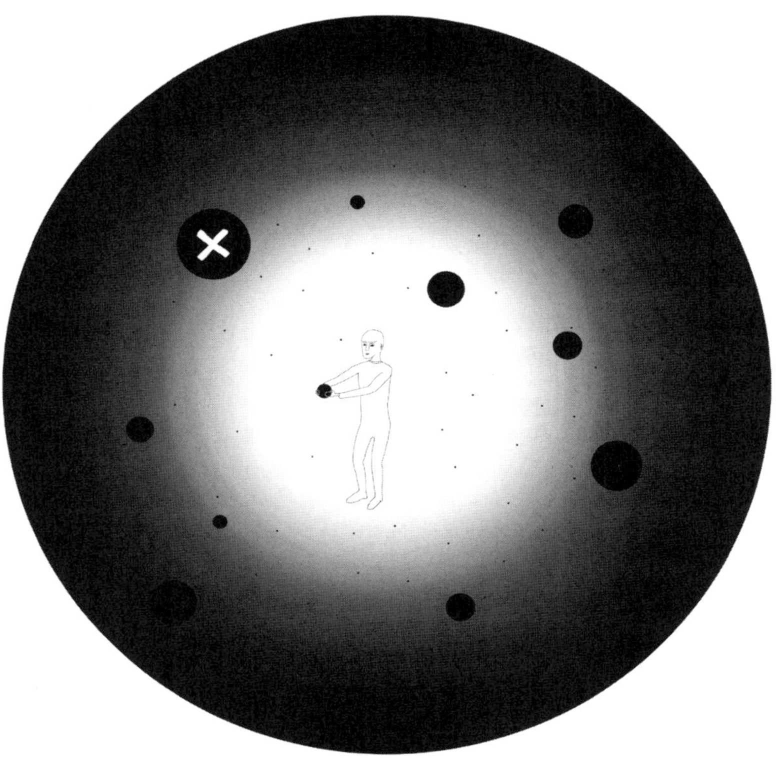

적 맥락에서 자극 입력의 성격에 따라 각각의 반사 반응이 다른 반사 반응에서 나왔다.

따라서 위 그림에서 검은 점들은 자신에게 가까운 정도에 따라 서로 다른 가능성들을 나타낸다. 가까운 점일수록 다음번 지각(나는 '지각' 속에 개념과 결정과 행동도 포함시킨다)이 될 가능성이 더 높다. 흰색 구역(은유적인 '근접장') 안에서 자신에게 가까운 점들은 '가능한 다음번' 지각이 될 확률이 가장 높다. 즉, 자신에게 현재의 가정들을 제공

않는다

뇌는

우리

큰

하지

한 과거의 가장 유용한 결과들이다.

진화 자체와 마찬가지로 뇌는 내가 과거에 한 일을 바탕으로 내게 가장 가능성이 높은 다음번 단계를 향해 미래의 작은 발걸음만 내디딘다. 따라서 "모든 것이 가능하다."라는, 동기를 크게 유발하는 개념과 대조적으로 이것은 *시간 속에서 어느 순간에나* 일어나는 일이 아니다. 오히려 긴 시간에 걸쳐 작은 발걸음들이 축적되어 나타나는 기능이다.

이번에는 (보이지 않는) 어두운 구역에서 점 위에 있는 작은 X에 주목하라. 이것은 탐색 공간에서 바깥쪽 가장자리에 있으므로 **원리적으로는** 최선의 아이디어나 결정일 수 있는 반면, 가능성이 매우 희박한(그래서 사실상 눈에 보이지 않는) 지각이다. 왜 그럴까? **우리 뇌는 큰 도약을 하지 않기 때문이다.**

도약을

심지어 멀찌감치 떨어져 있는 X는 그것에 인접한 사람/문화/종에게조차 보이지 않는다고 말할 수 있다. 위에서 말했듯이, 처음에 패트릭 소여를 격리시켜야 한다는 아다데보의 제안에 동의하지 않았던 공무원들이 바로 여기에 해당한다. 그들은 혼자 힘만으로는 아다데보의 훌륭한 생각에 다가갈 가망이 없거나 아예 불가능했다. 그들이 가진 경험의 역사—그들의 집단 뇌에 암호화된 과거의 지각—는 그것을 너무 먼 곳에 두었다. 그래서 우리가 이론적으로 생각할 수 있는 것은 그 수가 무한대에 가깝지만, 과거의 생각과 행동, 즉 **우리의 가정 또는 편향이** 특정 지각을 향해 다가가게 하고 다른 지각으로부터는 멀어지게 할 가능성을 높인다.

따라서 이 책을 읽는 것을 통해 여러분의 뇌에서 암호화하려고 내가 애쓰는 첫 번째 *가정*은 바로 매일 매초 모든 행동과 지각에서 자신이 가정(또는 편향)을 갖고 있다는 사실을 인정하는 것이다. 시간 속에서 어느 순간이건, 우리 모두는 본질적으로 불확실한 정보에 대한 자신의 가정에 따라 응답하고 반응한다. 우리는 이것에 대해 아무런 통제력이 없다—지금 이 순간에는. 이것은 전체 시간 중 대부분은 아니더라도 상당한 시간 동안은 좋은 생각이다. 하지만 자신이 가정을 갖고 있다는 사실을 모르거나 인정하려고 하지 않는 사람은 자신의 뇌에 대해, 따라서 자신에 대해 무지 상태로 남게 된다. 이들은 눈먼 상태로 살아간다. 이들은 골짜기들을 보지 못한다. 오직 자신의 봉우리와 더 많은 봉우리만 보며 살아가다가 결국 재앙이나 실패를 만나면, 어쩔 수 없는 상황에 이끌려 낡고 나쁜 가정을 버리고 새로운 가정을 받아들이는 수밖에 달리 선택의 여지가 없다. 때로는 개체군에서 도태되는 지경에 이르고, 그래서 불명예스러운 다윈상 후보가 된다. 하지만 어떤 경우에는 재앙이 한 사람만이 아니라 전체 사회를 덮칠 때가 있는데, 그러면 개인뿐만 아니라 사회 제도 자체도 그 상을 받게 될 것이다.

2008년 9월 15일, 국제 금융 회사 리먼 브라더스가 수십억 달러의 회수 불가능한 손실을 보고한 뒤 파산 신청을 했다. 손실 중 대부분은 서브프라임 모기지(비우량 주택 담보 대출)에서 발생했는데, 상환 능력이 의심스러운 사람들에게 제공한 주택 담보 대출이 문제였다. 이런 대출은 시간이 지나면 이자율이 증가하는 경우가 많아 대출자의 형편을 더 어렵게 만들었다. 불과 몇 시간 만에 전 세계의 주식 시장들에서 주가가 곤두박질쳤다. 얼마 후 주요 국가 지도자들은 은행가들과 회의를 열어 추가 피해를 줄이기 위한 조처를 논의했다. 몇 주일 동안 리먼 브라더스 사태는 심지어 그 당시 대통령 선거에 나섰던 버락 오바마Barack Obama와 존 매케인John McCain의 대결에서 관심을 앗아가기까지 했다. 금융 부문에서 대량 해고가 일어났고, 나머지 거의 모든 경제 부문에서도 해고가 이어졌다. 사람들은 누구에게 책임이 있는지를 놓고 논쟁을 벌였다. 그리고 세계적인 금융 위기가 시작되었다.

이 사태를 가장 간단하게 이해하는 방법은 월 스트리트가 도박을 잘못했다고 보는 것이다. 그들은 서브프라임 모기지로 금융 회사들에 이자를 뜯기던 사람들에게 도박을 걸었는데, 이것은 결코 좋은 판단이 아니었다. 한편, 경제를 보호하기 위해 존재하는(혹은 적어도 이를 위해 존재한다고 추정되는) 정부 기관들은 이 무분별한 도박을 막으려는 노력을 전혀 기울이지 않았다. 그렇게 해서 일어난 사태는 인간이 저지르는 대부분의 실패들처럼 나쁜 가정들이 현실로 실체화되어 나타난 것이었다. 권력을 가진 사람들은 그렇게 격변적인 일은 절대로 일어나지 않을 것이라고 가정했고, 자신들은 "너무 거대해서 망할 일이 없다고" 가정한 은행들 역시 그랬다. 재앙의 씨앗은 이처럼 아주 단순한 데 있었다. 그들은 잘못된 생각을 하고 있었지만, 모든 사람들은 자신들의 뇌가 확인하길 원했던 편향에 맞춰 자신들의 환경을 만들어가면서 계속 그런 식으로 반응했다. 그러다가 마침내 운명의

날이 닥치자 우리 경제는 자기 자신의 가정에 얽매인 채 꼼짝할 수 없는 상황에 처했다. 그 결과, 유용하게 지각하는 데 실패한 것이 원인이 되어 대참사가 발생했다.

알다시피 이 경제 위기는 전 세계 수백만 명의 삶에 재앙에 가까운 결과를 낳았다. 만약 정책 담당자들이 다른 가정의 축을 가지고 있었더라면…… 즉, 다른 봉우리와 골짜기가 있는 다른 가능성 공간을 가지고 있었더라면…… 아마도 금융 위기와 그것이 초래한 어려움(집을 잃고, 인생이 망가지고, 비참한 궁핍에 시달리는 등)의 규모를 줄일 수 있었을 것이다. 하지만 그들은 그러지 못했는데, 일부 이유는 우리 뇌에 일어난 또 다른 측면의 진화에 있다.

우리는 같은 종의 구성원들과 협력적 환경에서 진화했는데, 그런 환경에서는 다른 사람들과 얼마나 잘 지내고 함께 협력하느냐에 생존이 달려 있었다. 모두가 잘 알다시피, 의견 충돌이 없어야 다른 사람들과 잘 지내기가 쉽다. 이 때문에 우리 뇌는 동조를 선호하는 편향이 발달했는데, 우리 각자가 지니고 태어난, 텅 비어 있지 않은 서판의 이 속성(가정)이 지각에 영향을 미친다. 예를 들면, 뇌의 입쪽 띠이랑 지역은 사회적 동조 혹은 집단 첨도에 해당하는 것을 촉진하는 화학 물질을 분비한다.[58] 이것은 다른 사람들의 가능성 공간이 우리 자신의 가능성 공간에 영향을 미친다는 뜻인데, 그럼으로써 자연히 우리에게 생겨나는 지각을 제한하는 경우가 많다. 이것은 밈 개념으로 연결된다.

여기서 우리는 1976년에 리처드 도킨스가 처음 제안한 밈의 개념을 더 발전시켜 자신의 집단 가능성 공간을 제한하고 결정하는 문화나 사회의 가정으로 정의할 수 있다(물론 인터넷 밈internet meme은 인터넷을 통해 우리에게 매일 전파되는—흔히 바이러스처럼 급속도로—생각, 스타일, 행동 따위를 말한다). 예를 들면, 어떤 '자극'에 대한 사회적 반응은 종교적인 미국 남부, 그리고 다른 방향으로 '종교적인' 뉴욕이나 샌프란시스코, 혹은 일본에서 나타나는 반응과 다르다. 일본인은 식사를 할 때 밥에 젓가락을 꽂아두는 행동을 금기시하는데, 그런 행동은 죽은 자에게 밥을 공양하는 의식이기 때문이다. 물론 네덜란드에서는 이런 행동이 아무 의미도 지니지 않는다. 사소해 보이는 이런 가정들이 우리가 가졌거나 가지지 않은 생각에 영향을 미치는데, 이것들은 우리의 가능성 공간에서 가정의 축들을 이루기 때문이다. 성性이나 민족성 또는 성적 지향성에 관련된 더 중요한 문화적/사회적 가정들이 어떻게 특정 집단 구성원들이 맞서 싸워야 하는 편견을 만들어내는지는 아주 쉽게 상상할 수 있다. 이들은 집단 뇌(자신들이 속한)에 맞서 싸워야 한다. 그래서 서로 다른 밈은 서로 다른 투표 성향, 유머 감각, 가치, 인종주의를 낳는다. 그리고 밈은 안정성이 있는데, 뇌 속에서 물리적으로 끌개 상태로 발현되고, 그 결과로 이동하기가 어렵기 때문이다.

2012년에 트레이번 마틴Trayvon Martin이 사망한 사건을 생각해보라. 17세의 아프리카계 미국인 마틴은 후드가 달린 트레이닝복을 입고 비무장 상태로 밤길을 가다가 그를 위험한 인물로 잘못 가정한 플로리다 주의 민간인에게 권총으로 살해당했다. 혹은 무고한 흑인들이 '합

법적으로' 살해당한 그 모든 사건들을 생각해보라. 많은 서양 사회는 젊은 아프리카계 미국인과 흑인 영국인 남성에게, 특히 특정 방식으로 옷을 입은 사람에게 지각적 편향을 갖고 있다. 문화적 차원에서는 많은 사람들은 남들이 어떤 사람들을 두려워하는 반응을 관찰함으로써 그 사람들을 두려워하는 태도를 유용한 반응으로 배웠다—심지어 흑인 공동체 내에서도. 코미디언 이언 에드워즈Ian Edwards는 "후드티를 입은 깜둥이 녀석" 둘이 거리에서 마주친 상황을 통해 이를 풍자했다. 둘 다 서로 상대방을 두려워하다가 한 사람이 "어이, 친구! 우리 사이에 아무 문제도 없었으면 좋겠어."라고 말하자, 상대방은 이렇게 말한다. "나 역시 그래, 형제…… *어, 할머니였어요?*" '타인에 대한 두려움'은 아주 강한 편향으로, 한쪽에서 **멀어지고** 다른 쪽—대개 더 익숙한 것—을 향해 **다가가게** 만든다. 그것에 관여할 때—우리가 인정하고 싶은 것보다 우리 중 더 많은 사람이 관여하지만—우리는 대개 자신의 지각뿐만 아니라, 물려받은 잘못된 지각에도 의존해 행동한다.

여기서 편향과 가정과 그 주관적 뿌리에 대해 이야기할 때, 조각난 세계에 존재한다는 이유만으로 모든 것에 동등한 타당성을 부여하는 사고 방식인 포스트모던 상대주의에 대해 이야기하는 게 **아니라는** 점을 분명히 하는 게 중요하다고 생각한다. 우리 뇌가 만들어낸 모든 지각—사회적 역사가 형성한 것들을 포함해—이 동등하게 좋은 것은 아니다. 어떤 것은 다른 것보다 더 좋다. 만약 그렇지 않다면, 진화 자체가 진화하지 못했을 것이다. *상대적 적합도* 같은 것은 없는데, 변화를 가능케 하는 것이 바로 적합도 자체가 지닌 상대적 성격이기 때문이다. 예를 들면, 여자에게 돌을 던지고 성기를 훼손하는 것은, 그런 행동을 아무리 창조적으로 정당화한다 하더라도, 근본적으로 그리고 객관적으로 *나쁜* 짓이다. 그런 행동을 하는 사람들이 특정 문화에서 더 잘 적응할 수 있기 때문에 이런 행동들이 '유용한' 것이라고 주장하는 상황을 상상할 수도 있지만, 그래도 여전히 객관적으로는 나쁜 짓이다. 유용한 것은 그 원천을 이해하는 것인데, 그러면 변화의 가능성이 있기 때문이다.

창조성을 요구하는 과제나 문제에 맞닥뜨렸을 때, 밈과 더 일반적으로는 가정이 우리의 가능성 공간을 어떻게 제한하는지 이해하기 위해 '읽기' 퀴즈를 하나 더 살펴보자. 15개의 문자로 이루어진 아래의 문자열을 보고서 문자들을 조합해 세 문자로 이루어진 단어 5개를 *최대한 빨리* 만들어보라. 지나치게 많이 생각하진 마라. 자, 그럼 제자리에, 준비, 땅!

A B O D T X L S E M R U N P I

세 문자로 이루어진 단어들을 아래에 적어보라.

1.

2.

3.

4.

5.

이번에도 똑같이 최대한 빨리 하되, 다음 문자열을 가지고 하라.

L M E B I R T O X D S U A N P

마찬가지로 아래에 단어들을 적어보라.

1.

2.

3.

4.

5.

이번에는 아까와는 다른 단어들을 적었을 가능성이 높을 것이다. 그렇지 않은가? 여기서 요점은 첫 번째 문자열과 두 번째 문자열을 사용해 만드는 단어들이 서로 아주 다르다는 것이다. 대개의 경우, 같은 단어가 하나도 없을 것이다. 하지만 이 두 가지 문자열이 실제로는 완전히 똑같은 문자들로 이루어져 있으며, 순서만 다르게 배열되었다는 사실에 주목하라. 여러분의 가정이 여러분의 생각이 택한 뇌의 전기 경로들을 서로 다르게 결정했다.

그렇다면 왜 여러분은 다른 단어들을 생각했을까? 왜 이미 알고 있던 단어들을 다시 떠올리지 않았을까? 나는 다른 단어들을 생각하라고 요구하지 않았다. 그런데도 이런 결과가 나온 이유는 여러분의 뇌가 인접한 문자들이 서로 결합될 가능성이 더 높다고 가정했기 때문이다. 이것은 여러분이 읽기를 배울 때 발달시킨 가정들로부터 뇌에서 자연스럽게 형성된 경향이다. 게다가 많은 사람들의 뇌는 무엇을 찾을 때 왼쪽에서 오른쪽으로 찾도록 배웠다. 여기에 더해 여러분은 '단어'가 무엇인지에 대한 가정을 갖고 있을 것이라고 나는 짐작한다. 여러분은 영어 단어를 선택했는가? 다른 언어로 된 단어를 선택하거나 심지어 터무니없는 언어로 된 단어를 만들어낼 수도 있었다('단어'가 특정 종류여야 한다고 말한 적은 없으므로). 하지만 여러분은 필시 장애물이 가장 적고 눈에 딱 들어오는 길을 따라 걸어갔을 것이다. 처

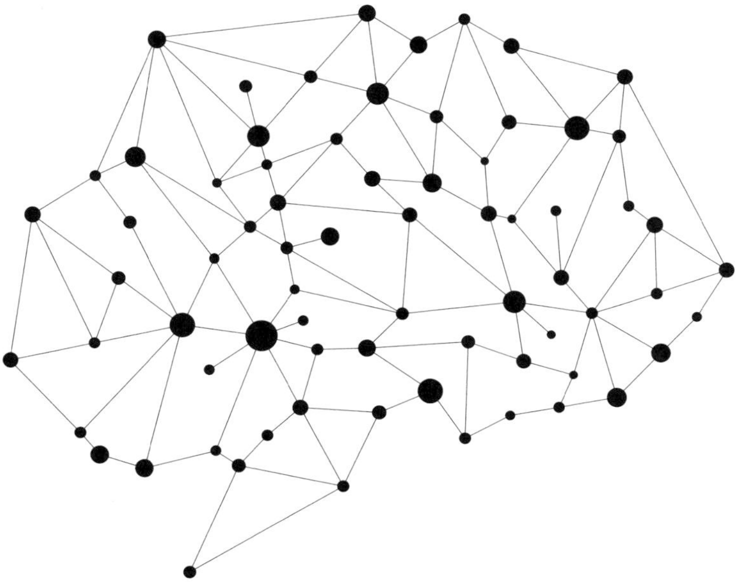

음부터 여러분은 자신의 가능성 공간에서 수많은 지각을 제외했다. 그렇다면 뇌 속에서 어떤 일이 일어났기에 여러분에게 이런 행동을 하게 했을까? 혹은 더 적확하게 표현한다면, 여러분은 왜 이런 행동을 했을까?

유용한 은유는 뇌를 영국 전역을 가로지르는 철도 체계로 생각하는 것이다. 혹은 넓은 지역에 걸쳐 철도 인프라가 잘 구축된 어떤 나라라도 괜찮다. 철도역은 뇌세포에 해당하고, 그 사이의 철도는 뇌세포들 사이의 연결에 해당하며, 열차의 움직임은 뇌를 가로지르는 활동의 흐름에 해당한다. 연결 네트워크는 유익하고 필요한 것이지만, 본질적으로 제한돼 있는데, 뇌(철도 체계처럼)는 유지하는 데 비용이 많이 들기 때문이다. 뇌는 전체 몸무게 중에서 겨우 2%만 차지하지만, 몸이 사용하는 전체 에너지 중 약 20%를 소비한다.(체스 그랜드 마스터의 경우, 시합을 하는 동안 생각에 깊이 몰두하느라 하루에 6000~7000칼로리를 '소비'할 수 있다.[59]) 여러분의 가정들은 철도 체계에서 연결된 네트워크이다. 여러분의 역사와 지각의 유용성에 대한 과거 경험이 그 네트워크와 제한적일 수밖에 없는 그 경로들을 만들었다. 어쨌든 승객에게 나머지 모든 장소들 혹은 그 절반의 장소들로 운행하는 열차 서비스를 제공하기 위해 전국의 모든 장소들에 가능한 모든 역들 사이의 노선을 유지하는 비용을 감당할 수 있는 철도 인프라는 어디에도 없다.

앞의 문자열 퀴즈에서는 여러분의 신경 철도에서 사전에 미리 정해지고 계획된 정차역들이 여러분이 더 '창조적'(전통적인 의미에서 바라보았을 때)이 되지 못하도록 방해했다. 여러분의 전기 펄스는 지각을 제한된 체계로 실어날랐고, 그럼으로써 가능성 공간에서 아이디어들을 제거하는 바람에 여러분은 그곳으로 나아갈 수 없었다. 언어에 대한 여러분의 가정은 지각할 수 있는 것을 제약했다. 다만, 지금은 여러분이 이 사실을 알기 때문에, 갑자기 새로운 가능성들이 뇌에서 나타날 것이다. 그럴 의향이 있다면, 돌아가서 퀴즈에 다시 도전해보라. 여러분의 지각은 아까와 확연히 달라졌을 것이다.

그렇다면 이제 자신을 이 점들 사이에 서 있도록 붙들고 있는 과거 지각의 추가 있다는 사실을 분명히 알 수 있을 것이다. 물론 여러분은 내가 이 '테스트'를 해보라고 하기 훨씬 오래전부터 이 사실을 알고 있었다. 우리는 모두 그런 경험을 직접 체험하면서 살아왔다. 모욕을 당하고 나서 좀 지난 뒤에야 완벽한 응수가 생각나고, 다른 아파트를 계약한 뒤에야 마음에 딱 드는 아파트를 놓친 걸 깨닫고, 심지어 엉뚱한 사람과 관계/우정/협력에 빠지는 일 등이 그런 경험들이다. 혹은 어떤 상황에 맞닥뜨렸는데, 단순히 좋은 아이디어나 해결책이 *전혀* 떠오르지 않을 수도 있다. "지나고 나면 모든 게 분명히 보인다.Hindsight is 20/20."라는 표현은 누구나 들어보았거나 혹은 적어도 그런 경험을 했을 것이다. 대침체(2000년대 후반부터 시작된 세계적 경기침체. 소공황이라고도 함.—옮긴이)는 일이 벌어지고 난 뒤에야 전문가인 양 뒷북을 치며 나서서 비판의 목소리를 높인 사람들과 함께 이것을 잘 보여준다. 2001년 9월 11일에 벌어진 비극도 이것을 상징적으로 보여준다. *9/11 진상조사위원회 보고서*는 그날 테러리스트들이 비행기 두 대를 세계무역센터에 충돌시킨 사건이 미국 시민을 보호하는 임무를 띤 정부의 '상상력 부족'에서 비롯되었다고 적시했다. 하지만 9/11 이전에 대부분의 사람들은 세계에 존재하던 상상 가능한 가능성들을 바로 그런 방식으로 바라보았다. 이 모든 것은 가정들, 즉 우리 몸—우리 손과 귀와 눈의 모양, 피부에 뻗어 있는 촉각 수용기들의 분포, 움직임 자체의 생체역학, 그리고 심지어 우리가 만드는 물체—으로 확장되는 가정들의 신경생물학이 낳은 결과이다. 예를 들면, 거미줄은 사실 거미의 가정이 밖으로 확장된 결과물이다. '확장된 표현형extended phenotype'이라 부르는 이것은 거미가 자신을 자기 밖의 세계로 확장시킴으로써 나타난다. 다른 개체들의 시각적 행동에 반응하는 공동 뇌 편향이 있는 영양의 예도 있다. 한 영양이 사자를 보면, 마치 모두가 *하나의 분산된* 지각계를 가진 것처럼 사실상 모든 영양이 사자를 본다.

하지만 우리의 과거는 우리의 현재가 아니다. 우리 뇌의 전기 패턴(그리고 커뮤니케이션이 일어나는 뇌들 사이에서의 분포 패턴)은 '옛날에 한때' 가장 적합한 반응이었다고 해서 반드시 이상적인 것은 아니다. 사실, **한때 유용했던 것도 더 이상 유용하지 않을 수 있다.**

자연계는 끊임없는 변화 상태에 있다. 삶은 중요한 상관 잡음correlated noise이다. 만약 세계가 안정하다면, 가만히 있는 것이 최선의 전략이 될 수 있다. 하지만 세계는 안정하지 않다. 세계는 *대개* 변한다(항상 유의미하게 변하는 것은 아니지만). 진화는 이 사실이 문자 그대로 발현되는 것인데, 움직이는(진화하는) 종은 *살아 있고*, 움직임은 생명*이기* 때문이다. 움직임에는 상대적 움직임도 포함되므로, 우리와 관련된 모든 것이 변할 때 가만히 있는 것(혹은 일정한 상태를 유지하는 것)도 움직임이다(키플링Kipling의 시 「만일 *If*」에서처럼). 맥락이 무엇보다 중요하다는 사실을 기억하라. 우리의 특성들은 유용한 것으로 남아 있어야 한다. 그렇지 않다면 우리는 사라질 것이고, 그와 함께 우리의 유전자도 그리고 그 결과로 우리의 뇌 구조에 내재하는 가정들

도 사라질 것이다. 이것은 물론 멸종한 우리 사촌 네안데르탈인과 나머지 호미니드에게 일어난 일이다. 이렇게 끊임없이 변하는 실재의 속성은 오늘날에도 명백하게 볼 수 있다. 오래된 산업들은 무너지고, 새로운 산업들이 일어나며, 이 산업들의 모든 일자리 역시 그렇다. 마찬가지로 친구와 가족, 애인과 우리 사이의 관계도 변한다. 믿기 어려울 정도로 중요한 이 맥락들 속에 끊임없는 변화가 내재하고 있으며, 따라서 우리는 *끊임없는 변화와 함께 흘러가야* 한다. 우리는 적응력이 있어야 한다. 가장 성공적인 계들은 적응력이 있다!

사실, 세계가 더 많이 '연결'될수록 그 세계에서 일어나는 각 사건은 그 주변의 시간과 공간에서 일어나는 사건들에 더 많이 '영향을 받게' 된다(혹은 맥락에 더 많이 좌우된다). 이것은 아주 중요한 사실이다. "내가 젊었을 때에는……"이라는 말은 누구나 들어보고 또 해보았을 것이다. 오늘날의 세계는 정말로 이전의 세계와 다르다. 전에는 어느 날 아즈텍족에게 일어난 일(건설적인 것이건 파괴적인 것이건)이 세계의 다른 곳들에 동시에 존재했던 사회나 문화에 즉각적인 영향을 거의 미치지 않았다. 하지만 오늘날은 그렇지 않다. 지금은 도쿄의 주식 시장이 대폭락하면, 뉴욕증권거래소의 트레이더들이 새로운 '미래의 하락장'이 시작되는 하루를 맞이하기도 전에 그 효과가 뉴욕에 미친다. 새로 창발하는 전 세계적 끌개 상태들의 가능성이 더 커진다. (따라서 전 세계적인 금융 위기는 부정적 사례인데, 다만 모든 사례가 부정적인 것은 아니다. 우리가 자유롭게 하고 싶은 말을 한다는 가정과 인터넷과 월드컵은 몇 가지 긍정적 사례이다.) 그리고 고도로 연결되어 발달하는 모든 계와 마찬가지로, 그 결과로 생겨나는 끌개 상태는 날마다 예측하기가 더 어려운데, 이것은 기후 변화 때문에 날씨 예측이 어려워지는 상황과 비슷한 조건이다.

요컨대 다른 사람들의 행동을 점점 더 즉각적으로 느끼게 됨에 따라 세계의 생태계(물리적 생태계와 사회적 생태계 둘 다. 이 둘은 결합되어 개인적 생태계를 형성한다)는 점점 더 불확실해지고 있다.

이런 불확실성을 완화하기 위해 광적 신앙이 증가하고 있는데, '이질적인 것'에 대한 두려움과, 더 일반적으로는 통제력 상실에 대한 두려움 때문이다(영국—혹은 더 정확하게는 잉글랜드—에서 벌어진 브렉시트 투표 결과가 이를 증언한다). 전 *세계적인* 밈 역시 마찬가지다. 이러한 전략들을 대체할 수 있는 방안이 있다. 적합하지 않은 인위적 질서를 도입하는 대신에 우리가 **변화에 맞춰 변하는** 것인데, 변화는 끊임없이 바뀌는 우리의 생태계에 내재하기 때문이다. 이것은 매우 생물학적인 해결책이다. 우리—그리고 다른 계들—는 그렇게 하도록 진화했다. 그리고 앞에서 강조한 요점을 명시적으로 다시 반복하자면(이것은 필수적으로 기억해야 하는 것이므로), 자연에서 가장 성공적인 계들은 적응력이 가장 뛰어난 것들이다.

만약 우리가 변하지 않으면, 우리 뇌는 이전의 타성에 굴복해 우리는 낡은 미지의 가정들에만 매달리게 되고, 개인적 그리고 사회적 끌개 상태들의 완고한 안정성을 높이게 되는데(단순히 이것들이 거기에 있는 것들이라는 이유로), 그래서 우리를 억제하는 끌개 상태들을 더 심화시키게 된다. 우리의 가정은 그것들을 불가피한 것으로 만든다.

그런데 정말로 그럴까?

이제 우리는 읽기 경험에서 잠재적으로(그리고 희망적으로) 방향을 잃는 순간—그리고 아주 중요한 순간—에 이르렀다. 이 시점에서 여러분은 다르게 보기의 가능성에 대한 나의 전체 주장을 의심스럽게 만드는 모순에 맞닥뜨린 것이 아닌가 하는 생각이 들 수 있다. 앞에서 우리 뇌는 그것이 불가능하기 때문에 실재를 보도록 진화하지 않았으며, 그래서 현명하게도 의미가 없는 것에서 '의미를 만든다는' 것을 보았다. 이제 우리는 **왜** 특정 지각만이 일어날 가능성이 높은가(그리고 실제로 일어나는 지각은 왜 더 적은가) 하는 질문에 대해 뇌를 기반으로 한 생리학적 설명을 손에 쥐었다. 바로 여기서 우리는 문제에 부닥친다. 만약 우리가 하는 모든 것—그리고 *우리가 어떤 존재인가* 하는 것—이 우리의 가정에 기반을 두고 있다면, 그리고 만약 우리의 가정들이 자신의 외부 환경 및 내부 환경(즉, 내가 우리의 생태계라고 부르는 것)과 *상호 작용하는* 우리의 개인적, 발달적, 진화적, 문화적 역사의 표상이라면, 그리고 만약 이 가정들이 지금 *이 순간에* 우리가 통제력을 거의 발휘하지 못하는 반사 반응을 만들어낸다면, 우리는 어떻게 이 악순환의 고리에서 벗어나 다르게 볼 수 있을까? 우리는 이전에 본 것을 그대로 보는 고정된 반사활들의 연속에 영원히 붙들린 채, 의사(자극)가 같은 장소를 건드릴 때마다 자동적으로 무릎을 뻗는(지각) 다리로 변한 게 아닐까? 우리 뇌는 동일한 낡은 신경 전기 철도 노선만 사용할 수 있을 뿐, 다른 일을 하는 것은 불가능한 것이 아닐까?

지금까지 이 책은 자신의 관찰을 관찰하는 사람이 되도록, 그리고 자신의 지각을 지각하는 사람이 되도록, 보는 자신을 볼 수 있는 공간을 만들어왔다. 우리는 뇌의 지각 장치가 단순히 물리적으로 발현된 과거 의미들의 역사라고 배웠다. 하지만 이것 외에도 우리는 가정을 만드는 과정이, 단지 뇌의 구성 과정 자체에 내재하는 과정이라는 걸 배웠다. 바로 여기에 우리의 '진정한 구원'이 존재한다. 지각을 구성하는 과정은 우리가 지각하는 것을 제한하는 동시에 그것을 확장하지는 않는다 하더라도 변화시키는 길이다.

여러분은 사려 깊게 일탈함으로써 이미 첫 번째 단계에 도달했다. 우리는 자신이 대개 자각하지 못한다는 사실을 자각한다.

이것은 이제 우리가 이 사실을 알기 때문에, 너무나도 자주 변화를 가로막는 최초의 장벽으로 작용하는 무지를 더 이상 변명으로 내세울 수 없다는 뜻이다. 만약 '실재를 아는 것'에 대한 여러분 뇌의 기본 가정을 내가 다른 것으로 대체했다면, 지금까지는 목표를 이룬 셈이다. 이제 여러분은 이전보다 더 적게 안다. 그리고 더 적게 앎으로써 여러분(과 우리)은 이제 더 많은 것을 이해할 기회를 갖게 되었다. 이러한 이해 단계가 없으면, 우리가 미래에 내리는 모든 결정은 좋은 것이건 나쁜 것이건 간에 역사를 기반으로 한 반응에 머물 것이다. 여러분의 뇌가 스스로에게 이야기하는 내러티브에도 불구하고, 해당 문제에 대한 선택은 전혀 일

우리는 자신이 대개 자각하지 못한다는 사실을 자각한다.

어나지 않을 것이다. 선택은 선택지가 있을 때에만 존재할 수 있다. 자신이 보는 것을 왜 보는지 이해해야만 그런 선택지가 생긴다. 그런 이해는 여러분에게 선택의 잠재력을 제공하는데, 여기에 의도가 개입할 *잠재력*이 있다.

다르게 보기—일탈—는 자각과 함께…… 세계를 보는 자신을 보는 것과 함께 시작한다(하지만 거기서 끝나는 것은 절대로 아니다). 그것은 과거에 자신의 생존을 유지했던, 대개 보이지 않는 가정들 중 일부가 더 이상 유용하지 않다는 사실을 아는 것에서 *시작한다*. 그것은 그 가정들이 사실은 자신에게(그리고 다른 사람들에게) 나쁠 수 있다는(혹은 나쁘게 될 수 있다는) 사실과, 그것들을 바꾸지 않으면 삶에 해가 될 수 있다는 사실을 이해하는 것에서 시작한다. 이것을 제대로 구현하는 방법은 사람으로서 살아가는 것이 어떤 것인지…… 실은 살아있는 어떤 지각계가 그 나름의 방식으로 살아가는 것이 어떤 것인지 공감하는 것이다.

그렇다면 다르게 보려면 어떻게 해야 할까?

우리의 과거를 바꾸면 우리의 미래를 바꿀 수 있다.

이상하게 들릴지 모르지만, 이것은 전적으로 가능하다. 사실, 이것은 우리가 항상 하는 일이다. 모든 이야기와 모든 책, 말하거나 읽거나 실행하는 모든 내러티브는 바로 과거를 바꾸는 일, 과거의 경험에 '의미를 재부여'하는 일, 더 구체적으로는 *미래 과거*future past를 바꾸는 일이다.

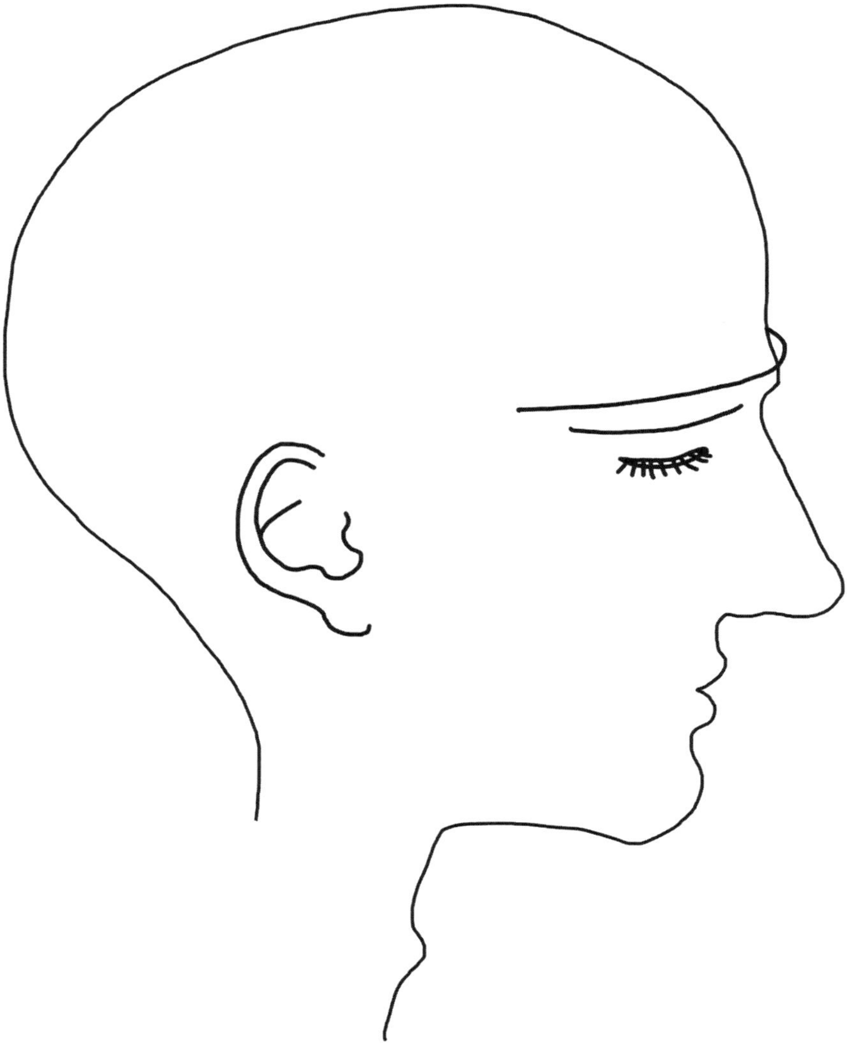

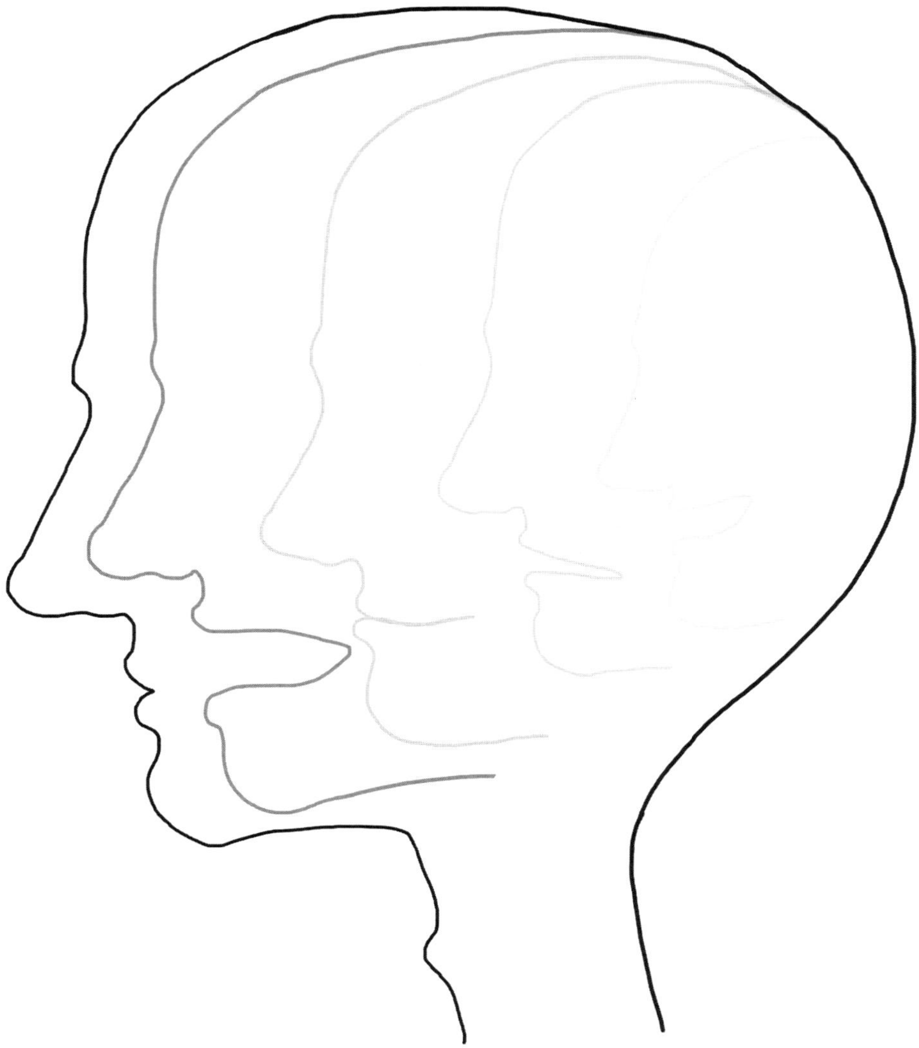

7장

미래 과거 바꾸기

1980년대 초에 벤저민 리벳Benjamin Libet은 신경과학의 역사에서 아주 유명하고 논란이 많은 실험을 했다. 이 실험에는 아주 단순한 전제 조건이 하나 있었는데, 피험자가 왼쪽 손목이나 오른쪽 손목을 움직여야 한다는 것이었다.

샌프란시스코의 캘리포니아 대학교에서 생리학과 연구자로 일한 리벳은 2007년에 91세의 나이로 죽었지만, 이 실험의 결과로 나온 그의 1983년 논문은 지금도 전설적인 연구로 남아 있다. 리벳은 우리의 신경 회로가 어떤 행동을 하기로 결정하는 순간과 우리가 그 결정을 지각하는 순간 사이에 시간 차이가 있다는 사실을 발견했다. 이 연구 결과는 뇌와 사람의 의식, 자유 의지에 관한 논쟁을 촉발했고, 이 논쟁은 지금도 계속되고 있다. 왜 그럴까? 그의 발견은 우리가 새로운 창조적 사고의 행위 주체라는 개념에 이의를 제기했기 때문이다. 다시 말해서, 이 실험은 우리가 자기 운명의 의식적 주체가 아니며, 자신이 그것을 통제한다는 착각에 빠진 채 그 운명이 펼쳐지는 것을 그저 지켜보는 존재에 불과하다고 시사했다. 하지만 우리에게는 행위 주체성이 있다. 그렇긴 하지만 그것을 제대로 행사하는 법을 알려면, 먼저 그것이 **왜** 가능한지부터 이해해야 한다.

리벳의 실험은 다음과 같이 진행되었다. 연구팀은 뇌에서 일어나는 전기 활동을 측정하기 위해 피험자들의 머리덮개에 전극을 붙였다. 그러고 나서 피험자들에게 오른쪽이나 왼쪽 손목을 움직이라고 지시했는데, 그전에 어느 쪽 손목을 움직일지 결정한 순간을 정확하게 알려달라고 했다. 이를 위해 스톱워치 비슷하게 생긴 기발한 장비를 사용해 세 가지 순간을 1000분의 1초까지 정확하게 측정했다. 세 가지 순간은 피험자의 신경 전기 신호가 뇌 속에서 결정이 일어났음을 알리는 순간(독일어로 베라이트샤프츠포텐티알Bereitschaftspotential, 즉 '준비 전위'라 부르는), 피험자가 결정을 내리는 것을 의식하는 순간, 피험자의 손목이 실제로 움직이는 순간이었다. 어떤 결과가 나왔을까? 평균적으로 피험자의 피질에서 준비 전위가 발생한 순간은 손목을 움직이는 결정을 자각한 순간보다 0.4초 먼저 일어났고, 결정을 자각한 순간은 실제로 손목을 움직인 순간보다 0.2초 더 빨랐다. 이 발견은 사건들의 자연적 '순서'를 시사하는 아주 단순한 것으로 보일 수 있지만, 이 실험이 던진 철학적 함의는 아주 엄청난 것이었고, 그것은 지금도 그렇다.[60]

리벳(그리고 많은 사람들)의 해석에 따르면, 이 발견은 피험자의 의식적 결정이 허구라는 것을 보여주었다. 그것은 결코 결정이라고 부를 수 없었다. 적어도 우리가 일반적으로 생각하는 결정은 아니었는데, 피험자들이 그것을 의식하기 전에 이미 뇌 속에서 일어났기 때문이다. 명목상의 의사 결정을 내리는 의식적 마음 이전에 그들의 특정 뇌 네트워크 내부에서 그것과 관련된 활동의 끌개 상태가 이미 존재했다. 그런 연후에야 그들의 의식에 결정이 나타나 마치 해당 행동의 원인인 양 행세했다. 이 결과는 현재의 결정이 반드시 그와 관련된 의식적인 순행적 의도(순행proaction은 사건에 대한 반응에 대응하는 개념으로, 변화를 시작하게 하는 행동을 말한다—옮긴이)에 속하는 게 아니라, 자동적인 지각 행동을 결정하는 신경역학에 속한다는 것을 의미한다. 더 나아가 이것은 자유 의지가 존재하지 않는다고 시사한다. 만약 이것이 옳다면, 리벳의 실험은 사람은 궁극적인 가상 현실 경험—즉, 자신의 삶—의 수동적 방관자임을 보여준다.

시간이 지나면서 리벳의 발견은 큰 논란이 되는 질문을 제기하면서 완전히 새로운 연구 분야를 낳았는데, 자유 의지의 신경과학이 바로 그것이다. 결정론 대 자유 의지 논쟁에서 어느 쪽에 섰느냐에 따라 철학자들은 이 실험 결과에 기분이 상하기도 하고 기뻐하기도 했는데, 이 실험은 우리가 지금 하는 일에 아무런 통제력이 없다는 사실을 확인해주었기 때문이다. 왜냐하면, 설사 그렇게 느껴지지 않는다 하더라도, 우리가 *지금 이 순간* 하는 **모든 것**은 반사 반응이기 때문이다. 우리는 단지 지금 여기서 반응만 할 뿐이다. 적어도 우리가 자각하지 *않을* 때에는.

하지만 순행이 없다고 해서 우리가 의도를 갖고 행동할 수 없는 것은 아니다. 의도를 갖고 행동하는 이 과정을 여는 열쇠는 자각이다. 지각의 기본 원리를 자각하면, 우리가 실재를 보지 못한다는 사실을 우리에게 유리하게 이용할 수 있다. 그러려면 우리의 모든 지각은 바로 유용했던(또는 유용하지 않았던) 것에 대한 우리와 우리 사회의 과거 지각의 표상이라는 사실을 명심해야 한다. 따라서 우리는 의식적으로 '현재의 *지금*'을 통제할 수 없지만, '미래의 *지금*'에 영향을 미칠 수 있다. 어떻게? **우리의 미래 과거를 바꿈으로써** 그렇게 할 수 있는데, 이것은 자유 의지(만약 우리가 그것을 갖고 있다면)가 실제로 존재하는 장소에 대해 심오한 질문을 낳는다.

이것은 무슨 뜻일까?

리벳의 실험은 *현재*의 사건에 대한 우리의 반응에 자유 의지가 (설사 있다고 하더라도) 거의 없다는 것을 보여주었다. 하지만 우리는 상상(망상) 과정을 통해 1초 전에 일어난 것이건 일부 문화적 밈의 경우처럼 수백 년 전에 일어난 것이건, *과거* 사건의 의미를 바꿀 수 있는 능력이 있다. '의미 재부여', 즉 과거 사건의 의미를 바꾸는 것은 필연적으로 우리의 세계 경험에 대한 '과거' 역사—물론 사건 자체나 그런 사건에서 비롯된 감각 데이터가 아니라, 지각의 기반을 이루는 통계적 역사—를 변화시킨다. 지각의 관점에서 볼 때, 의미의 과거 역사(즉, 우리의 내러티브)에 의미를 재부여하기 위해 자유 의지를 행사하면, 바로 그 순간부터 우리의 *미래* 역사가 바뀌고, 따라서 우리의 '미래 과거'가 바뀐다. 그리고 미래 지각도(지금 여러분이 경험하는 지각과 마찬가지로) 자신의 *경험적* 역사에 대한 반사 반응이 될 것이기 때문에, 우리의 '미래 과거'를 바꾸는 것은 '미래' 지각(아이러니하게도 각각의 지각은 자유 의지의 작용이 없는 상태에서 생겨난다)을 변화시킬 잠재력이 있다. 그러므로 우리가 세계와 비교해 자신에 대해 구성하는 거의 모든 이야기—정신요법 의사와의 상담을 통해 나온 것이건, 행동인지요법에서 나온 것이건, 이것과 같은 대중 과학 책을 읽고서 나온 것이건—는 미래의 반사 행동을 개인적으로 그리고/또는 집단적으로 변화시키기 위해 과거의 경험에 의미를 재부여하려는 시도이다.

하지만 우리의 미래 과거를 **실제로** 변화시키려면 **어떻게** 해야 할까?

답: 질문으로…… 또는 농담으로 시작한다.

이것을 보여주는 완벽한—그리고 완벽한 층위를 가진—예는 체코의 위대한 작가 밀란 쿤데라Milan Kundera가 쓴 첫 번째 소설 『농담』이다. 소설에서 루드비크라는 젊은이는 농담을 하나 하는데, 1950년대의 공산주의 체코슬로바키아에서는 해서는 안 되는 농담이었다. 그 당시는 "웃자고 한 농담도 심각하게 받아들이던" 시절이었기 때문이다.[61] 루드비크는 자신이 홀딱 빠졌지만 자신에게 별로 관심이 없어 보이는 여자에게 엽서를 보낸다. 여기서 그는 이렇게 썼다. "낙관주의는 인민의 아편이다! 건전한 분위기는 어리석음의 악취를 풍긴다! 트로츠키 만세!" 그 여자가 이 불온한 편지를 당국에 밀고하는 바람에 루드비크의 미래는 아주 끔찍하게 바뀌고 말았고, 이 때문에 루드비크는 세월이 한참 지난 뒤에 잔인한 행동을 저지른다. 하지만 책 말미에서 성숙한 루드비크는 과거를 회상하면서 결정론적—그리고 아마도 편리한—결론을 내린다. 자신이 한 농담 그리고 무해한 것처럼 보인 다른 행동들의 효과는 인간의 통제를 벗어난 역사적 힘들의 결과라고 결론 내린다(이것은 분명히 자유 의지를 반대하는 주장이다). "나는 갑자기 사람의 운명은 흔히 죽기 오래전에 완성된다는 느낌이 들었다."

아이러니는 『농담』이 루드비크의 삶에 일어난 격변에 관한 이야기뿐만 아니라, 이 책의 출판이 쿤데라 자신의 삶과 조국의 삶에 격변을 가져온 이야기도 들려준다는 점이다. 『농담』이 출판된 직후, 1968년 프라하의 봄과 함께 시작된 급진적 사회 봉기는 『농담』의 사상을 받아들였는데, 이 소설에서 권위를 부정하는 태도가 압제 정부에 대항하는 반란에 반영된 측면이 있었다. 이에 따라 정부 당국은 『농담』을 금서로 지정했다. 쿤데라의 책은 루드비크의 농담과 마찬가지로 "괴물처럼 스스로를 점점 더 많은 우스꽝스러운 농담들로 증식시켰다." 얼마 후 쿤데라는 강사 자리를 잃고 프랑스로 망명했고, 인생 경로가 크게 바뀌었다. 독재 정권은 그 소설과 명목상의 그 농담을 위협으로 간주했고, 저자를 위협적인 *일탈자*로 여겼다. 그 이유는 정부—특히 전체주의 정부—와 그 홍보 담당자들이 역사에 의미를 재부여하는 것의 위력을 잘 알기 때문이다. 과거의 의미에 영향을 미치는 사람들은 그 과거와 자신을 동일시하는 사람들이 미래에 취할 행동의 기반을 만든다. 따라서 쿤데라의 소설과 그 이전과 이후에 많은 사람들의 작품이 그런 것처럼 객관적으로는 잉크와 종이처럼 무해한 어떤 것을 통해 과거에 대해 '왜?'라고 묻는 것은 반란 행위가 되었고, 그것은 중요한 파문을 일으켜 결국 작가 자신의 미래를 바꾸어놓았다. 세월이 지난 뒤, 쿤데라는 인터뷰에서 자신의 소설에는 모두 다 『농담』이라는 제목을 붙일 수 있다고 농담했다.[62]

이 모든 일이 일어난 이유는 쿤데라가 단순히 픽션 작품을 출판하는 데 그치지 않고, 한 개인이 할 수 있는 일 중에서 가장 위험하고,

또 역사를 통해 개인들이 해온 일 중에서 가장 위험한 일에 관여했기 때문이다. 바로 '왜?'라는 질문을 던진 것이다.

왜라는 질문을 던지는 것은 순행적 의심을 자각했다는 증거이다. 그리고 『농담』은 왜의 힘을 보여주는 증거이다. 특히 '왜?'가 지닌 체제 전복적 성격은 그것이 역사를 통해 만들어낸 변화뿐만 아니라, 정부와 기관, 종교, 그리고(가장 아이러니하게도) 교육 제도가 적극적으로 그것을 탄압한 것에서 볼 수 있다. 따라서 혁신자는 새로운 지각을 만들어내는 과정—자신의 미래 과거를 바꾸는 과정—을 단지 어떤 것에 대해 왜라고 묻는 데 그치지 않고, **우리가 이미 옳다고 가정하는 것**, 즉 *자신의 가정*에 대해 왜라고 묻는 것에서 시작한다. 분명히 자신의 중요한 가정, 특히 자신(혹은 자신의 관계나 사회)을 정의하는 가정에 의문을 품는 것은 우리가 할 수 있는 일 중에서 가장 '위험한' 일인데, 전환적 변화와 파괴를 '동등하게' 낳을 잠재력이 가장 크기 때문이다. 이것이 이토록 엄청난 영향력을 미칠 수 있는 이유는 바로 과거를 재구성함으로써 이전에는 단순히 고정된 실재처럼 보였던 개념과 상황을 새롭게 생각할 수 있는 방법을 제공하기 때문이다. 만약 자신이 어떤 반응을 왜 하는지 묻지 않는다면, 다른 반응을 만들어낼 기회는 영영 찾아오지 않는다. 하지만 늘 왜라고 묻는 법을 배우기가 마냥 쉬운 것은 아닌데, 정보가 매우 필수적인 것으로 간주되는 시기에는 특히 그렇다.

'**빅 데이터**Big Data'는 21세기 초에 유행어처럼 쓰이는 용어로, 통화通貨만큼 강력한 영향력을 떨치고 있다. 빅 데이터에 대한 집착은 의학에서부터 상업, 그리고 하루 동안 자신의 '발걸음'을 측정하는 개인에 이르기까지 우리 사회의 많은 분야에 깊이 뿌리를 내렸다. 심지어 같은 이름의 인기 있는 밴드도 있다. 이 용어는 단순히 그 양이 아주 방대하여 새로운 수학적 분석 방법과 수많은 서버가 필요한 데이터 집합을 가리킨다. 빅 데이터—그리고 더 정확하게는 그것을 수집하는 능력—는 회사들이 사업을 수행하는 방식과 정부가 문제를 바라보는 방식에 변화를 가져왔는데, 이 방대한 정보 저장소가 이전에는 우리의 능력이 미치지 못했던 깊은 통찰을 낳을 것이라고 언론들이 요란하게 나발을 불어대며 심어준 믿음 때문이다. 기업들은 우리의 행동에 관한 메타데이터—현재는 대체로 인터넷을 기반으로 한 시청/구매/여행 습관에 국한돼 있는—를 수집함으로써 내게, 즉 나의 '선호'(= 가정)에 직접 마케팅을 할 수 있게 될 것이다. 넷플릭스는 내가 좋아하는 것과 딱 들어맞는 영화와 쇼를 추천하는 능력이 더 좋아질 *수도 있고*, 아마존은 내가 봄에 잘 구매하는 품목에 맞춰 내게 마케팅을 하는 능력이 더 좋아질 *수도 있고*, 여행 앱은 시간과 심미적 취향 사이에서 내가 선호하는 트레이드오프에 맞춰 여행 경로를 알려주는 능력이 더 좋아질 *수도 있고*, 건강 연구자들은 내 몸에서 위험을 찾아내는 능력이 더 좋아질 *수도 있다*.

아이러니는 빅 데이터 *자체만으로는* 통찰력을 얻을 수 없다는 점인데, 수집되는 것은 누가/무엇을/어디에/언제에 관한 정보이기 때문이다. 즉, 얼마나 많은 사람들이 어떤 것을 클릭하거나 검색했고, 언제 어디서 그렇게 했는지를 비롯해 계량화할 수 있는 그 밖의 잡다한 세부 사항에 관한 정보이다. 누가-무엇을-어디에-언제에 관한 이 데이터 은행이 우리에게 제공하는 것은 '빅 데이터'라는 용어가 노골적으로 인정하는 것으로, 지긋지긋하게 수많은 데이터가 바로 그것이다.

어떤 상황을 초월하는 현명한 은유를 효율적으로 찾기 위해 맥락들 사이에서 유용성을 일반화하는 뇌(그리고 미래에는 AI로 증강된 뇌)가 없다면, 정보는 우리에게 아무 쓸모가 없다. **왜**를 알지 못하면, 특정 물체에 적용되는 것이 아니라 질량을 가진 모든 물체에 적용되는 중력의 법칙처럼 일반화할 수 있는 법칙(기본 원리)을 발견할 수 없다. 한편, 그 뒤에 숨어 있는 원인을 이해하지 못하는 효과는 그 자체만으로는 유용한 것을 아무것도 제공하지 못하고 그저 에테르에 떠다니는 데이터 포인트들에 지나지 않는다. 빅 데이터는 눈에 들어오는 빛의 패턴과 같은 정보이다. 빅 데이터는 우리 눈이 반응해온 자극의 역사와 같다. 앞에서 이야기했듯이, 자극 자체는 아무 의미가 없는데, 그것은 어떤 의미라도 지닐 수 있기 때문이다. 이 모든 데이터 집합에 전환적 변화를 가져오는 어떤 것을 도입하지 *않는다면*, 빅 데이터도 같은 상황에 처하게 되는데, 여기서 전환적 변화를 가져오는 어떤 것은 바로 **이해**이다.

이해는 정보의 차원성을 알려진 매개변수들의 더 낮은 집합으로 붕괴시킴으로써 데이터의 복잡성을 축소시킨다. 여러분이 새로운 난방 장비를 개발한 신규 업체의 일원이고, 그것을 표적 고객을 잘 겨냥한 방식으로 마케팅하길 원한다고 상상해보자. 여러분은 조사를 위해 살아 있는 동물들의 체온을 측정하고, 특히 열을 잃는 속도를 측정한다. 그리고 동물들은 열을 잃는 속도가 제각각 다르다는 사실을 발견한다. 측정하는 동물(사람을 포함해)이 많을수록 데이터가 더 많아진다. 여러분의 헌신과 근면성 덕분에 엄청난 양의 데이터 집합이 축적되는데, 간단한 측정의 단순성에도 불구하고, 각 동물마다 나름의 차원을 가진 이 데이터 집합은 차원성이 점점 커져간다. 하지만 측정 자체는 어떻게 또는 왜 동물에 따라 열 손실에 차이가 나는지 아무것도 알려주지 않는다.

여러분이 원하는 것은 데이터 집합을 조직하는 것이다. 하지만 그렇게 하는 방법은 이론적으로 아주 많다. 종류나 색깔, 표면의 속성에 따라 조직해야 할까, 아니면 매개변수 1개나 2개 또는 n개의 조합에 따라 조직해야 할까? 최선의(혹은 '올바른') 조직 방법은 어떤 것일까? '올바른' 답은 가장 심오한 이해를 제공하는 방법인데, 이 예에서는 몸 크기에 따라 조직하는 것이다. 우리는 몸 크기와 표면적 사이에 반비례 관계가 성립한다는 사실을 안다(누군가 바로 이 실험을 했기 때문에). 즉, 작은 동물일수록 몸무게와 비교한 표면적은 더 커지고 열을 더 많이 잃기 때문에, 다른 방법으로 열 손실을 보충할 필요가 있다. 따라서 진화의 시행착오 과정을 통해 그 해결책을 찾아야 할 조건이 생긴다.

중요한 것은 바로 이것, 일반화할 수 있는 원리이다. 한때 방대하고 고차원이었던 데이터 집합이 이제 1차원으로 붕괴했다. 이것은 데이터를 사용하는 데에서 나오는 단순한 원리이지만, 데이터 자체는 아니다. 이해는 맥락을 초월하는데, 서로 다른 맥락들이 이전에 알려지지 않은 유사성(하지만 원리에 포함돼 있는)에 따라 붕괴하기 때문이다. 이해가 하는 일이 바로 이것이다. 그리고 우리는 이해가 일어날 때 뇌 속에서 실제로 그것을 느낀다. 우리의 '인지 부하cognitive load'(학습이나 과제 해결 과정에 필요한 인지적 요구량)가 감소하고, 스트레스와 불안 수준도 감소하고, 정서 상태가 좋아진다.

박해를 받은 루드비크 이야기로 다시 돌아가보자. 그의 인생 철학은 사람의 지각에 적용될까? 우리의 지각적 '운명'은 자유 의지를 배제하는 역사적, 진화적 힘들에 의해 형성되었으므로 우리의 통제에서 벗어나 이미 '완성'되었을까? 절대로 그렇지 않다. **'왜?'**는 프라하의 봄뿐만 아니라, 프랑스 혁명, 미국 독립 혁명, 베를린 장벽 붕괴도 초래했다. 이러한 사회적 변화의 물결을 일으킨 혁명가들과 일반 시민들은 모두 동일한 질문을 공유했다. 바로 *"왜 이렇게는 되는데, 저렇게는 되지 않는가?"*라는 질문이었다. 만약 스스로 이 질문을 던지는 사람들이 충분히 많이 생기면, 갑자기 엄청난—그리고 엄청나게 예측 불가능한—일들이 가능해진다(그런 일들이 무엇인지 *선험적으로* 정의하진 못하지만). 그 이유는 간단하다. 누가, 무엇을, 어디서, 언제가 우리가 볼(즉, 측정할) 수 있는 공간을 밝히는 은유적 가로등이 환히 비춰주는 답으로 안내한다. 물론 측정은 필수적이며, 더 일반적으로는 기술記述도 마찬가지다. 하지만 데이터는 이해가 **아니다**. 예를 들면, 전통적인 학교들에서는 측정 가능한 것(예컨대 무조건 암기를 통해 얻는 종류의 답들)을 계속 가르치는 반면, 그런 방법들은 측정되는 어린이들에게 이해를 가르치지 않는다. 이 방법들은 가로등 아래에서 가르치지만, 우리는 열쇠가 어두운 다른 장소에 떨어졌다는 사실을 안다. 어둠 속을 찾는 대신에 우리는 환한 빛이 비치는 곳에 머물면서 측정 가능한 데이터를 점점 더 많이 수집한다. 어떤 종류의 측정에는 놀랍도록 기발한 공학 기술이 필요하지만, 데이터를 수집하는 것은 쉽다. 왜를 **이해하는 것**은 어렵다. 요점을 다시 강조하자면, 정말로 중요한 것은 아는 것이 아니라 *이해하는 것*이다. 따라서 TED 강연(흥미로운 사상가들이 자신의 생각을 무대 위에서 청중에게 설명하는 온라인 비디오)의 성공을 분석해보면, '전파할 가치가 있는 생각들' 대신에 **'던질 가치가 있는 질문들'**을 고려할 필요가 있다. 좋은 질문(대부분의 질문은 이에 해당하지 않지만)은 뇌가 우리가 접근할 수 없는 객관적 실재로부터 실재—미래에 우리가 지각하는 데 사용하는 과거—를 구성하기 위해 하는 것과 똑같은 방식으로 연결들을 드러내고 만든다.

이런 점에서 조지 오웰George Orwell이 "모든 농담은 작은 혁명이다."[63] 라고 말한 것은 아주 지혜로웠다. *왜*라고 묻는 것은 오랜 전통, 즉 소크라테스에서부터 비트겐슈타인에 이르기까지 태곳적부터 내려오는 철학적 사고의 전통을 따른 것이라는 사실에 주목할 필요가 있다. 철학자들이 하는 일은 이전의 가정(혹은 편견 또는 준거 틀)을 다시 생각하면서 의심하는 것이다. 그 결과로 이들은 기존의 가정을 더 정교하게 만들거나 수정하거나 파괴하려고 시도해 새로운 가정으로 대체하며, 그러고 나면 다시 다른 철학자가 똑같은 방식으로 그 가정을 대하게 된다. 의심을 품고 질문을 던지는 방법론은 소수의 사람만이 할 수 있는 아주 심원한 것으로 보이지만, 실제로는 전혀 심원하지 않다. 이것은 누구나 배울 수 있는 기술일 뿐만 아니라, 궁극적인 만병통치약 같은 답에 집착하는 세계에서 아주 소중한 실용적 중요성을 지닌 기술이다. 일상 생활에서 철학의 기술과 존재 방식을 되살려야 하는 이유는 이 때문이다. 창조적인 것은 무엇이건 이런 종류의 철학적 의심에서 시작하는데, 이 때문에 이 방법은 죽어가는 지식 분야들에서 가장 실용적인 기술이 될 수 있다. 학교에서는 아이들에게 좋은 질문이 *어떤* 것인지 혹은 그것을 찾는 기술은 말할 것도 없고, 질문을 던지는 법을 거의 가르치지 않는다. 그 결과, 우리는 '훌륭한 공학자이지만 쓰레기 철학자'이다—은유적으로 그리고 어떤 면에서는 문자 그대로.

우리의 가정에 의심을 품는 것은 혁명—작은 것이건 거대한 것이건, 기술적인 것이건 사회적인 것이건—을 유발하는 원인이 된다. 나는 뇌 연구를 통해 창조성은 실제로는 전혀 '창조적'이지 않으며, '천재성'은 옳은 것으로 받아들여지는 가정에 강렬하고 새로운 방식으로 의심을 품는 태도에서 나타난다는 사실을 알게 되었다. 로제타석 이야기는 이것을 잘 보여주는 예이다.

1799년에 나일 강변에 위치한 작은 항구 도시 라시드에서 프랑스군인이 발견한 로제타석은 검은색의 화강암 석판이었다. 높이는 약 1.2m였고, 폭은 60cm를 넘었다. 프랑스군은 사라진 건물(아마도 사원)에 있었던 이 돌을 진지를 구축하는 재료로 쓰려고 했는데, 석판 위에서부터 아래까지 정교한 글자들이 세 가지 '문자'로 새겨져 있었다. 세 가지 문자는 고대 그리스어, 상형 문자(사제들이 사용하던 일종의 '고급' 공식 문자), 민중 문자('저급' 일반 문자)였다. 상형 문자와 민중 문자는 고대 이집트어를 표기하는 두 가지 방법이었지만, 그것을 해독할 수 있는 사람이 아무도 없었다. 세월이 지나고 왕국이 바뀌는 동안 언어와 문자 체계가 많이 뒤섞이고 변하는 바람에 그 진화에 대해서는 매우 혼란스러운 단서들만 남아 있을 뿐이었다. 학자들은 로제타석이 혁명적 중요성을 지녔다는 사실을 즉각 알아챘다. 그들은 기자의 피라미드와 함께 무덤과 미라와 그 밖의 불가사의한 인공 유물을 남긴 파라오 시대의 문명에 대해 아는 것이 비교적 적었고, 고대 이집트인의 언어에 대해서는 아는 것이 *아무것도* 없었다. 그 결과, 로제타석은 하늘이 내린 뜻밖의 선물처럼 보였는데, 고대 이집트인의 문자 체계에, 따라서 오래전에 사라진 그 문명에 가장 직접적으로 접근할 수 있는 단서를 제공했기 때문이다. 오늘날의 그럴듯한 전문 용어를 사용해 표현한다면, 로제타석은 '암호 해독의 크립crib'이 될지도 몰랐다.(크립은 암호 해독 분야에서 사용하는 용어로, 암호문 중에서 그 의미를 알아내 해독의 단서로 사용할 수 있는 평문 조각을 말한다.— 옮긴이)

로제타석의 발견은 국제적 무력 대결이 진행되던 시절에 일어났다. 나폴레옹은 1798년에 이집트를 침공했는데, 대영 제국의 먼 모퉁이에 위치한 이곳을 점령함으로써 영국의 패권을 허물려는 의도에서였다. 이 공격은 실패로 돌아갔지만, 로제타석의 장래 운명을 예고할 뿐만 아니라 심지어 결정하는 사건이 되었다. 이 공격으로 인해 로제타석 발견 현장에 영국인과 프랑스인이 모두 있게 되었다. 만약 프랑스군이 이곳을 공격하지 않았다면, 이 돌은 발견되지 않았을지도 모른다. 어쨌든 이 돌은 승리한 영국군이 영국으로 가져갔다. 이 때문에 제국주의의 야심이 충돌하던 양국 관계를 반영하듯, 로제타석을 놓고 양국 사이에 학문적 전투가 벌어졌다. 그 당시 학자들은 고대 그리스어를 잘 알았기 때문에, 이것은 단순히 로제타석에 새겨진 그리스어를 나머지 두 '언어'로 번역하기만 하면 되는 문제라고 생각했다. 그러면 암호를 해독해 고대 이집트인이 남긴 모든 글자를 해독할 수 있을 것이라고 생각했다. 유일한 문제는 고대 그리스어를 사용해 상형 문자와 민중 문자를 해독하는 *방법*을 아무도 모른다는 것이었다—적어도 장-프랑수아 샹폴리옹Jean-François Champollion이 등장하기 전까지는 그랬다.

1790년에 태어난 샹폴리옹은 로제타석이 발견될 당시에는 어린아이에 불과했지만, 결국은 이집트학의 아버지로 추앙받는 인물이 되었다. 서적상인 아버지와 글을 모르는 어머니 사이에서 태어난 샹폴리옹은 열여섯 살이 될 무렵에는 10개 이상의 언어를 습득했다. 샹폴리옹은 뛰어난 재능을 갖고 있었지만, 단조롭고 따분한 학교 교육에 넌더리가 났다. 하지만 고대 이집트에는 큰 흥미를 느꼈다. 영국 작가 앤드루 로빈슨Andrew Robinson은 『이집트 암호 풀기*Cracking the Egyptian Code*』에서 1808년에 샹폴리옹이 자기 부모에게 보낸 편지를 소개했다. 거기에는 이렇게 적혀 있다. "나는 이 고대 국가를 완전하고 연속적인 연구로 만들고 싶어요. 그 방대한 기념물들을 기술하면서 느끼는 열

정과 내 마음을 가득 채우는 이집트의 힘과 지식에 대한 존경심은 내가 얻게 될 새로운 개념들과 함께 분명히 더 커져갈 거예요. 고백하건대, 내가 가장 존경하는 모든 민족들 중 내 가슴에서 이집트인보다 더 큰 비중을 차지하는 민족은 없어요!"[64]

이십대 초의 나이에 샹폴리옹은 존경받는 문헌학자이자 학자로 인정받았다(그는 이미 열아홉 살 때 교수가 되었다). 자기가 배울 수 있는 언어를 모두 다 배우고, 나폴레옹의 정복 덕분에 탈취해 파리로 가져온 그 모든 인공 유물을 연구하겠다는 열망에 사로잡힌 그는 아주 열심히 일했다. 그 무렵에 이집트에서 발견된 그 감질나는 돌 조각의 연구에 작은 진전들이 일어났는데, 그 문자의 해독에 뛰어든 사람들 중에서 가장 뛰어난 사람은 토머스 영Thomas Young이라는 영국인 의사이자 물리학자였다.

비록 역사에서는 대체로 샹폴리옹에 가려 빛을 보지 못했지만, 영은 괴테처럼 박학다식하고 관심 분야가 광범위했다. 하지만 괴테와는 달리 영은 확실한 과학자였다. 영도 색의 지각을 연구했고, '색맹'인데도 불구하고 색에 관한 가장 기본적인 예측을 한 가지 했다. 그것은 사람의 눈은 낮에 세 종류의 수용기를 사용해 색을 구분한다는(이를 삼색형 색각이라고 부른다) 예측이었다. 영은 로제타석에 새겨진 수수께끼의 글자들을 연구하느라 많은 시간과 노력을 쏟아부었지만, 그 비밀을 풀 통찰력을 얻지 못했다. 1815년에 샹폴리옹이 로제타석 해독 작업에 다시 뛰어들면서 학계의 군비 경쟁이 시작되었다.

숫자가 새겨진 로제타석은 숨겨진 게임이었다. 만약 여러분에게 구형 휴대 전화가 있다면, 3384283이라는 텍스트와 T9 기술을 사용해 'DEVIATE'라는 단어를 쓸 수 있을 것이다.

영과 다른 사람들은 이집트 상형 문자가 기호—개념을 나타내는 부호—에 불과하며 구어와는 아무 관련이 없다는 가정을 바탕으로 연구했다. 하지만 1822년 1월, 샹폴리옹은 클레오파트라와 관련이 있는 오벨리스크에서 새로 발견된 글자들의 탁본을 손에 넣었는데, 이것은 상형 문자의 복잡성을 이해하는 데 큰 도움을 주었다. 그러한 복잡성 중 하나는 고대 이집트에서 사용된 음성 기호였다.

이것을 바탕으로 샹폴리옹이 로제타석을 해독하려면, 새롭고 정확한 가정을 만들기 위해 영의 기본 가정을 의심할 필요가 있었다. 새로운 가정은 상형 문자가 고대 이집트어에서 파생한 콥트어 단어로 음성을 나타낸다는 것이었다. 때마침 콥트어는 샹폴리옹이 다양한 언어를 습득하기 위해 부단히 기울인 노력의 결과로 알고 있던 언어였다. 이 놀라운 발견을 했을 때, 샹폴리옹은 너무나도 흥분한 나머지 "내가 알아냈어!"라고 외치고는 기절했다고 전한다.

우리는 대개 창조성을 *서로 멀리 떨어져 있던* 두 가지를 합치는 '아하! Aha!' 순간으로 여긴다. 우리는 "와우! 어떻게 이 두 가지를 이런 식으로 합칠 생각을 했지? 나에게는 절대로 일어날 수 없는 일이야!"라고 생각한다. 두 개념이 떨어져 있던 거리가 멀수록 그것들을 합친 천재성이 더 대단해 보인다. 우리는 큰 원인이 큰 결과를 낳는다고 가정한다. 로제타석이 보여준 것처럼, 실제로 일어나는 일을 제대로 이해하려면, 신화들을 걷어내고 지각의 역학을 살펴보아야 한다.

5장에서 우리가 그 방향성을 바꾸었던 다이아몬드로 다시 돌아가, 가정을 바꾸는(가정을 의심함으로써) 것의 힘을 직접 경험해보자. 책장을 넘기면서 다이아몬드를 회전하도록 '만들기' 전에 여러분의 뇌는 특정 생리적(따라서 지각적) 상태, 즉 정지해 있는 선들을 보는 상태에 있다. 이 '상태'는 6장에 나왔던 자기 중심적 원 다이어그램을 다시 사용해 나타낼 수 있다. 여러분은 다이어그램 한가운데에 있는 '개인'으로 표현된다.

이제, 움직이는 다이아몬드를 보기 위해 다시 책장을 넘겨보라.

우리 뇌는 대개 평면을 향해 아래로 내려다보는 편향(가정)을 물려

받아 갖고 있기 때문에. 우리 경험의 역사를 감안할 때 회전 방향은 오른쪽일 가능성이 아주 높다. 따라서 책장을 넘길 때, 실제로 선들이 움직이는 것은 아니지만, 우리 뇌는 각 이미지 사이의 미소한 물리적 차이를 감지해 그 정보에 담길 가능성이 있는 의미(정보 자체가 아니라)를 지각하고서 물체가 움직이는 것으로, 구체적으로는 오른쪽으로 회전하는 것으로 본다. 이것은 유용성에 관한 과거 역사에 기반을

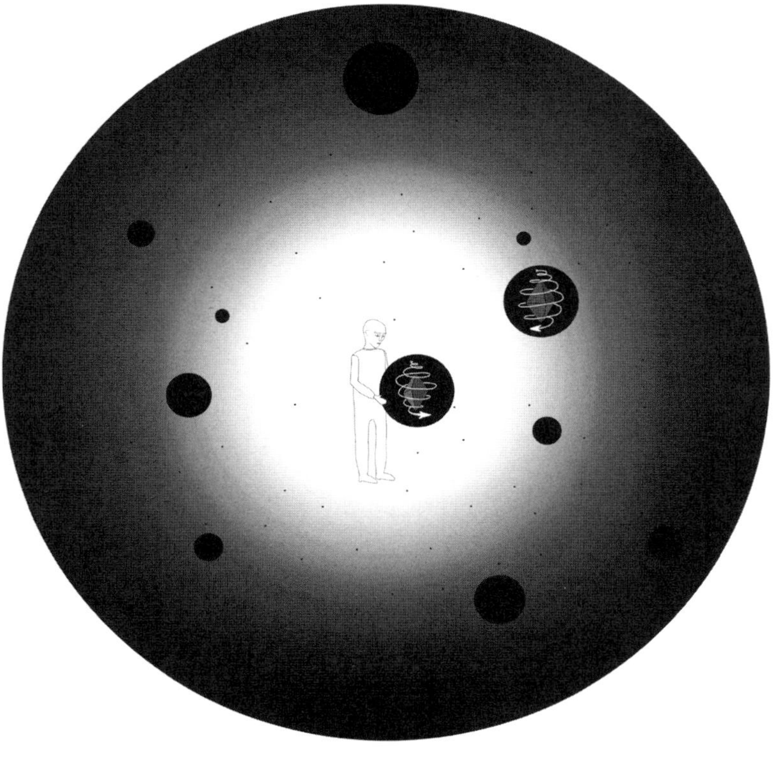

둔 뇌의 주관적 해석에만 좌우되는 게 아니다. 이것은 어느 순간에 우리에게 모든 지각이 똑같이 가능한 것은 아니라는 사실을 상기시킨다. 항상 어떤 지각은 다른 지각들보다 나타날 가능성이 더 높다.

나는 여러분이 지각하는 것 중 가장 가능성이 높은 발걸음들을 여러분의 현재 '위치'에 대한 거리에 따라 나타냈는데, 오른쪽으로 도는 회전이 중심에 가깝다. 여러분의 뇌는 세계와 상호 작용한 자신의 역

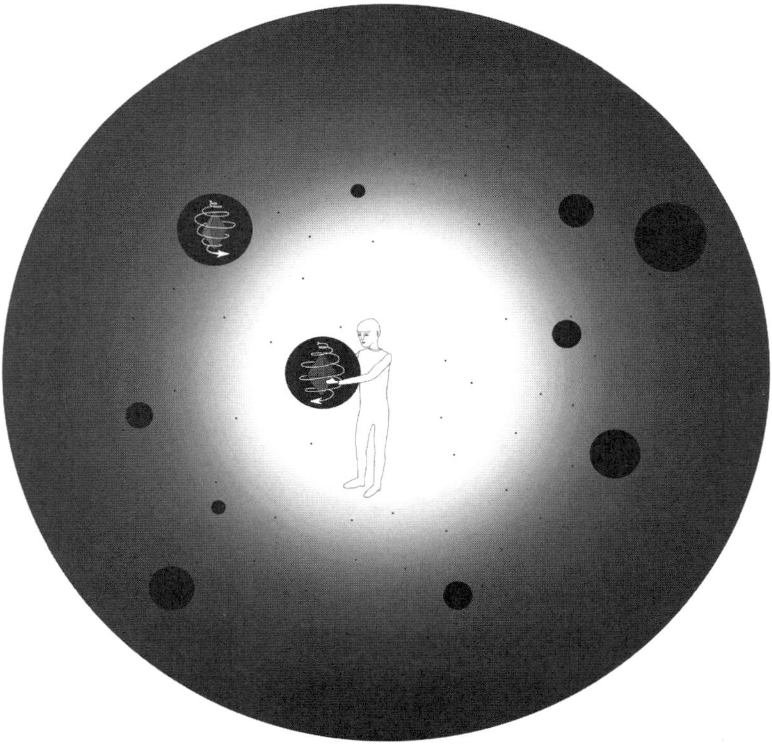

사를 바탕으로 작은 발걸음을 내디뎠다.

따라서 이론적으로 가능한 다른 지각들(예컨대 오른쪽에서 왼쪽으로 도는 다이아몬드)도 있을 수 있지만, 그것은 가능한 공간에서 '어두운 구역'에 있다. 하지만 자신의 가정을 바꾸면(다이아몬드 표면을 내려다보는 게 아니라 올려다보는 것으로), 여러분의 가능성 공간도 변해 이전에 불가능했던 지각이 가능해진다(그리고 그 반대도 성립한다).

〈스타 트렉〉 우주에는 지각이 존재하지 않는다는 사실을 기억하라. 행동은 순간 이동하지 않는다. 우리의 심장 박동은 서서히 증가하지, 중간 단계를 거치지 않고 갑자기 분당 50회에서 150회로 뛰어오르지 않는다. 근육은 어느 순간에 우리를 가만히 앉아 있게 했다가 바로 그다음 순간에 서 있게 할 수 없다. 샹폴리옹은 갑자기 이집트학의 대가가 된 게 아니다. 미소한 직선 운동이 아주 많이 일어난다. 마음도 몸과 마찬가지다. 굉장한 아이디어가 돌연히 떠오르진 않는다. '아이디어가 떠오르는' 과정은 갑작스런 도약이 일어난 것처럼 느껴질 수 있지만, 실제로는 수천 가지 미소한 과정들이 연속되어 일어나는 것이다. 꽃의 발달 과정이 심피에서 꽃받침으로, 거기서 다시 꽃잎으로 진행되는 것처럼 우리는 그냥 갑자기 자신의 가능성 공간에서 하늘 높이 솟아오를 수 없다. 우리는 *과거에* '최선'이었던 것을 나타내는 자신의 회로에 제약을 받는다. 최근의 사례를 살펴보기로 하자.

2008년 3월, 애플은 아이폰을 출시했다. 이 새로운 장비를 사기 위해 세계 각지에서 많은 사람들이 몇 시간이고 길게 줄을 서서 기다렸다. 들리는 이야기에 따르면, 아이폰은 인류 역사상 가장 많이 팔린 제품이었다고 한다(성경에 필적할 만큼). 하지만 팔린 단말기와 번 돈의 누적 기록은 흥미롭거나 이해를 도와주는 것이 아니다. 이것은 누가, 무엇을, 언제, 어디서, 어떻게(혹은 얼마나 많이)를 기술하는 정보이다. 중요한 것은 아이폰과 그 뒤를 이어 나온 스마트폰들이 우리를 어떻게 변화시켰고, **왜** 그럴 수 있었는지 살펴보는 것이다.

스마트폰은 우리에게 세계와 그리고 서로간에 상호 작용하는 새로운 방법을 제공했다(하지만 단순히 미화를 위한 미화만 해서는 안 되는데, 이 '새로운' 상호 작용 방법이 *어떤* 경우에는 더 나쁜 방법이 될 수 있다는 점을 인정해야 하기 때문이다). 스마트폰은 우리의 오래된 물리적 삶과 평행 디지털 삶 사이의 간극을 없앴다. 지금까지 나온 것 중 최선의 다리를 우리에게 제공하는 방법으로 이 두 실재를 조화시켜 단 하나의 삶(좋건 나쁘건 우리의 미래인)으로 만듦으로써 그렇게 했다. 스마트폰이 우리가 살아가는 방식을 변화시키고, 스티브 잡스Steve Jobs와 애플의 수석 디자이너 조니 아이브Jony Ive(그리고 애플에서 일한 그 밖의 많은 사람들)가 여러분을 포함해 그토록 많은 삶에(그들의 제품을 소유한 사람이나 아닌 사람이나 모두) 영향을 미친 이유는 이 때문이다. 이들은 지리와 문화, 언어, 개인적 성격을 뛰어넘는 질문에 답을 내놓았다. 보편적인 인간 경험⋯⋯ 특히 뇌와 뇌가 만드는 지각이 정의하는 경험 속으로 그토록 깊숙이 다가간 것은 실로 경이로운 업적이다.

하지만 이해를 하는 데 아주 중요한 것은 그렇게 거대한 변화를 만들어내기 위해 내디딘 발걸음들이 작았고, 각각의 발걸음이 질문에서…… 특히 *왜*라는 질문에서 시작되었다는 점이다. 애플은 마술처럼 아이폰으로 순간 이동한 것이 아니다. 잡스와 아이브와 전체 회사는 '왜라고 묻는' 과거의 지각 패턴을 가지고 있었고, 이 때문에 다른 사람에게는 아주 파격적이거나 절대로 생각할 수 없는 것처럼 보이는 아이디어들이 이들에게는 직관적으로 논리적인 것으로 보였다. 그런 아이디어들은 애플이라는 상자 안에서 자연스럽게 생겨나는 생각들이었는데, 그렇다고 해서 그들이 독창적인 아이디어를 찾으려고 피나는 노력을 기울이지 않았다는 뜻은 아니다. 지각의 신경 끌개 모형을 다시 사용한다면, 애플 팀이 습득한 가정들 덕분에 그들의 집단 뇌-열차는 다른 사람들은 그곳이 정거장이 될 수 있다는 사실조차 몰랐던 아이디어에 멈춰설 수 있었다. 각각의 질문은 가능성 공간의 구조를 변화시켰는데, 때로는 아주 엄청나게, 그리고 단 한 사람을 위해서가 아니라 아주 많은 사람을 위해 그런 일이 일어났다. 이 때문에 이제 다른 사람들의 가능성 공간도 영원히 변하게 되었다.

천재성과 혁명 개념에는 아주 미묘한 뉘앙스가 내포돼 있는데, 일단 우리의 생각을 대다수 세상 사람들과 공유하면 어떤 일이 일어날지 알 수 없다. 구어를 나타내는 상형 문자나, 우리가 우주의 중심이 아니라는 케플러의 발견 같은 개념, 심지어 역사상 처음으로 역풍에도 배를 앞으로 나아가게 해준 삼각돛 같은 발명품, 스티브 잡스의 비전과 조니 아이브의 디자인 철학 같은 일부 통찰은 사람들과 그들의 삶에 아주 큰 영향을 미친다. 그런가 하면, 1980년대에 홈 시네마에 일어난 레이저디스크LaserDisc '혁신'처럼 일부 통찰은 관심을 끌지 못하고 사라진다. 그렇다면 왜 어떤 아이디어와 질문은 큰 변화를 낳고, 다른 아이디어와 질문은 그렇지 못할까? 왜 밀란 쿤데라는 같은 시기에 소설을 출판한 일부 체코슬로바키아 소설가들과 달리 프라하의 봄 이후에 망명을 떠나야 했을까? 왜 스티브 잡스는 현대인의 삶을 확 바꾼 반면, 나나 여러분은 그러지 못했을까? 이것을 설명할 수 있는 방법이 있을까? 그렇다, 그런 게 있다.

몸집이 큰 사람이 풀장으로 뛰어들면 주위로 아주 많은 물이 튄다. 작은 사람이 뛰어들면 그보다 적은 물이 튄다. 이것은 아주 당연하다. 하지만 아이디어에는 동일한 법칙이 적용되지 않는데, 혁신적인 지각이 그토록 큰 영향력을 지니고…… 또 아주 바람직한 이유는 이 때문이다.

'천재성'을 이해하려면, 큰 결과가 큰 원인에서 비롯된다는 가정에 의심을 품어야 한다. 반드시 그래야 한다는 법은 없으며, 아주 좋은 결과들이 큰 원인에서 비롯되지 않았다는 것은 거의 틀림없는 사실이다. 모든 사람은 적은 투자로 '유니콘'을 낳길 기대한다. 그 비결은 '작아' 보이지만 큰 효과를 낳는 질문에 있다. 나는 이것이 '좋은' 질문을 정의하는 속성이라고 생각한다. 아주 커 보이는 질문(아이디어)도 정작 그 효과는 아주 작거나 전혀 없을 수 있다. 수학은 관찰 가능한 이 진리를 연구해왔는데, 그 설명은 우리를 최근에 부상하고 있는 과학 분야 중 하나인…… *복잡성 이론*complexity theory으로 안내한다. 왜 일부 아이디어는 엄청난 변화를 일으키는 반면 다른 아이디어는 그러지 못하는지 이해함으로써 우리는 천재적인 돌파구를 낳는 질문을 더 효과적으로 만들고 표적으로 삼을 수 있다. **왜**라는 질문은 획기적인 돌파구를 여는 질문을 말하는데, 특히 **왜**가 기존의 진리에 도전할 때 그렇다. 하지만 우리는 직선적인 인과성을 가정하는 습관에 너무 젖어 있고, 그래서 창조성은 자연 발생적인 통찰을 통해 별개의 요소들을 연결시키는 데에서 나온다고 가정하기 때문에, 이것이 왜 그런지 이해하는 것이 꼭 필요하다. 그리고 그렇게 함으로써 이 자각은 새롭게 바라보고 실험하고 협력하는 방법들을 낳을 수 있다.

복잡성 이론은 지난 30년 사이에 떠오른 일반적인 과학 연구 분야로, 내 연구소도 15년 동안…… 적응 네트워크의 맥락에서…… 적극적으로 이 연구에 참여했다. 복잡성 이론은 지진과 눈사태에서부터 경제 위기와 혁명에 이르기까지 자연 현상과 사람이 만든 현상을 모두 연구하는 데 도움을 준다. 복잡성 이론은 큰 영향력을 미친 그 사건들이 실제로는 수학적 패턴과 원리를 따르면서 상호 작용하는 부분들로 이루어진 계라는 사실을 입증하는 데 도움을 주었다. 격변은 예측하기가 불가능하지만, 사후에 그 '격변 가능성'은 말쑥한 분석으로, 즉 '멱 법칙power law'(한 수가 다른 수의 거듭제곱으로 표현되는 두 수의 함수적 관계)으로 설명된다. 이것은 복잡계가 결국에는 안정성과 격변 사이의 극히 좁은 문턱에 위치한 '자기 임계성self-criticality'으로 나아갈 수 있기 때문에 그렇다. 자기 임계성 상태에서는 모래 한 알이 떨어지는 사건(혹은 1967년에 체코슬로바키아에서 한 소설이 출판되는 사건)이 아무 결과도 낳지 않을 수도 있고, 산사태를 일으킬 수도 있다. 그리고 뇌는 알려진 우주에서 가장 복잡한 계는 아니라 하더라도, 살

아 있는 계 중에서는 가장 복잡한 계이다.

복잡계의 기초는 사실 아주 간단하다(이것은 어떤 조각 작품을 "크면서도 작다."라고 표현한 미술 비평가처럼 역설적인 표현이 아니다). 계를 예측 불가능하게, 따라서 비선형적(여기에는 우리와 우리의 지각 과정 또는 집단 의사 결정을 하는 과정도 포함된다)으로 만드는 요인은 계를 이루는 구성 요소들이 상호 연결돼 있다는 데 있다. 구성 요소들이 상호 작용하기 때문에 계를 이루는 한 요소의 행동은 자신과 연결된 나머지 모든 요소들의 행동에 영향을 받는다. 인간으로서 우리는 하나*이기* 때문에 우리 모두는 복잡계를 이루는데, 사회와 그 진화의 역사를 포함해 우리가 사는 더 큰 환경 역시 마찬가지다. 하지만 수백 년 동안 과학은 다른 종류의 가정을 추구해왔는데, 그것은 실제로 존재하지 않는 세계, 즉 '선형적 인과성'의 세계에 대한 가정이었다. 그런 일이 일어난 주된 이유는 뇌가 이 가정을 유용한 근사로 사용하면서 진화한 것처럼 보였기 때문이다. 그 세계는 A가 B의 원인이 되고, B가 C의 원인이 되는 곳이었다. 이를 아주 잘 보여주는 예는 모든 세계를 무대가 아니라 당구대로 간주하는 뉴턴 물리학의 공식들이다. 뉴턴 물리학의 견해는 *근사적으로* 성립한다. 이것에서 나온 에너지가 저것의 운동을 일어나게 하고, 행복한 원인은 행복한 결과를 낳는다. 이 모형은 유용하긴 하지만, 정확한 것은 아니다. 문제는 계를 그 구성 요소들로 분해하면, 세계를 자연스럽게 만드는 것뿐만 아니라 아름답게, 그리고 재미있게 만드는 것—*재료들 사이의 상호 작용*—까지 사라진다는 점이다! 생명과 생명에 대한 지각. 그 사이 공간에서…… 살아가라.

(이것은 생물학에서 영감을 받은 만트라mantra인 "중용을 추구하라"를 떠오르게 한다.)

생명과 생명에 대한 지각. 그 사이 공간에서…… 살아가라.

그것들이 무엇이건, 상호 연결된 이 사물들은 대개 균일하지 않은 연결(노드들 사이의 이 연결을 *에지*edge라 부른다)들을 가진 네트워크의 노드node(요소)들이라고 생각할 수 있다. 어떤 네트워크에서 일부 노드는 다른 노드보다 에지(연결)를 더 많이 가질 수 있다. 이것은 우리를 질문들로 되돌아가게 하는데, 특히 좋은 질문들…… 즉 가정을 겨냥한 질문들로 되돌아가게 한다.

우리의 가정들이 상호 연결돼 있다는 것은 *의심의 여지*가 없다. 가정들은 다른 노드들과 연결(에지)이 있는 노드들이다. 더 기본적인 가정일수록 더 강하게 연결돼 있다. 내 주장의 요지는 우리의 가정들과 그것들이 만들어내고 상호 작용하는 반응과 지각, 행동, 생각, 아이디어의 매우 민감한 네트워크가 복잡계라는 사실이다. 그러한 네트워크의 가장 기본적인 특징 한 가지는 강하게 연결된 것 하나를 옮기거나 파괴하면, 단지 그것 하나에만 영향을 미치는 게 아니라, 그것과 연결된 나머지 모든 것에도 영향을 미친다는 점이다. 따라서 작은 원인이 큰 결과를 낳을 수 있다(하지만 반드시 그런 것은 아니며, 실제로 대개는 그렇지 않다). 긴장이 높은 계에서는 기본 가정을 표적으로 삼은 간단한 질문은 급진적이고 예측 불가능한 방식으로 지각을 변화시킬 잠재력이 있다.

예를 들어 다음 페이지의 간단한 점들로 이루어진 세 다이어그램을 보자. 각각의 다이어그램에는 *19*개의 가정(노드)이 있다. 첫 번째 다이어그램에는 서로 연결된 가정이 하나도 없다(에지가 하나도 없다). 두 번째 다이어그램에는 에지가 일부 있고, 세 번째 다이어그램에는 모든 가정들이 연결돼 있다. 이제 맨 오른쪽 위 구석에 있는 노드 하나를 그것에 대한 질문을 던짐으로써 '움직인다고' 상상해보자. 첫 번째 다이어그램에서는 **오직 그것 하나**만이 움직인다. 이번에는 두 번째 다이어그램에서도 똑같이 한다고 상상해보자. 그러면 노드 3개가 움직인다. 마지막으로 세 번째 다이어그램에서도 똑같이 해보면, **모든 노드**가 다 움직인다. 이것은 '천재적인 아이디어'를 보여주는 시각적 이야기라고 생각할 수 있다. 한 가지 핵심 통찰이나 깨달음이 다른 통찰과 깨달음에 연쇄 반응을 일으키면서 더 이상 유용하지 않은 가정들이 와르르 무너지는 '카드로 만들어진 집' 효과를 초래한다.

우리의 뇌 속과 창조적 과정에서 일어나는 가정들의 상호 작용을 *내장된 위계*embedded hierarchy라고 부른다. 이것은 우리 몸과 같다. 우리 몸은 기관들로 이루어져 있고, 기관들은 세포들로 이루어져 있고, 세포들은 *세포 소기관*들로 이루어져 있고, 세포 소기관들은 분자들로 이루어져 있고, 그런 식으로 계속 이어진다. 본질적으로 사회는 우리 모두를 이루는 분자 요소들의 밀도가 변하는 것이다. 각각의 요소는 더 큰 계 안에 존재하는 끌개 상태에 지나지 않는다. 수면에서 솟아올라 해변에 부딪쳐 부서지기 전까지 나아가는 파도나 빠르게 흘러가는 강에서 일시적으로 생기는 소용돌이처럼 말이다. 더 낮은 단계에 있고 더 기본적인 가정일수록 그 변화가 나머지 계에 미치는 영향

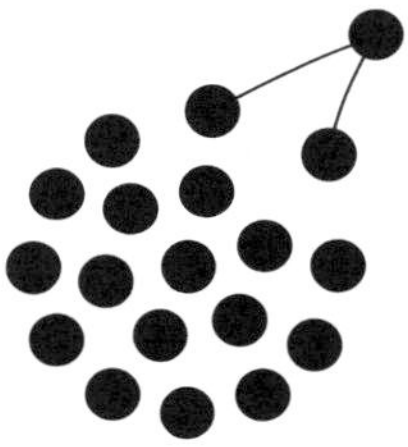

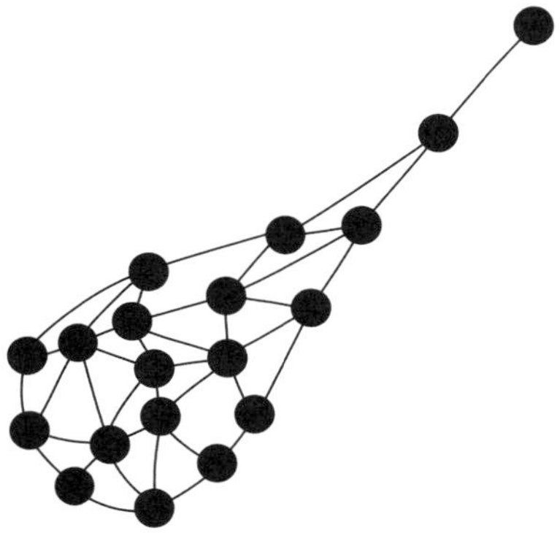

이 더 큰데, 위계가 그것을 바탕으로 생겨나기 때문이다. 따라서 올바른 질문—비록 작은 것이라도—은 사람이나 발명, 아이디어, 제도, 심지어 전체 문화를 변하게 할 수 있다(더 나은 쪽으로 변하면 좋겠지만, 항상 그런 것은 아니다).

일탈할 수 있는 원리는 바로 이것이다. *질문이 '탐구'를 시작하게* 하고, 미지의 세계로 여행을 시작하게 한다. 가장 통찰력이 넘치는 탐구는 **'왜?'**로 시작한다. 특히 우리가 이미 옳다고 가정하는 것을 표적으로 삼을 때 그렇다. 우리의 진리는 고도로 연결된 가정들이기 때문에, 그것을 변화시키면 전체 계를 변화시킬 수 있다. 이것은 그 새로운 가능성 공간을 향해 다음번에 내디디는 발걸음이 '창조적'인 것이 된다는 뜻이다. 여기서 **선택**이 시작되는데, 이 선택을 함으로써 우리는 자신의 미래를 변화시키는 과정을 시작하게 된다.

상호 연결성의 중요성은 뇌 자체에 반영돼 있다. 창조적으로 관여하는 마음에서는 피질의 활동이 더 높은 수준으로 일어난다. 즉, 더 많은 아이디어들이 '영감'의 순간뿐만 아니라 일반적인 순간에도 열을 만들어낸다. 그 패턴이 더 널리 퍼져나가고 그럼으로써 연결과 상호 작용이 더 많이 일어나기 때문에 그렇다. 억제도 줄어드는데, 이것은 부정의 물리학을 외치길 좋아하는 마음속 목소리의 빈도와 크기가 줄어든다는 걸 의미한다. '마법의 버섯'에서 발견되는 것과 같은 환각제도 뇌에 비슷한 효과를 일으키지 않을까 하고 생각한 사람이 있을지 모르겠다. 최근에 런던의 임피리얼 칼리지에서 엔소 타글리아숙치Enzo Tagliazucchi와 레오르 로즈먼Leor Roseman과 그 동료들이 기능 영상 연구를 통해 실제로 그렇다는 것을 확인했다. 정상적으로는 우리가 어떤 장면을 바라볼 때, 대부분의 신경 활동은 머릿속 뒤쪽에 있는 1차 시각 피질에 국한돼 일어난다. 하지만 피험자들이 LSD를 복용한 뒤에 동일한 장면을 바라봤을 때, 시각 피질뿐만 아니라 더 많은 지역들이 활성화되었다. 다시 말해서, LSD는 신경망의 더 많은 지역들 사이로 활동이 전달되도록 촉진했고, 그럼으로써 뇌 속의 더 다양한 부분들을 연결시켰다. 이러한 생리적 변화와 함께 많은 사람들은 '무아無我' 상태와 '일체감'을 느꼈다고 보고했다. 이렇게 더 넓게 '열린' 관점을 감안한다면, 소량의 환각제('마법의' 버섯에 들어 있는 실로사이빈과 LSD 같은)가 대인 관계를 촉진하고, 부부 요법을 돕고, 상당 기간 우울증 증상을 낮추는 결과를 낳은 것은 놀라운 일이 아닐 수 있다. 이 물질들은 뇌 속의 더 다양한 지역들을 연결함으로써 사람들에게 굳게 자리잡은 현재의 가정들을 뛰어넘어 바라보면서 새로운 가정들을 만들어내고, 가능성 공간을 확장하게 하며, 그 과정에서 미래 과거를 변화시키고, 그럼으로써 미래 지각도 변화시키는 것처럼 보인다(그 결과는 좋은 쪽으로 나타나는 경우가 많지만, 정확한 반응은 복용량에 따라 차이가 있다).

이것은 환각제 사용을 장려하는 말처럼 들릴 수 있지만, 그냥 하나의 '정보'에 불과하다. 만약 많은 사람들이 흔히 그러듯이 이에 정서적으로 거부감을 느낀다고 해도, 정보 자체가 거부감을 일으키는 것은 아닌데, 정보 자체는 아무 의미가 없기 때문이다. 만약 여러분에게 이런 일이 일어난다면, 그 정보가 자신의 가정과 들어맞지 않아, 즉 그 정보에 부여하는 '자신의' 의미와 어긋나서 그럴 가능성이 높다. 하지만 정보는 어떤 것으로도 쓰일 수 있다. 의미는 그렇지 않다. 이 지식을 가지고 어떤 의미를 만들어내느냐 하는 것은 온전히 여러분 자신에게 달려 있다.

이 모든 것은 창조성이 사실은 아주 기본적이고 접근 가능한 과정이라는 걸 말해준다. 창조성은 순전히 그 차원성을 정하는 가정들을 의심함으로써 자신의 가능성 공간을 변화시키는 문제이다. 따라서 세계를 '창조적인' 사람과 '비창조적인' 사람들로 나누는(혹은 스스로 규정짓는) 것은 잘못이다. 역동적인 세계에서 우리는 모두 번성해야 할 필요가 있는 굶주린 물고기와 같다. 이것은 우리 모두가 일탈할 필요가 있으며, 따라서 답보다는 질문을 가지고, 특히 **왜**라는 질문을 가지고 시작할 필요가 있다는 뜻이다. 그리고 가정을 의심하는 이 과정은 완전히 우리의 손이 닿는 곳에 있다. 우리 모두는 가능성 공간을 갖고 있고, 역동적이고 맥락적인 세계에서 살고 있으므로, 우리는 이 공간들을 변화시킬 수 있다—그리고 정말로 그렇게 해야 한다. 오늘날의 사회에서 우리는 창조적인 사람은 개별적인 것들 사이에서 우리가 볼 수 없는 연결을 볼 수 있기 때문에 창조적이라고 말한다. 하지만 바로 그 '창조적인' 사람에게 그 두 가지 아이디어/지각은 우리가 생리적으로 갖지 못한 지각 과정에 속한 큰 발걸음이 아니다. 대신에 그 발걸음은 작은 발걸음이지만 거대한 변화를 초래하는 것이다. 이 점을 감안하면, 우리가 전통적으로 생각해온 창조성은 갑자기 전혀 창조적이지 않은 것이 된다. 창조성은 오직 바깥에서 볼 때에만 창조적이다.

창조성은 오직 바깥에서 볼 때에만 창조적이다.

다시 말해서, 표적을 잘 겨냥한 자신의 왜를 가지고 우리의 미래 과거를 변화시키기 위해 이미 우리 뇌 속에 있는 도구들을 사용하는 법만 배우면, 쿤데라의 작품에 나오는 루드비크가 바꿀 수 없었던 '운명'을 바꿀 수 있다. 하지만 만약 창조성(전통적인 정의에 따른)에 창조적인 것이 전혀 없다면, 창조성을 발휘하기가 그렇게 어려운 이유는 무엇일까?

8장

보이지 않는 것을 보이게 하다

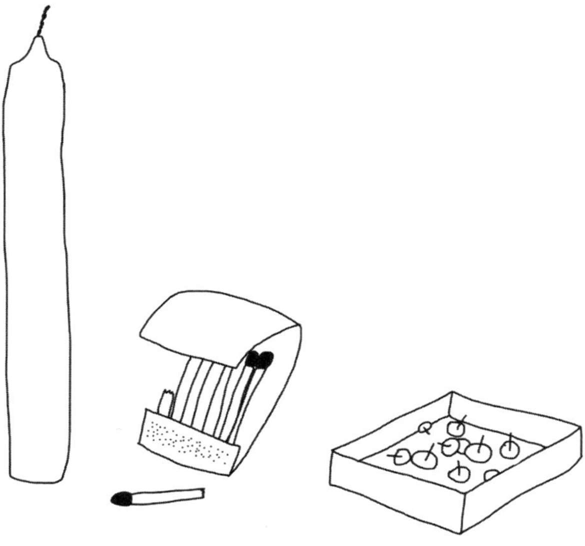

혁명적인 질문과 그런 질문이 촉발하는 혁명은 낡은 가정을 없애고 새롭고 더 현명한 가정을 만들려는 시도에서 나온다. 문제는 우리는 자신이 하는 일을 왜 하는지 모를 때가 많다는 점이다. 앞에서 보았듯이, 우리의 지각을 형성하는 가정들은 우리를 살아가게 해주는 공기와 같을 때가 많다. 즉, 눈에 보이지 않아 우리의 **왜** 질문을 어디다 묻고 겨냥해야 하는지 알기 어렵다. 이 장에서는 보이지 않는 것을 보는 법을 배울 것이다.

왼쪽 그림에 있는 물체들을 보라. 양초와 성냥첩, 압정 상자가 있다. 여기서 여러분이 해결해야 할 과제는 아주 단순한 것이다. 그림에 있는 것들을 사용해 양초를 나무벽 옆에 붙여 불을 켜면 된다(정답을 보기 전에 스스로 답을 찾으려고 노력하기 바란다). 이 문제는 만든 사람인 카를 둥커Karl Duncker의 이름을 따 '둥커의 양초 문제'라 부른다. 압정들은 양초를 꿰뚫을 만큼 길지 않다는 데 유의하라.

아직도 끙끙대고 있는가? 내가 이 문제를 처음 봤을 때 그런 것처럼 대다수 사람들도 그럴 것이다. 객관적으로 볼 때 '올바른' 답(가능성 공간 속의 X)은 쉬운데도 불구하고, 대부분의 사람들은 오랜 시간이 걸린 뒤에야 답을 찾는다(만약 찾는다면). 이것은 우리가 서로 *별개*

인 두 아이디어를 합칠 능력이 없고, '신비롭고 뜻하지 않게 일어나는 창조성 과정'에 완전히 관여할 수 없는 비창조적인 사람이란 뜻일까? 이것은 큰 도약을 할 능력을 가진 극소수에게만 있는 유전자가 우리에게는 없다고 시사하는 것일까?

우리의 가능성 공간 지형이 우리의 가정들로 결정된다는 사실을 기억하라. 앞의 그림은 특정 가정들을 하도록, 따라서 뇌 속에서 특정 활동 패턴들(끌개 상태들)이 다른 것들보다 일어날 확률이 더 높도록 구성되었다. 비슷한 방식으로 아래 육면체 그림을 살펴보자(성냥과 양초 문제는 잠시 후에 다시 돌아오기로 하자). 육면체처럼 생긴 이 구조에서 여러분은 어두운 윗면과 그 아래의 밝은 표면과 그 사이의 경사진 부분을 볼 것이다. 표면들과 경사진 부분은 빛이 위쪽에서 비친다는 가정과 일치하는 방식으로 배열돼 있다는 사실에 주목하라(반드

시 의식적으로 자각하지 않더라도 그렇게 느낄 것이다). 흥미롭게도, 우리는 빛이 위쪽에서 비치는 지구 환경에 적응하면서 진화했기 때문에, 자연의 이 측면은 우리 뇌에 내장된 가정들에 포함되었다. 그래서 나는 (데일 퍼브스와 함께 한 콘스위트 착시Cornsweet illusion에 관한 연구에서) 이 이미지를, 특히 두 표면 사이의 경사진 부분에서, 우리 뇌의 이 가정을 확인해주면서 특정 궤도를 활성화시키는 방식으로 만들었는데, 그 결과로 여러분의 눈에는 두 표면의 밝기가 서로 다르게 보인다.

하지만 두 표면은 *물리적으로 동일하다*. 두 표면은 명암의 정도가 똑같다.

믿어지지 않는다면, 두 표면의 중앙 지역을 따로 분리해 보여주는 아래 그림을 보라. 책을 거꾸로 뒤집어 보는 방법도 있는데, 그러면 착시의 강도가 줄어드는데, 이제 자극이 빛이 위에서 비친다는 우리

의 가정에 영향을 덜 받기 때문이다.

육면체 문제에 적용되는 원리는 양초와 성냥첩 창조성 문제에도 적용된다. 여러분은 육면체 표면에서 근원적인 물리적 실재를 볼 수 없는 것과 마찬가지로 양초 문제의 실제 해답도 볼 수 없는데…… 자신의 가정들의 가능성 공간에서 가장 가능성이 높은 지각을 보기 때문이다. 하지만 회전하는 다이아몬드 문제에서 그랬던 것처럼 자신의 가정을 바꾸면 다음번에 가능한 지각을 바꿀 수 있다. 이 문제가 어려운 이유는 답 자체가 어렵기 때문이 아니다. 그보다는 해당 자극이 활성화시키도록 설계된 가정들을 여러분이 보지 못하기 때문이다. 그 가정들이 무엇인지 알기만 한다면 답이 즉각 나오는데, 문제를 푸는 데 필요한 새로운 가정들을 감안하면 그 답은 너무나도 명백한 것이기 때문이다.

그러면 우리가 비창조적인 사람인지 아니면 대신에 실제로는 그저 자신의 가정—우리가 보고 생각하고 상상할 수 있는 것을 제약하는 가정—에 순진하게 잘 속는 사람에 불과한지 다시 생각해보자. 두 번째 가능성을 살펴보기 전에 그림의 각 요소에 대한 자신의 가정을 다시 한 번 점검해보라.

압정에 대한 여러분의 가정은 어떤 것인가? 성냥첩에 대한 여러분의 가정은 어떤 것인가? 양초 자체에 대한 여러분의 가정은 어떤 것인가? 이 가정들을 명확하게 말해보거나 원한다면 글로 적어보라. **왜** 여러분은 압정이 한 가지 용도로만 쓰이고 다른 용도로는 쓰일 수 없다고 생각하는가? 이 질문을 연장하여 또 다른 질문을, 그리고 또 다

른 질문을 던져보라. 그러면서 여러분은 자신을 보고, 그것도 실시간으로 보기 시작할 것이다. 이런 식으로 **왜**라고 묻는 것은 가정을 의심하는 데뿐만 아니라, 가정을 찾는 데에도 유용하다. 이 접근법은 자기 마음속에 동시에 여러 실재를, 심지어 모순적인 실재들을 담아두고 평가하게 해준다. 이제 가능성들이 달라졌는가?

첫 번째 이미지에서 압정은 상자 속에 들어 있다. 그래서 여러분의 뇌는 저항이 가장 작은 지각을 하면서 상자는 압정을 담아두는 용기라고 가정하고, 용기는 물건을 담는 용도로 쓰인다고 가정한다. 그렇게 해서 그것은 다른 것이 될 수가 없는데, 그러다가 마침내 여러분은 그것이 다른 것이 될 수 있는 가능성을 생각하기 시작한다. 그래서 상자에서 압정들을 비운 두 번째 이미지를 떠올리는데, 이것은 뇌를 첫 번째 가정('용기')에서 해방시켜 '선반' 아이디어를 떠올리게 한다. 물론 여러분은 마음속으로 상자에서 직접 압정들을 꺼낼 수도 있었을 것이다. 하지만 그런 생각이 전혀 떠오르지 않은 이유는 여러분의 가정이 그 질문 자체를 제약했기 때문이다. 하지만 상자에 대한 자신의 가정을 바꾼(의식적으로 혹은 무의식적으로[이쪽이 가능성이 더 높지만]) 사람들에게는 그 답이 '아하' 순간으로 나타났을 것이다. 하지만 이것은 정말로 아하 순간일까?

그렇지 않다! 여기에 특별히 기적 같은 영감이 작용한 것은 전혀 아니다. 그보다는 그것은 창조적인 사람에게 떠오르는 창조적인 모든 것과 마찬가지로, 좋은 질문이 새로운 가정들을 낳고 새로운 가정들이 가능성 공간의 재배열을 가져왔다는 점을 고려하면, 다음번의 가능한 지각을 향해 나아간 작은 논리적 진행이었고, **우연히 큰 효과**를 낳았다. 양초 문제에서 우리의 창조성을 가로막은 장애물은 각각의 아이디어를 연결하는 능력과 관련된 유전적 소질이 아니라, 자신의 지각적 행동의 원인을 보지 못하는 우리 종의 유전적 소질이었다. 이것은 다르게 보는 것과 관습적이고 영감이 부족한 지각에서 일탈하는 것을 가로막는 중요한 장애물 중 하나이다. **우리가 자신의 가정을 보지 못하는 것과 마찬가지로 우리의 가정 역시 우리를 보지 못한다.** 이러한 편향맹bias-blindness은 내가 앞에서 부정의 물리학이라고 부른 것의 기반을 이루고 있다. 아니라고 말하는 사람이 반드시 왜를 아는 것은 아니다. 단지 이전에 같은 상황에서 항상 그렇게 행동했고, 그래서 마치 자신의 지각이 불변의 자연 법칙인 양 행동한다. 이것은 또한 우리가 눈을 뜰(자신의 가정을 자각하는 것) 때까지 절대로 의문을 품지 못하게 한다. 하지만 우리가 자신의 가정**이라는** 사실을 안 다음에도 그토록 많은 중요한 가정들을 계속 보지 못하는 상태에 머물러 있어야 할 필요가 있을까? 어떻게 하면 그것들을 늘 발견하는 방법을 개발해 잠자는 자신의 창조성을 깨어나게 할 수 있을까? 종교적 광신에서부터 일상 속의 심한 편견에 이르기까지 그토록 많은 파괴적 결과를 낳은 이런 종류의 개념적 실명 상태를 치료하려면 어떻게 해야 할까?

우리가 그토록 자주 자신의 가정에 눈먼 상태가 되는 주요 이유 중 하나는 뇌가 스스로를 안정하고 불변의 존재로 지각하는 경향에 있다. 하지만 여기서 나는 내 동료가 인용한 시인 월트 휘트먼Walt

Whitman의 시구를 소개하고 싶다: "내 안에는 군중이 있다. I contain multitudes." 시의 관점에서 볼 때 이 구절은 인간 정신의 한 가지 미묘한 뉘앙스를 아름답게 표현한 은유이다. 신경과학에서 이 말은 입증된 사실로, 지각의 진실을 잘 표현하고 있다. 인지과학자 브루스 후드 Bruce Hood는 "우리가 어떤 존재냐 하는 것은 우리 자아의 이야기—우리 뇌가 만드는, 구성된 내러티브—이다."라고 썼다.[65] 이런 의미에서 우리는 내가 앞서 소개한 밝기에 관한 착시 중 하나, 즉 주변의 색에 따라 음영이 변하는 색과 같다. 우리의 가정—따라서 우리의 성격—은 날과 장소, 교류하는 사람들에 따라 달라진다. 하지만 우리가 대개 이 사실을 특별히 유념하면서 살아가진 않는다. 그렇게 산다면 우리는 신경 과민에 시달릴 것이다.

이를 뒷받침하는 증거로는 사람들이 안정하고 변하지 않는 존재라는 핑계를 대며 수십억 달러는 아니더라도 수백만 달러를 쓰는 기업들을 들 수 있다. 21세기의 사업들은 특정인이 어떤 사람인지 정의하려고 많은 노력을 기울인다. 기업들이 정말로 답을 알고자 하는 질문은 '그들의 가정은 무엇인가?'이다. 이런 노력은 구글과 페이스북이 대규모로 시작했는데, 이들은 정보의 '가치'를 알아내려고 그렇게 했다. 하지만 구글과 페이스북은 정보 자체를 원하지는 않는데, 알다시피 원자료 자체는 망막에 들어오는 자극처럼 무의미한 것이기 때문이다. 이들이 알고자 하는 것은 사람들은 그들이 찾는 것을 왜 찾느냐 하는 것이다. 키워드는 바로 이것을 찾는 수단이다. 실리콘밸리 기업들 중 상당수는 이제 사람의 가정에 대해 독특한 데이터를 제공하는 사업에 투자를 집중하고 있다. 하지만 이런 추세는 이미 수십 년 전에 표적 마케팅targeted marketing과 함께 시작되었다. 결국 이 모든 것은 누군가의 편향에 제품을 파는 것으로 귀결된다. 하지만 그런 편향이 어떤 것인지 알지 못한다면, 다른 사람의 왜를 알지 못한다면, 제품 판매가 잘 될 수 없다. 그래서 많은 기업들은 아주 자연스럽게 대신에 우리가 맥락에 무관하고 변하지 않는 성격이라고 생각하고—즉, 우리가 복합적인 **평균**을 이루고 있다고 생각하고—소비자들에게 접근하는 방법을 택한다. 이것은 길에서 빛이 비치고 따라서 측정이 가능한 부분이다. 하지만 측정 가능성은 본질적으로 제한적이다. 게다가 그것은 다른 사람들과 함께 살아가는 삶의 실재와 기본적으로 일치하지 않는다.

예를 들어 만약 당신이 어떤 사람과 연애를 하는데, 그 사람이 당신을 인류의 평균적인 가정을 가진 사람으로 취급한다면, 당신은 어떻게 하겠는가? 게다가 그 사람이 당신에게 평균적인 양의 애정을 주고, 평균적인 시간을 함께 보내고, 일주일에 평균적인 횟수만큼 평균적인 방식으로 섹스를 하고, 평균적인 양의 감정을 나누고, 마침내 결혼에 이르러 평균적인 나이에 아이들을 낳는다고(하지만 다행히도 평균적인 수의 아이들을 낳지는 않아 분수 단위의 아이들을 낳는 일은 없다고 치고) 상상해보라. 놀랍게도, 사람들은 같은 주제를 연주하는 다양한 변주곡들이기 때문에, 이것은 그다지 나쁜 전략이 아니다. 우리는 자아에 큰 상처를 입지 않고 이 전략에 만족할 가능성이 높다. 그러니까 처음에는 그럴 수 있는데, 우리 모두는 사람으로서 공유한 기본 가정들을 겉으로 드러내기 때문이다. 대부분의 관계는 이런 식으로 시작한다. 실제로 낯선 사람과의 약혼은 대부분 이렇게 시작하는데, 처음에는 누구나 이런 과정을 거쳐야 하기 때문이다.

하지만 이것은 장기적으로도 좋은 전략일까? 절대로 그렇지 않다. 세상 사람들을 변하지 않고 측정 가능한 '평균'처럼 대하는 것은 파국적인 결과를 낳을 수 있다.

2014년, 빅토리아 시크릿(1977년에 로이 레이먼드가 설립한 미국 최대의 란제리 회사—옮긴이)은 영국에서 '완벽한 몸매 캠페인The Perfect Body Campaign'을 시작했다. 여느 때와 마찬가지로 새로운 속옷 제품 광고 사진들에는 깡마르고 굴곡진 몸매의 모델들이 등장했는데, 이들은 구매 충동을 자극해야 할 대부분의 잠재 고객들에게 열등감을 느끼게 했다. 빅토리아 시크릿은 고객이 이 캠페인에 '열광적인' 구매로 반응하리라고 기대했지만, 오히려 분개한 여성들은 분노의 반대 캠페인을 벌였다. Change.org에 오른 청원을 지지하는 운동이 온라인에서 들불처럼 퍼져나갔다. 이 청원은 다음 사항을 명확하게 요구했다. "우리는 빅토리아 시크릿이 그들의 '완벽한 몸매' 캠페인이 여성의 몸매와 그 판단에 대해 불건전하고 해로운 메시지를 내보낸 행위를 사과하고 책임을 지길 원합니다. 우리는 빅토리아 시크릿이 브래지어 제품 '보디Body'에 대한 자신들의 광고 표현을 불건전하고 비현실적인 미의 기준을 조장하지 않는 방향으로 바꾸고, 또 장래에도 그렇게 해로운 마케팅을 하지 않길 원합니다."

빅토리아 시크릿은 잠재 고객의 실제 정체성을 대상으로 마케팅하는 데 실패했지만, 더 중요한 것은 잠재 고객이 가진 미의 개념을 대상으로 마케팅하는 데 실패했다는 점이다. 잠재 고객의 미 개념에는 사실 다양한 체형과 특이성이 포함돼 있었다. 그런데 빅토리아 시크릿은 단 한 가지 미의 개념(흔히 이상화된 미의 '평균'에 맞춰진)에 호소했는데, 그것은 개인적 삶의 다양성과 우리가 집단적으로 미를 생각하는 방식의 다양성과는 전혀 관계 없는 것이었다. 그들의 실수는 아무리 애써도 도달할 수 없는 기준을 제시한 데 있는 게 아니라, 고객의 가능성 공간을 만든 가정들을 자신들이 안다고 생각한 데 있었다. 즉, 여성은 모두 한 가지 '완벽한 몸매'를 열망한다고 생각했지만, 실제로는 그렇지 않았다. 그것은 절대로 가능하지 않은 일이었고, 그래서 사람들은 브랜드가 자신을 배제하는 대신에 자신의 독특성을 반영하길 원했다. 결국 빅토리아 시크릿은 판매 촉진 캠페인에서 유용한 것에 대한 과거의 가정을 버렸다. 혹은 적어도 그런 시늉을 했다. 그들은 그 광고 캠페인에 같은 사진을 계속 사용하면서 "모든 몸을 위한 몸매"라는 새로운 제목을 붙였다.

빅토리아 시크릿은 자신들이 한 일을 왜 했는지 모르는 것처럼 행동했고, 자신들이 연결하길 원했던 바로 그 사람들을 밀어냈는데, 이것은 분명히 아주 나쁜 사업 방식이었다. 빅토리아 시크릿은 자신들의 캠페인을 사전 테스트하기 위해 포커스 그룹 조사나 다른 종류의 조사를 했을 가능성이 아주 높지만(물론 이것은 명백히 실패했다), 소비자의 가능성 공간을 이해하지 못했고, 그 공간이 우리 각자에게 *맥락적*이라는 사실도 이해하지 못했다(혹은 이해하지 못한 것처럼 보인다).

만약 기업이 고객을 더 잘 이해하고자 한다면, 포커스 그룹이나 설문 조사 같은 보편적인 시장 조사 방법을 중시하는 태도를 바꾸어야 한다. 이런 방법들은 소비자들이 사람들로 이루어지지 않은 안정한 환경에서만 신뢰할 수 있다. 위에서 언급했듯이, 사람은 불안정할 뿐만 아니라 자신에 대해서도 잘 모른다. 사회심리학자들이 한 연구에 따르면, 사람들이 질문에 응답하는 답변은 놀라울 정도로 *사실이 아닌* 경향이 있다. 응답자들은 실제의 자신을 보여주기보다는 자신이 어떤 사람이길 바라는 바를 반영한 방식으로 응답을 하는 것처럼 보인다. 게다가 때로는 주의를 집중하지도 않으며, 심지어 거짓말을 즐기기까지 한다. '*우리의 자연 서식지*'에서 연구를 진행해야 하는 이유는 이 때문인데, 이곳에서는 사소할 수도 있고 아주 중요할 수도 있는 피드백을 수반하는 결과 때문에 실제 결정이 일어난다. 이런 상황에서 사람들의 *행동*을 연구한 결과는 그들이 자신의 *행동*을 내성적으로 해석한 것보다 훨씬 더 신뢰할 만하다. 사람들이나 사람들이 만들어낸 상황을 이해하려면, 그들의 가정을 알 필요가 있다. 하지만 그들에게 물어서는 안 된다! 그리고 자기 자신을 이해하려고 할 때, 최선의 답은 가끔 *다른 사람*에게 있다. 연구 결과에 따르면, 우리의 행동을 예측하는 데에는(유용하게 우리를 예측하는 데에는) 우리 자신보다 다른 사람이 더 낫다. 그렇긴 하지만, 우리에게는 우리 자신을 더 분명하게 보고…… 스스로를 '평균'처럼 다루지 않고, 일탈 능력과 질문 제기 능력을 줄 수 있는 중요한 방법이 내장돼 있다.

그 방법은 무엇일까? 바로 감정이다. 느낌의 생리학은 알 필요가 있

는 모든 것을 우리에게 말해줄 때가 많다. 이것은 중요한 사실인데, 무엇보다도 감정은 자신의 가정을 스스로에게 드러내는 지표 또는 대용물이기 때문이다(환각제가 개인의 삶에 미치는 긍정적 데이터에 대해 배울 때 일부 사람들에게 일어났을 수 있는 것처럼). 어떤 상황에 맞닥뜨리면, 우리는 예상expectation을 한다. 뇌는 다른 사람의 행동을 포함해 미래를 예측하는 우리의 능력에 보상을 하는데, 피질의 여러 지역에 기분을 좋아지게 하는 화학 물질을 분비함으로써 그렇게 한다. 하지만 예측을 정확하게 하는 데 실패하면, 평온한 느낌과 반대되는 일이 일어난다. 부정적 감정을 느끼게 되고, 그것에 동반하는 온갖 감각이 지각에 넘쳐난다. 자신의 가정이 기대를 저버리고 실패하고 마는데, 이것은 유용한 예측 지각이 자신의 가능성 공간 안에 존재하지 않는다는 뜻이다. 따라서 갈등(자신이나 다른 사람 혹은 세계와의 갈등)을 겪는 순간 느끼는 부정적 감정은 단순히 **지금** 일어나는 일이 일어나야 '한다고' 자신이 생각한 것과 일치하지 않는 사실, 즉 현재의 의미가 과거의 의미와 일치하지 않는 사실이 반영된 것이다. 흥미로운 점은 자신의 가정이 어떤 상황에 적용된다는 사실을 의식적으로 자각할 때에는 설사 가정이 들어맞지 않더라도 감정적 반응이 덜 격심한데, 우리는 애초에 자신의 지각을 형성하는 힘들을 볼 수 없었던 게 아니기 때문이다. 유니버시티 칼리지 런던의 내 옛 동료들은 어떤 사람이 주어진 상황에서 행복감을 느낄지 느끼지 않을지를 대략적으로 예측하는 방정식을 발견했다.[66] 이 방정식에서 핵심 요소는 그 사건이 예상과 일치하느냐 여부이다. 게다가 사건이 자신의 예상과 일치하리라는 예상은 그 사건을 기대하는 당사자의 행복 수준을 변화시킨다—실제로 그것을 경험하기 전까지는. 행복 자체는 어떤 사건에 대한 기대에서 나올 때가 많다. 긍정적 사건을 기대할 때 도파민—많은 것 중에서도 긍정적 느낌과 밀접한 관련이 있는 뇌의 신경 전달 물질—이 치솟았다가 그 사건이 일어나는 동안에는 감소하는 이유는 이 때문이다.

논지를 강조하고…… 창조성 문제를 더 직접적인 생물학적 맥락에서 살펴보기 위해…… 뱃멀미를 생각해보자. 배를 타면 우리는 가끔 뱃멀미를 하는데, 특히 갑판 아래에 있을 때 뱃멀미가 잘 일어난다. 한 가지 이유는 우리의 두 가지 감각 사이에 갈등이 일어나기 때문이다. 눈은 배와 함께 움직이면서 뇌에게 사실상 "우리는 지금 정지하고 있어."라고 말한다. 하지만 신호를 받는 속귀는 움직임을 감지하여 뇌에게 "아니야, 우리는 분명히 움직이고 있어."라고 말한다. 그래서 뇌에서 안뜰 기관을 담당하는 곳과 눈을 담당하는 곳 사이에 갈등이 벌어진다. 그러면 뇌는 불확실성의 영역으로 들어선다. 내부의 생물학적 갈등에 대한 핵심 반응은 욕지기인데, 이것은 뇌가 우리 몸에게 "여기서 얼른 벗어나!"라고 말하는 방법이다. 갈등이 벌어지는 불확실성을 제거하고 싶다면, 누워서 눈을 감거나(그럼으로써 모순되는 정보의 싸움을 제거하거나) 갑판 위로 올라가 수평선을 바라보라(그러면 눈과 속귀에서 오는 감각 입력 정보가 상보적인 확실성으로 되돌아간다). 이제 세계가 다시 앞뒤가 들어맞는 상태로 돌아오고, 몸이 진정된다. 하지만 몸이 진정되지 않으면, 불확실성에서 유발된 스트레스가 가능성 공간을 급격하게 좁히는데, 효율성을 최대로 높이고 신체적 반응을 분명하게 하기 위해서이다.

뱃멀미는 엄밀하게는 감정이 아니지만, 일반적으로 감정이 작용하는 방식이 이렇다는 걸 알아두면 아주 유용하다. 첫째, 이것은 어떤 것이 기분을 상하게 했을 때, 실패한 가정이 어떤 것인지 스스로에게 묻게 하는 실용적 과제를 제공한다. 이러한 사후 상황 분석은, 그것이 직업적인 것이건 개인적인 것이건, 자신의 행동을 인도한 보이지 않는 가정을 찾도록 하기 때문에 아주 소중하다. 그 가정을 일단 보는 순간, 선택의 잠재력이 생긴다.

이것은 자신의 가정을 실제로 발견하고서 그것을 새로운 가정으로 확장하지는 못하더라도, 새로운 가정으로 대체하려면 감정적 도전을 느끼는 장소로 끊임없이 발걸음을 내디뎌 — *적극적으로* — **차이를 경험**해야 한다는 뜻이다! 여기서 도전이란, 경험이나 환경이 자신의 가정(예상)과 일치하지 않는 상황을 뜻한다. 하지만 여기서 이러한 감정적 도전은 사실 좋은 것인데, 대조적인 것을 적극적으로 찾는 것은 변화(그리고 뇌)를 구동하는 엔진이기 때문이다. 따라서 *경험의 다양성*은 뇌를 변화시키는 힘인데, 새로운 사람들과 환경은 자신의 가정을 스스로에게 드러낼 뿐만 아니라, 새로운 가정으로 자신의 가능성 공간을 확장하기 때문이다. 대조적인 것의 차이를 경험하는 데 특히 유용한 방법은 여행이다.

최근 몇 년 사이에 여행에 개방적인 태도가 창조성과 뇌에 미치는 효과에 관한 연구가 부상했다. 5장에서 복식 인지 연구를 한 연구자로 나왔던 애덤 갈린스키는 여러 동료와 함께 이 새로운 연구 분야를 개척하고 있다. 2010년에 발표한 연구에서 갈린스키와 윌리엄 매덕스William Maddux, 하요 아담은 외국에서 살아본 경험은 높은 창조적 지능과 강한 상관관계가 있다는 사실을 발견했다. 프랑스에서 대학생들을 대상으로 실시한 이 실험에서는 이전에 다른 나라에서 살아본 적이 있는 피험자들을 두 가지 방식으로 점화하고(즉, 특정 심리 상태를 촉발하는 활동을 하게 하고), 두 차례에 걸쳐 동일한 과제를 수행하게 했다. 첫 번째 점화에서 피험자들은 '*다른* 문화로부터 새로운 것을 배운' 경험에 대한 글을 써야 했다. 두 번째 점화에서는 '*자신의* 문화에 대해 새로운 것을 배운' 때에 대한 글을 써야 했다. 두 경우 모두 점화 과제 이후에 피험자들은 앞에서 여러분이 했던 문자열 테스트와 비슷한 단어 완성 테스트를 했다. 결과는 어땠을까? 피험자들은 외국에서의 다문화 경험으로 점화했을 때 훨씬 더 창조적이었다. 다시 말해서, 다른 나라에서 얻은 지각적 역사를 사용할 때 가능성 공간이 더 높은 차원에 이르렀다(사실상 더 복잡해짐으로써. 이에 대해 더 자세한 이야기는 나중에 다룰 것이다). 외국 생활 경험은 과거의 지각을 조직했던 많은 가정의 실체를 이미 드러냈기 때문에 그들은 이전의 편향에 구속을 덜 받았다. 게다가 그들은 단단하게 굳은 그러한 가정들을 더 잘 볼 수 있었다. 하지만 자신의 편향에서 일단 벗어난 뒤에 우리가 어떻게 행동하느냐 하는 것은 일탈하려는 각자의 의지와 (그리고 이것이 기본적으로 중요한데) 스스로가 속한 그리고/또는 만드는 생태계에 달려 있다.

외국 생활에 대한 일반적인 반응은 대개 두 가지로 나타난다. 하나는 더 극단적인 버전의 자신(외국 문화의 '일탈'에 저항하는 전형적인 '국외 거주자'가 됨으로써)이 되는 것으로, 자신이 원래 갖고 있던 가정들이 더 안정적으로 변하는데, 외국 문화의 다른 가정들과 대비되기 *때문*이다. 사람들이 새롭고 불확실한 환경에 놓일 때 더 극단적인 버전의 자신이 되는 경우가 많다는 것을 보여주는 심리학적 증거는 상당히 많다.[67] 진짜 아이러니(물론 뇌에는 아이러니가 넘치지만)는 그들의 가정이 틀렸음을 보여주는 합리적 이유를 더 많이 제시할수록 그들은 더욱 강하게 자신의 주장을 고수하며, 그런 관념이 지식보다는 신앙에 가까운 것으로 빠르게 변한다는 점이다. 우리는 최근의 기후 변화 '논쟁' 경험에서 이것을 목격한다. BBC와 그 밖의 공신력 있는 언론 매체들이 논쟁의 양측 당사자에게 동일한 시간을 할애해야 하긴 하지만, 그렇다고 해서 양측이 동일한 지지를 받는 것은 아니라는 사실에 유의해야 한다.

외국 생활에 대해 더 현명한 보편적 반응은 다른 문화의 (*사려 깊게 긍정적*이고 건설적인) 가정들을 받아들이는 것이다. 그 결과는 더 높은 차원성을 지닌 가능성 공간이고, 따라서 정의상 자유도가 더 큰 (즉, 수학적 의미로나 은유적 의미로나 다양한) 가능성 공간이다. 나는 다른 사람들에게서 차이를 경험하는 즐거움을 엄청나게 긍정적인 효과와 함께 만끽했다. 유니버시티 칼리지 런던에 있을 때 나는 여러 나라(스코틀랜드와 함께 잉글랜드, 칠레, 미국을 비롯해 여러 나라) 출신의 많은 사람들과 친구가 되는 영광을 누렸는데, 내 밑에서 배우던 대학원생 중에는 이스라엘에서 온 사람도 있었다. 22세 때까지 이스라엘에서만 산 그 여학생은 팔레스타인 사람을 조금이라도 깊은 관계로 만난 적이 한 번도 없었다. 다른 장소에 대해 아는 정보 출처라곤 피상적인 것밖에 없는 나 같은 국외자는 이 사실을 믿기가 어려웠지만, 어쨌든 그랬다. 런던으로 온 그 학생은 머물 곳이 필요했다. 그래서 구한 아파트가 우연히도 런던에서 팔레스타인인 인구 밀도가 높은 지역에 있었다. 런던으로 옴으로써 그 학생은 사실은 이스라엘 어디에나 있었던 팔레스타인인 공동체의 가정들을 경험하게 되었다. 그럼으로써 그 학생은 이스라엘로 돌아갔을 때, 이스라엘과 그 민족을 이전과 다르게 보면서, 그리고 더 중요하게는 자신을 다르게 보면서 '고국'이 무엇인지 재정의하게 되었다. 따라서 특정 존재 방식을 감안할 때(중요한 것은 단순히 다양성뿐만이 아니라, 다양성이 서식하는 혁신의 생태계이기 때문에. 이에 대해서는 나중에 더 자세히 다루겠다), 다문화주의는 긍정적 속성이며, 혁신을 촉진하길 바라는 모든 대도시에 꼭 필요한 것이다. 존재 방식의 다양성에 노출되는 경험은 공감뿐만 아니라 창조성 자체까지도 높인다는 사실이 입증되었다.[68]

갈린스키와 그 동료들은 '이국적 취향의 패션Fashion with a Foreign Flair' 이라는 제목의 또 다른 연구에서 더 놀라운 발견을 했다. 이들은 연구실 밖으로 나가 패션이라는 직업 세계에서 성공과 큰 연관성이 있는 창조성을 조사했다. 이들은 세계적으로 유명한 의상 디자인 업체들의 컬렉션을 21시즌(11년) 동안 조사하여 "크리에이티브 디렉터들이 외국에서 전문가로 일한 경험은 컬렉션의 창조성 평점을 예측하는 지표가 된다."라고 결론 내렸다.[69] 그렇다, 단지 외국에서 살기만 한 게 아니라 일까지 한 경력이 있는 회사 지도자들은 더 창조적이었고, 이런 특성은 마치 주최자가 파티의 태도를 결정하는 것처럼 회사 전체의 문화로 스며들어갔는데, 지도력에 관한 가정들을 가진 회사 지도자가 회사 전체의 태도를 결정하기 때문이다. 따라서 회사에 외국 거주 경험이 있는 사람이 적어도 몇 명 있으면 전체적으로 회사의 능력이 더 강해진다고 주장할 수 있다. 회사 내 지도자들의 외국 생활 경험이 가장 큰 영향을 미칠 테지만, 꼭 지도자층이 아니더라도 어느 수준에서건 가정들이 더 탄력적일수록 더 좋은데…… 단지 지적 과제뿐만 아니라 대인 관계 과제에도 더 좋다. 2013년에 『성격과 사회심리학 저널 *Journal of Personality and Social Psychology*』에 실린 한 종단적 연구는 "여행을 떠날 때" 사람들은 더 상냥하고 개방적이 되고, 신경증적 태도가 줄어드는 경향이 있음을 보여주었다. 자연히 더 개방적인 태도는 우리의 지각을 형성하는 가정들을 보게 될 기회를 높인다. 그러니……

이방인이 되라. 낯선 땅의 이방인은 새로운 뇌를 가져다준다. 이것은 의문을 품을 필요가 있는 가정들을 쉽게 보게 해주고, 그런 다음에는 적극적으로 의문을 품게 해준다.

그렇지만 세계를 돌아다니는 생활 방식이 가져다주는 혜택에는 한계가 있다. 바꿔 말하면, 외국에 거주하는 전문가들에게 특별히 유리한 환경이 따로 있다. 갈린스키의 패션 연구는 지나친 국제적 활동이나 자신의 것과 너무 다른 문화적 환경에 몰입하는 것은 실제로 창조성을 억제할 수 있음을 보여주었다. 이것은 뇌에서 스트레스 호르몬을 분비하는 도전적 상황과 관계가 있는데, 이러한 상황은 더 긴급한 투쟁 혹은 도피 반응을 선호하여 창조성과 관련이 있는 지각의 자유롭게 흐르는 전기 패턴을 압도한다. 풍부함이 서로 다른 환경에서 자란 쥐들을 대상으로 마리안 다이아몬드가 한 연구를 떠올려보라. 환

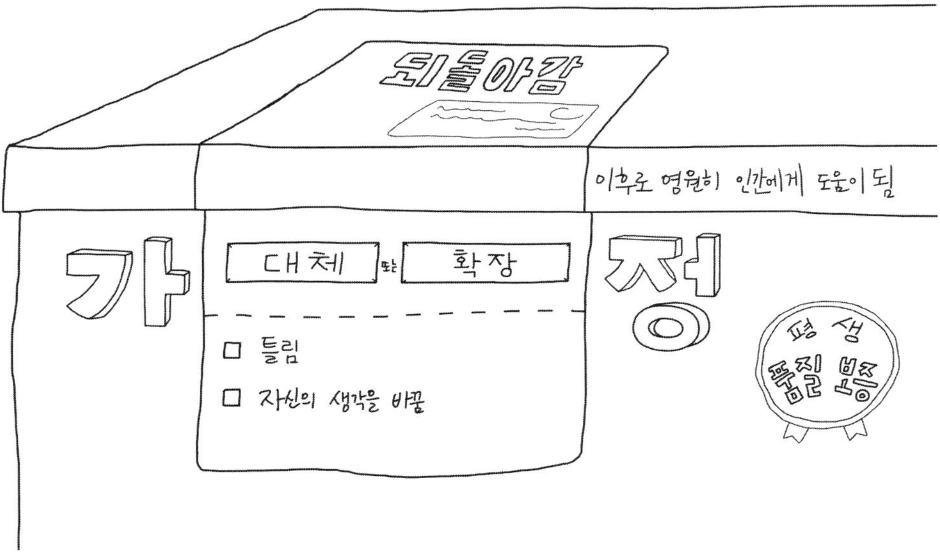
되돌아감
이후로 영원히 인간에게 도움이 됨
가
대체
또는
확장
정
틀림
자신의 생각을 바꿈
평생
품질 보증

경이 풍부할수록 쥐의 뇌는 연결이 더 많이 일어났다. 하지만 환경이 지나치게 풍부하면, 쥐의 뇌는 복잡성이 *줄어들었다*. 어떤 것이 '지나친' 것인가 하는 판단은 물론 개인적인 문제이다. 이 연구가 주는 교훈은 외국에서 살고 일하는 것은 아주 좋은 이점이 될 수 있지만, 문화적으로, 언어적으로, 경제적으로 완전히 처음부터 시작하지 않는 곳에서 그렇게 하는 것이 유리하다는 것이다.

하지만 모든 사람이 (여러 가지 중에서) 가정들을 드러내는 즐거움을 위해 외국에서 살고 일하는 것은 말할 것도 없고, 해외 여행을 할 기회가 있는 것은 아니다. 이것은 그런 기회가 있는 경쟁자들에게 우리가 밀려나고 만다는 뜻일까? 그렇지 않다. 반드시 반대편 세계로 여행을 떠나야만 새로운 미래 과거의 가능성을 열 가정들을 드러낼 수 있는 것은 아니다. **왜**라고 물으려고만 한다면, 이웃 주나 이웃 도시, 심지어 근처에 사는 이웃 등 자신이 사는 나라 안에서도 얼마든지 뇌와 지각을 위한 생산적인 여행을 할 수 있다. 중요한 것은 대조적인 상황과 생태계에 도전을 받는 것(그리고 감정이 유발되는 것)인데, 왜냐하면 이 경험은 우리를 낯선 시행착오의 맥락 속으로 밀어넣고, 우리 신경의 반응 역사에 기록되기 때문이다. 또한, 마음속으로 여행을 떠날 수도 있다.

이미 알고 있다시피, 상상의 경험도 실제로 체험한 경험과 거의 같은 방식으로 우리 뇌에 암호화되므로, 몰입적 망상은 여행의 대체물이 될 수 있다. 여행기 장르가 인기 있는 이유는 이 때문일지 모른다(그리고 일반적인 독서도. 왜냐하면, 책은 우리를 낯선 세계로 데려가므로).

책에서 우리의 대리인 또는 대역 역할을 하는 여행 작가가 자신의 가정을 드러내는 과정은 우리 자신의 것이 된다. 혼란스럽고 어려운 상황이 많지만 삶의 즐거움을 많이 느끼게 해주는 여행 경험 묘사에서는 미국 출신 작가 폴 서루Paul Theroux만큼 뛰어난 사람도 없을 것이다.

타고난 모험가로서 늘 불평을 달고 살면서 주변 사람들을 즐겁게 하는 서루는 시베리아 횡단 열차를 타고 여행하고, 아프가니스탄을 가로지르며 트레킹하고, 사회적 갈등이 절정에 달한 시기에 알바니아를 방문하기도 했는데, 여행에 대해서뿐만 아니라 우리가 왜 여행을 하는가에 대해서도 감동적인 글을 쓴다. "나에게 여행을 하고 싶은 소망, 즉 다른 곳으로 가고, 자신의 호기심을 충족시키거나 두려움을 누그러뜨리고, 삶의 환경을 바꾸고, 이방인이 되고, 친구를 사귀고, 이국적인 풍경을 경험하고, 미지의 세계를 탐험하고 싶은 소망은 인간 특유의 특징으로 보인다."[70] 그는 또한 "지연과 더러움은 가장 보람 있는 여행의 현실이다."라고 썼다.[71]

그러니 더러워져라.

이것은 현실에서 일어나는 시행착오로, 단지 우리의 편향을 발견하는 방법에 그치는 것이 아니다. 새로운 편향을 실제로 만드는 방법이기도 하다.

독서는 강력한 힘을 지니긴 했지만, 우리는…… 밖으로 뻗어나가…… 세계와 *물리적으로 관여함으로써* 가장 극명하게 자신의 가정을 드러내고 새로운 가정을 만들며, 더 나아가 개념적으로 가장 큰 혜택을 얻는다! 뇌가 가장 효과적으로 그리고 *영속적으로* 의미를 만들고, 또한 과거의 의미에 의미를 다시 부여하는 방법은 바로 이것이다. 이것은 현실에서 일어나는 시행착오로, 단지 우리의 편향을 발견하는 방법에 그치는 것이 아니다. 새로운 편향을 실제로 *만드는* 방법이기도 하다.

데스틴 샌들린Destin Sandlin을 만나보자. 앨라배마주 출신의 미사일 엔지니어인 샌들린은 결혼을 했고 두 아이와 함께 산다. 전염성 있는 에너지가 흘러넘치고, 카리스마가 물씬 넘치는 남부 억양의 말투를 쓰며, 둥근 뺨으로 짓는 미소는 거절하기 힘들게 만든다. 샌들린은 또한 다음과 같은 일들을 했다. 수중에서 AK-47 소총을 쏘았고, '공중에서 몸을 홱 뒤집는 고양이의 슬로모션' 물리학을 연구했고, 자기 입속에 먹이통을 넣고서 벌새에게 먹이를 먹였고, 세상에서 가장 독성이 강한 물고기의 독을 짜냈고, 비트박스를 하는 사람들의 입술 움직임을 분석했고, 염소 뇌를 먹었고, 타투 아티스트의 작업을 초당 3만 2000프레임의 속도로 기록했다. 게다가 이 모든 일들 중 상당수는 샌들린이 초당 엄청나게 많은 수의 프레임으로 촬영했는데, 이것들은 보기에 아주 놀라운 장면들이다. 샌들린은 왜 이런 일들을 했을까?

표면적인 이유는 샌들린이 아주 인기 있는 유튜브 과학 쇼인 〈매일 더 똑똑해지기Smarter Every Day〉를 진행하기 때문이다. 이 쇼는 지금까지 100편이 넘는 에피소드가 제작되었다. 더 깊은 진짜 이유는, 이렇게 표현하면 샌들린은 너무 겸손한 사람이 되겠지만, **질문들**을 구현하는 아주 다양한 삶의 경험을 천성적으로 그리고 스스로 선택하여 추구하는 사람이기 때문이다. 샌들린은 이것을 사물들이 왜 그렇게 작용하고, 왜 일들이 그런 식으로 일어나며, 아주 불가사의한 수수께끼처럼 보이는 것(강철처럼 강한 배를 가졌다고 자랑하던 해리 후디니Harry Houdini가 왜 배를 얻어맞고 죽었는지, 그리고 변기 물이 북반구와 남반구에서 왜 서로 다른 방향으로 돌면서 내려가는지와 같은)을 과학이 어떻게 설명할 수 있는지 알고 싶은 호기심이라고 표현한다. 이 모든 이야기는 샌들린이 실제로 하는 일을 정교하게 포장한 것에 지나지 않는데, 실제로 하는 일이란 끊임없이 주변 세계에 대한 자신의 가정들을 드러내는 지각적 과거에 새로운 경험을 추가하는 것이다. 샌들린은 평균적인 경험을 지향하는 것이 아니라, 자신의 (사려 깊고 생각을 자극하는) 개인적 일탈을 지향하는 버전의 삶을 보고 있다. 그렇게 함으로써 자신의 뇌 속에서 미래에 가능한 것을 변화시킨다.

'거꾸로 가는 뇌 자전거The Backwards Brain Bicycle'란 에피소드에서는 샌들린이 일하는 회사의 한 용접공이 특별한 자전거를 설계했는데, 이 자전거는 핸들을 왼쪽으로 돌리면 오른쪽으로 방향을 틀고, 핸들을 오른쪽으로 돌리면 왼쪽으로 방향을 튼다. 샌들린의 첫 번째 가정은 즉각 드러났다. 샌들린은 이 자전거를 별 어려움 없이 탈 수 있을 것이라고 생각했다. 이러한 방향 역전을 즉각 운동 처리 신경 회로에 지적인 방법을 통해 집어넣고서 페달을 밟기만 하면 될 것이라고 생각했다. 하지만 실제로는 생각대로 되지 않았다. 그래서 샌들린은 이 가정을 의심했고, 자신의 의심을 세계에서 직접 체험하는 경험, 즉 물리적으로 자신에게 일어나는 일을 통해 구현했다. 그리고 매일 5분씩 자전거를 타면서 제대로 조종하는 법을 배우는 데 *여덟 달*이 걸렸다.

(어린 아들은 불과 2주 만에 터득했는데, 젊은 뇌의 신경 가소성 덕분이었다. 신경 가소성은 어른보다 더 빨리 피드백[해석: 경험과 시행착오]을 받아들여 자리잡게 하는 능력으로 이어진다.) 샌들린의 연구에서 특별히 내 마음에 드는 것은 샌들린 역시 자신이 이야기하는 것을 직접 *현실에서 보여주는*(그럼으로써 바로 그것이 되는) 것의 가치를 믿는다는 점이다. 그래서 샌들린은 강연을 위해 오스트레일리아처럼 아주 먼 장소로 그 자전거를 가져갔는데, 무대에서 그 자전거를 타보겠다고 자신만만하게 나선 사람들은 거의 다 넘어지고 말았다. 이런 식으로 샌들린의 존재 방식과 가능성 공간은 다른 사람들의 그것을 변화시킨다. 직접 체험한, 가정을 드러내는 질문을 공유하고 사람들에게 몸소 물리적으로 참여하게 함으로써 샌들린은 그들의 뇌와 지각을 바꾼다. 그는 그들에게 새로운 반사 반응을 제공한다.

거꾸로 가는 뇌 자전거를 사용한 샌들린의 실험은 자신의 신경근육세포들의 '물리학'을 보이지 않을 만큼 미소한 단계까지 훈련시킨 편향(왼쪽으로 움직이면 왼쪽으로 가고, 오른쪽으로 움직이면 오른쪽으로 가는)에 이의를 제기했다. 이것은 아주 깊이 자리잡은 가정(만약 그런 것이 존재한다면, 그 여세를 멈추는 게 불가능해 보이는 큰 파도와도 같은 끌개 상태)이어서 그의 의식적 자각은 시간을 아주 많이 들여 상당한 노력을 쏟아부은 뒤에야 그것을 몰아낼 수 있었다. 그것은 '몸의 가정'이었지만, 그 모든 것은 자신의 신경 전기 네트워크에서 나왔는데, 자전거를 어떻게 조종해야 한다고(아무리 직관적인 것이라 하더라도) 말하는 보편적 법칙은 없기 때문이다. 샌들린은 과거의 경험이 자신에게

준 반사활과 이것이 자신에게 부과한 행동적 제약을 드러냈다. 이뿐만 아니라, 샌들린은 새로운 가정도 구현할 수 있었다. '뇌 자전거' 에피소드가 끝나는 기묘하게 흥미진진한 순간에 샌들린은 여덟 달 만에 처음으로 '정상' 자전거를 다시 타는 습관으로 되돌아간다. 혹은 되돌아가려고 시도한다.

샌들린은 세계적인 자전거 친화적 도시인 암스테르담에서 이 묘기를 보여주었는데, 구경꾼들은 마치 자전거를 처음 타는 듯한 어른을 보고 어리둥절했다. 물론 실제로 일어난 일은 그의 뇌가 자전거 타는 법에 대해 새로 얻은 신경 전기 끌개 상태에서 나오는 전류를 이전의 낡고 더 상투적인 반사활로 되돌리려고 애쓰는 모습이었다. 하지만 잠시 후에 샌들린은 그것을 해냈다. "갑자기 작동했어요!" 비록 아직도 많이 흔들리긴 했지만 갑자기 자전거를 예전처럼 다시 탈 수 있게 된 샌들린은 이렇게 말했다. "갑자기 작동했어요!" 이것은 행동적 자기 임계성이 신체적으로 발현된 순간으로, 하나의 작은 움직임이 그 순간에 큰 결과를 낳는 것처럼 보였다. 그는 그저 낡은 가정과 그 의미를 재발견하는 것만으로 갑자기 자신의 뇌에서 유용한 새 가정들을 실행할 수 있었다. 나는 시간과 노력을 더 들이면 새 가정이 처음에는 모순적인 가정들로 보이는 것과 공존할 수 있을지, 그리고 샌들린이 두 종류의 자전거를 타는 데 '모두 능숙해질' 수 있을지 궁금하다. 자신의 지각 네트워크에서 더 많은 차원을 실행시킴으로써(그리고 모순적으로 보이는 가정들과 공존함으로써) 그럴 가능성이 높다.

만약 스스로를 물리적으로 세계와 관여하도록 강요하지 않았더라면…… 그래서 자신의 지각을 형성하는 보이지 않는 힘들을 보게 되지 않았더라면…… 샌들린은 자신의 뇌를 A에서 B로 가도록…… 즉, 이 '두 가지' 지각에 모두 능통하도록 훈련시킬 수 없었을 것이다. 이것으로부터 그는 앞장에서 우리가 훌륭한 아이디어들이 어떻게 만들어지는지 검토하면서 배웠던 것처럼 가정들에 도전할 수 있었고, 경험론과 시행착오에 내재하는 피드백을 통해 새로운 가정들을 구현할 수 있었다. 그렇게 함으로써 자신을 위해 만든 새로운 경험이 그와 그의 뇌를 위해 활기찬 새 가능성들을 열었는데, 넘어지는 위험을 기꺼이 감수하려는 다른 사람들에게도 같은 일이 일어났다.

샌들린이 가정을 발견하고 새로운 가정을 만들고 그럼으로써 자신의 가능성 공간을 확장하는 데 결정적 열쇠 역할을 한 것은 자전거였다. 일탈 과정에 자주 열쇠 역할을 하는 것은 새로운 기술이다. 여기서 말하는 '기술'은 최신 앱이나 장비가 아니다(반드시 이것들을 제외하는 것은 아니지만). 대부분의 기술은 우리가 이미 할 수 있는 일을 더 쉽고 빠르고 효율적으로 할 수 있게 해주는데, 이것은 물론 유용하다. 하지만 최선의 기술은 이전에 보이지 않던 가정들을 우리가 자각하는 데 영향을 미치고, 또 그것들을 변화시키고 확장하는 데 영향을 미쳐, 그 결과로 우리의 개인적 그리고 집단적 가능성 공간에 변화를 가져오는 것이다. 따라서 가장 큰 혁신들은 현미경이나 망원경, MRI, 돛, 정리, 아이디어, 질문처럼 우리에게 새로운 실재를 보여주는 것들로 나타나는 경향이 있다. 최선의 기술은 보이지 않는 것을 보

최선의 기술은 보이지 않는 것을 보이게 한다.

이게 한다.

그런 기술은 새로운 이해를 열어주고, 세계와 우리 자신에 대한 생각을 변화시킨다. 그런 기술은 우리가 이미 옳다고 가정하는 것에 이의를 제기할 뿐만 아니라, 새롭고 더 크고 더 복잡한 가정들에 *기회*를 제공한다. 그리고 우리를 우주의 중심으로부터 멀리 밀어내 더 흥미롭고 호기심이 많은 아웃사이더의 관점을 향해 나아가게 한다.

여기서 이야기하는 지각에 관한 요점은, 만약 자신의 삶에서 A로부터 B로 가고자 한다면(개인적으로건 직업적으로건), 첫 번째 도전 과제는 자신이 하는 모든 것이 자신의 가정을 기반으로 한 반사라는 사실을 받아들여야 한다는 것이다. 따라서 우리는 겸손할 필요가 있다. 겸손이 없이는 변화가 절대로 일어나지 않지만, 겸손만으로 완전히 충분한 것은 아니다. 자신이 보고 하는 모든 것이 자신의 가정을 기반으로 한다는 사실을 일단 받아들인다 하더라도, 우리는 대개 자신이 하는 일을 왜 하는지 그 이유를 보지 못한다. 따라서 일탈을 위한 다음번 도전 과제는 자신의 가정들이 어떤 것인지 발견하는 것이다. 이 과정에는 대개 자신에게 낯선 사람들, 즉 *집단의 다양성*이 지닌 힘이 포함된다. 다음 단계는 세계의 대조적인 성격에 *적극적으로 관여함으로써* 자신의 가정들을 복잡하게 만드는(그래서 정상성을 재정의하는) 것이다. 데스틴이 한 일이 바로 이것이었고, 필스페이스 벨트를 착용하여 향상된 항행 능력을 얻은 사람들 역시 그랬다.

다르게 보기 위한 또 하나의 열쇠는 세계를 편안하게 돌아다니지 않는 것이다. 문자 그대로건 은유적으로건, 우리는 자신의 몸이나 마음이 경험에 의해 더러워지고 길을 잃고 집어삼켜질 필요가 있다. 이것은 진부한 말처럼 들릴 수 있지만, 그럼에도 불구하고 옳으며, 서양 세계 중 많은 부분이 건강과 안전을 향해 질주하는 속도를 감안하면, 큰 소리로 반복할 필요가 있다.(우리는 단기적 위험을 줄이기 위해 너무나도 빨리 질주하기 때문에, 우리 사회에서 가만히 있는 것은 상대적으로 위험한 것이 될 수 있다!) 어디를 가나 자신의 가정들을 꼭 가지고 다니면서 자신의 삶을 구경하듯이 살아서는 안 된다. 그것들은 JFK 공항의 승강기나 히스로 공항의 5번 터미널에 내려두고 오라. 그리고 어디를 가건 그곳에 도착하거든 식료품과 잡화를 구매하고, 현지 언어로 길을 물어보고, 미지의 환승 체계를 돌아다녀보고, 계속 구글 지도에 의존하는 대신에 호텔로 돌아가는 법을 기억하도록 노력하라. 오로지 이 방법을 통해서만 모든 것을 포함한 호화 휴가가 여러분에게서 빼앗아간 작은 사고들과 부적응을 발견할 수 있다. 그래야만 *사물에 대한 자신의 '지식'이 틀렸을지도 모른다고 가정함으로써* 자신 속에서 보이지 않던 것을 발견할 수 있다. 망상의 힘과 손을 잡고 현실 세계와의 관계를 통해 새롭고 더 일반화할 수 있는 가정들을 추구하라. 그렇게 함으로써 과거 경험이 우리에게 제공한 첨도가 심한 편향을 극복할 기회를 증가시켜 *미래의* 반사적 반응 확률을 변화시킬 수 있다. 이것은 새롭고 더 나은 가정들을 실행하여 새로운 지각으로 '여행'할 수 있는 방법이다. 요컨대, 단순히 옮겨가지 말고, **확장하라!**

하지만 일단 자신의 가정들을 보았다 하더라도, 새로운 가정들을 실험하는 것은 쉬운 일이 아니며, 우리 자신의 진화 자체는 우리를 자주 거기서 벗어나게 한다. 설사 그 결과가 우리에게 생산적인 것이라 하더라도, 우리 뇌는 그것을 피하려고 한다. 이 때문에 우리는 창조성에 이르는 길을 가로막는 두 번째 큰 도전에 맞닥뜨린다. **우리는 어둠을 두려워한다.**

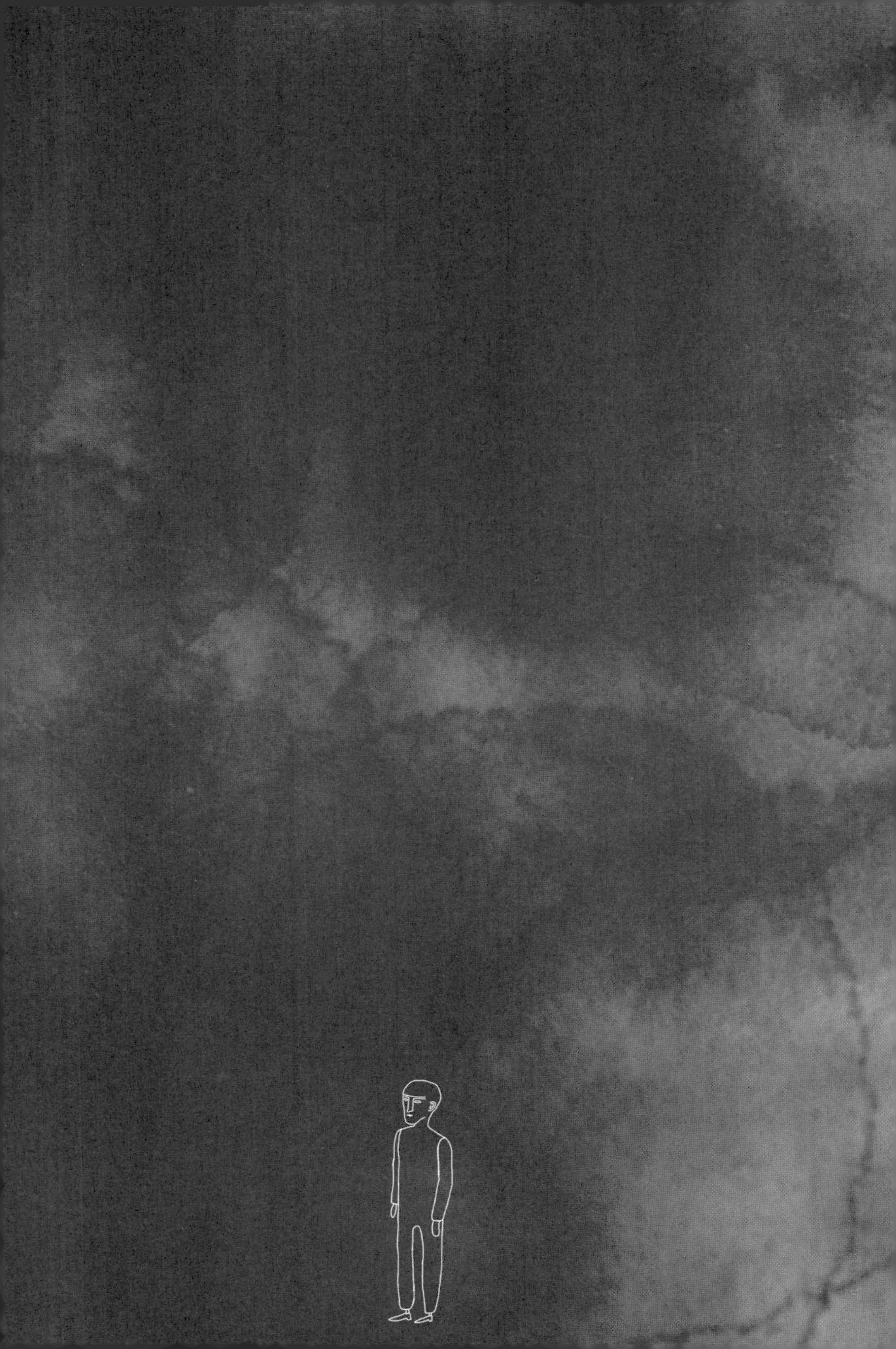

9장

의심을 찬미하라

어둠. 이것보다 우리를 더 두려움에 떨게 하는 것도 없다. 어둠이 만들어내는 두려움은 우리의 존재에서 하나의 상수이다. 부모님이 불을 끈 뒤에 우리 침실에 살아남아 있는 어둠. '으스스한' 이야기에 귀를 기울이고 있을 때 환한 모닥불 불빛 너머로 짙게 깔린 어둠. 나무들 사이로 드리워진 그림자를 밟으며 지나갈 때 우리를 짓누르는 숲의 오래된 어둠. 들어가면서 혹시 나밖에 없는 건 아닐까 하는 생각과 함께 엄습하는 집 안의 오싹한 어둠.

어둠은 기본적이고 존재론적인 두려움인데, 우리 뇌 속에 담긴 모든 두려움—인생을 살아가면서 생긴 것, 이야기 속 등장인물들의 삶에서 생긴 것, 문화에서 생긴 것, 동화에서 생긴 것을 포함해 실제 두려움과 상상의 두려움 모두—을 포함하고 있기 때문이다. 어둠 속에 더 많이 있을수록 어둠 속에서 두려워해야 할 것이 더 많아진다. 어둠 속에는 적대적 동물, 뼈가 부러지는 추락, 피를 흘리게 하는 날카로운 물체, 강도, 강간범, 살인자 등이 도사리고 있다. 게다가 실재하지 않지만 실재하는 것만큼 공포를 불러일으키는 상상의 산물도 있는데, 악령, 전설적인 짐승, 살을 뜯어먹는 좀비 등이 그런 것이다. 어둠은 미지의 것이 구현된 것인데, 이것은 그 어떤 것보다도 우리를 더 두려움에 떨게 하는 요인이다. 즉, 저 너머의 공간에 무엇이 있는지 우리가 알지 못한다는 것을 안다는 것이 두려움의 근본 원인이다. 안전한지 안전하지 않은지, 고통을 느낄지 즐거움을 느낄지, 살지 죽을지 알지 못하는 데에서 비롯되는 두려움이다. 심장이 쿵쾅거리고, 눈알이 이리저리 움직이고, 아드레날린이 치솟는다. 미지의 것은 머릿속에서 떠나지 않고 우리를 계속 괴롭힌다. 왜 그런지 그 이유를 이해하려면, 먼 과거로 돌아가 이 두려움이 우리를 어떻게 현재의 우리로 만들었고, 우리가 생존하는 데 어떤 도움을 주었는지 살펴보아야 한다. 이것은 우리의 진화적 과거인데, 창조성이 왜 우리를 잘 피해가는지(심지어 그 과정이 얼마나 간단한지 알더라도) 설명해준다. 이것은 또한 왜라고 묻는 것과 나쁜 가정을 몰아내는 것이 왜 그토록 힘든지도 설명해준다.

약 200만 년 전의 지구를 상상해보라. 특히 우리 모두가 기원한 장소이자 위험이 도처에 널려 있고 앞일을 예측하기 불가능했던 동아프리카 평원을 상상해보라. 한때 편평하고 숲이 우거졌던 이 지역은 거대한 규모의 판 이동으로 급작스럽게 건조하고 봉우리와 골짜기, 호수 분지, 고원이 널린 산악 지형으로 변했다. 자원(먹이, 물, 도구를 만드는 재료)이 빈약한 데다가 그마저 여기저기 흩어져 있었던 이 험준한 세계에서 우리의 유전적 조상이 나무에서 내려왔고, 그럼으로써 두발 보행을 하게 되었다—그리고 이 덕분에 이들은 이전의 비슷한 종들과 달리 멸종하지 않았다. 아직도 여러 종류의 호미니드가 불안정한 기후에 용감하게 맞서며 이 혹독한 지형에서 서로 경쟁하면서 진화하고 있었다. 이곳에는 위험한 동물도 많았는데, 오늘날의 후손보다 더 큰 하마, 덩치가 그와 엇비슷한 멧돼지, 바이스처럼 억센 턱을 가진 하이에나 등이 살고 있었다. 하지만 호미니드 중에서는 오직 한 종만 살아남았는데, 그것이 바로 우리 *현생 인류*이다.

이것이 바로 우리가 진화한(즉, 우리 뇌와 지각이 진화한) 환경이다. 그곳은 법과 질서가 자리를 잡기 아주 *오래*전의 지구였다. 그곳은 매우 불안정한 장소였고, 우리는 자신을 보호하고 먹이고 치료하는 지식이 매우 제한돼 있었다. 그 당시 인류는 오늘날의 우리처럼 '지구의 지배자'가 아니었다(비록 세균과 바퀴 같은 진정한 '지배자' 생물은 우리가 사라진 뒤에도 이곳에 오래도록 살아남겠지만). 우리 조상들은 단순한 질병에도 죽어갔는데, 의약품이 전혀 없었을 뿐만 아니라, 심지어 의약품의 가능성조차 전혀 상상할 수 없었기 때문이다. 세계는 적대적이고 불규칙한 장소로, 미래가 캄캄한 '어둠' 속에 싸여 있는 불확실성이 전형적으로 펼쳐진 곳이었다. 그런 환경에서 예측을 하지 못하는 것은 아주 **나쁜** 생각이었고, 예측을 하는 것은 아주 **좋은** 생각이었다. 가까운 식수원을 예측하는 데 실패한다면, 어떤 식물을 먹을 수 있고 어떤 식물을 먹을 수 없는지 예측하지 못한다면, '저곳'의 그림자가 나를 잡아먹을 수 있는 존재임을 제때 예측하지 못한다면…… *때는 이미 늦은 것이 되고 말았다*. 확실성은 삶을 의미했고, 불확실성은 죽음을 의미했다. '알지' 못하는 것은 곧 죽음을 의미했다.

'알지' 못하는 것은 곧 죽음을 의미했다.

진화의 역사 전체를 통해 늘 죽기보다는 살아남기가 훨씬 어려웠다. 사실, 죽지 않는 방법보다는 죽는 방법이 더 많다. 주거와 보호를 제공받고 모든 것이 잠깐 동안은 예측 가능한 자신의 공동체에 머물러 있을 때 가장 하고 싶지 않은 것은 "음, 저 산 너머에 무엇이 있는지 궁금한데?"라고 말하는 것이다. 이것은 **나쁜 생각**이다! 죽을 확률이 갑자기 크게 치솟는 것은 지극히 당연하다. 하지만 개인에게 성립한다고 해서 반드시 집단이나 종에게도 성립하는 것은 아니다. 바로 그 '미친' 개인 **때문에** 집단은 *역동적인 환경에서* 살아남을 확률이 더 높아진다—산 저편에 어떤 위험 또는 이득이 있는지 배움으로써, 그리고 어쩌면 이전에 집단이 그 존재를 몰랐던 새로운 가능성 공간을 발견함으로써. *겉보기에* 그토록 병적인 사람들, 즉 일탈자들('겉보기에' 정상인 사람들과 비교할 때 그들과 다른 사람들. 여기서 정상인이란 평균적인 사람들, 즉 정의상 일탈하지 않는 사람들을 말한다)이 있다는 것에 우리는 감사해야 한다.

물고기의 경우도 마찬가지다. 무리에서 벗어나 먹이를 찾는 개체들은 대개 제일 먼저 잡아먹힌다. 이들은 그 과정에서 희생되더라도, 결국 전체 무리에게는 이득이 된다. 다양한 악기 연주자로 이루어진 합주단—완전한 오케스트라—은 끊임없이 변하는 우리 세계와 같은 세계에 꼭 필요하다! 사실, 계의 진화에 다양성이 필수 요소라는 것은 보편적인 지식이다. 진화하는 인공 생명계들에 관한 연구는 다양한 개체군이 덜 다양한 개체군보다 최적의 해결책을 찾을 가능성이 더 높다는 것을 보여주었다. 게다가 다양한 개체군은 **확실한 환경**(자극과 보상 사이에 일대일 관계가 성립하는 곳)에 비해 **불확실한 환경**

(자극과 보상 사이에 일대다 관계가 성립하는 곳)에서 진화할 때, '맥락에 적절한' 행동(즉, 조건 행동)을 나타낼 가능성이 더 높다. **이들의 신경 과정 역시 더 복잡하다.** 예를 들면, 이들은 빛 자극이 모호할 때, 자신의 인공 '망막'에 색각의 필수 조건인 여러 종류의 수용기가 진화한다. 이 발견은 맥락에 적절한 행동과 처리는 불확실성에서 태어난다는 견해와 일치한다.

불확실성을 극복하고 겉보기에 쓸모없는 데이터로부터 유용한 예측을 해야 하는 과제는 분명히 나머지 모든 뇌와 함께 사람의 뇌가 해결하려고 노력하는 방향으로 진화한 기본 과제이다. 따라서 우리 뇌는 불확실성 속에서 존재하는 상태를 **피하도록** 진화했다. 살아 있는 계들은 일반적으로 불확실성을 싫어한다. 사람뿐만 아니라 모든 원숭이 종들이 어둠을 두려워하는 이유는 바로 이 때문인데, 어둠은 우리를 아주 취약하게 만들기 때문이다.[72] 우리는 단순히 어둠 자체뿐만 아니라, 문자 그대로의 어둠*과* 은유적인 어둠 모두의 불확실성 속으로 발을 들여놓을 때 느끼는 두려움도 피하려고 한다. 이와는 대조적으로(그래도 동일한 지각 원리에서 유래한 것이지만) 쥐는 어둠이 아니라 빛을 두려워한다. 야행성 동물인 쥐는 어둠 속에서 확실성을 더 느끼고 위협을 덜 느끼는데, 어둠은 포식자에게 발견되지 않도록 보호해주기 때문이다.[73] 쥐에게 불확실한 것은 어둠이 아니라 빛이다. 이 얼마나 놀라운 사실인가! 따라서 각각의 살아 있는 계가 피할 수 없는 불확실성에 대처하기 위해 생리적 반응을 발달시키는 것처럼, 살아 있는 모든 계는 (개인적으로 그리고 집단적으로) 자신만의 특정 '어

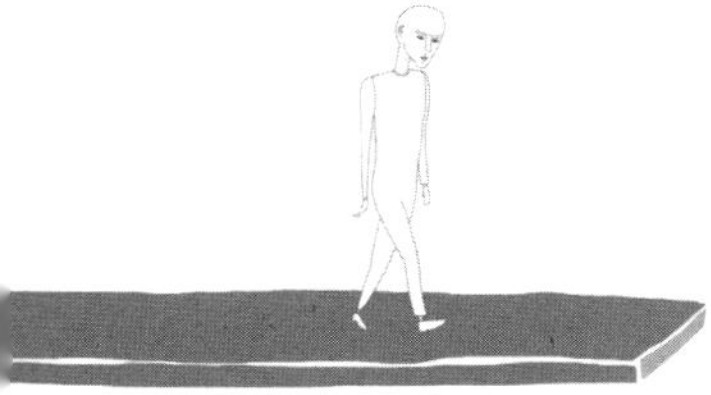

둠'을 발달시키고 배우며, 또한 그 특정 불확실성에 대한 깊고 적극적인 저항도 발달시키고 배운다. 이러한 반응들은 본능적이고 신체적이며, 우리의 지각과 관련해 뇌와 몸이 하나가 되는 방식과, 자연스럽게 나타날 수도 있었던 창조성을 뇌와 몸이 제약하는 능력을 분명하게 보여준다.

우리 뇌는 불확실성의 두려움에 처했을 때에 대비해 일반적인 전략을 두 가지 진화시켰다. 하나는 분노이다. 공항에서 분노한 여행객이 불운한 게이트 담당 직원에게 고래고래 소리를 지르는 모습을 본 적이 없는가? 이들이 이런 행동을 하는 이유는 여행이라는 본질적인 불확실성에 맞닥뜨렸기 때문이다. 이들은 그 상황에 대처하면서 혁신적 생각이나 동정심을 잘 발휘하지 못하는데, 이들의 뇌가 그런 행동을 하지 못하게 막는 상태에 빠졌기 때문이다. 분노가 지각에 미치는 효과는 어떤 의미에서는 불확실성에서 생겨난 두려움에 대처하는 한 가지 방법이다.[74] 분노는 무엇이 옳은가에 대한 자신의 지각이 완전히 정당하다고 느끼게 만드는 경향이 있는데, 이것은 확실성을 느끼게 하는 아주 강력한 지각적 망상이다. 분노에 수반해 몸에서 일어나는 급격한 생리적 변화가 이 과정을 지원한다. 근육 긴장도가 높아지고, 뇌 속에서 카테콜아민이라는 신경 전달 물질이 분비되어 에너지 지각을 증가시키는데, 이것은 분노가 부채질하는 보편적인 욕구, 즉 즉각적인 보호 행동을 취하려는 욕구를 촉진한다. 심장 박동이 빨라지고, 혈압이 상승하고, 호흡 속도 역시 빨라진다. 분노의 표적에 주의가 고정되는 바람에 나머지 것들에는 거의 주의를 기울이지 않는다.

분노를 느낀 사람은 그 자극이 지나가고 나서 한참 뒤에도 계속 그것을 반추하면서 자신의 상상 속에서 자극-반응 순서를 다시 만들어내고, 인과적 신경 연결을 추가로 *강화*한다(심상이 뇌의 활동에 미치는 힘을 상기해보라). 그러면 뇌의 신경 전달 물질과 호르몬(그중에서도 아드레날린과 노르아드레날린)이 추가로 분비되어 호전적 각성 상태를 지속시킨다. 여기서 흥미롭고 아이러니한 것은 더 창조적이고 지능이 더 높은 사람일수록 분노 반응에서 벗어나도록 설득하기가 더 힘들다는 사실인데, 이들은 실제로는 비인과적 관계에서도 의미 있는 듯이 보이는 연결을 찾는 데 뛰어날 뿐만 아니라, 잘못된 입장을 지지하는 일관성 있는 논증을 내부적으로 만들어내는 데에도 뛰어나, 무지의 불확실성으로부터 스스로를 보호하기 때문이다. 이 '자연적' 반응은 생사가 달린 특정 맥락에서는 엄청난 이득이지만, 과연 모든 맥락에서 최선의 반응일까?

진화를 통해 발달한, 확실성을 증가시키려는 뇌의 기본적 충동은 우리에게 권력에 관한 부적응자 연구소의 연구를 분석하기에 적합한 새로운 틀을 제공한다. 이 실험에서 우리는 피험자들을 낮은 권력 상태와 높은 권력 상태(그리고 대조군인 중립적 상태)로 점화했는데, 이것은 그들의 지각에 영향을 미쳤다. 예를 들면, 권력이 낮은 집단은 높은 집단보다 색 착시를 더 강하게 보았고, 맥락적 영향에 더 '난잡'했는데, 어떤 의미에서는 더 속기 쉬웠다. 하지만 잘 속는 지각적 속성은 실제로는 *확실성과 권력을 증대시키기* 위한 시도이다. 낮은 권력 집단에 속한 피험자들이 착시를 지각하는 데 조심성이 더 높아진 것은 피하고 싶은 불확실성의 생리적 상태를 조정하는 수단이었다. 더 어린 사람들도 착시를 더 강하게 지각했는데, 어린이와 청소년은 영구적으로 권력이 낮은 상태에 있고, 자신들이 만들어내는 결과에 이러한 확실성이 부족하다는 것을 아주 잘 알기 때문이다(하지만 공공장소에서 통제할 수 없게 짜증을 폭발시키는 아이의 부모는 아마도 그 상황에서 자신의 무력함을 증언할 것이다. 짜증은 통제의 한 형태이다). '연구소' 밖에서는 확실성을 추구하는 경향이 어떻게 우리를 몰아가는지(그리고 어떻게 우리의 가능성 공간을 제한하는지) 이해하지 못하면 비극적 결과를 초래할 수 있다. 하지만 이것은 또한 자기 파괴적 행동(비록 당사자는 '논리적'이라고 느낄지 모르지만)도 설명할 수 있다. 도나 페라토 Donna Ferrato가 이를 증언한다.

페라토는 많은 것을 본 사람에게서나 나오는, 상대방을 꿰뚫어보는 듯한 시선을 가진 여성인데, 실제로 많은 것을 보았기 때문이다. 가정 폭력을 고발한 사진들로 1980년대에 이 문제를 대중적인 이슈로 만든 이력이 있는, 두려움을 모르는 사진 작가 페라토는 인간 본성의 어두운 면을 아주 가까이에서 보았다(그리고 사진으로 정확하게 포착했다). 큰 파문을 일으킨 저서 『적과의 동거 *Living with the Enemy*』는 가장 친밀한 관계에서 포위당한 채 살아가는 여성의 참담한 초상화이다. 페라토가 운영하는 온라인 멀티미디어 프로젝트 '난 굴복하지 않아 I AM Unbeatable'는 학대받는 환경에서 탈출하는 여성들을 관찰하면서 새로운 삶을 향한 여행을 탐구한다. 하지만 이 과정은 간단한 것이 아니며, 페라토는 여성들이 지속적인 폭력의 확실성을 버리고 과감히 관계를 끊고 떠나는 불확실성을 선택하기까지 몇 년의 세월이 걸리는 것을 보아왔다. 이러한 경향은 우리 자신의 지각에 대한 몰이해가 우리를 맹목적으로 몰아갈 수 있는 기묘한 극단들을 설명해준다. 또한 "모르는 악마보다는 아는 악마가 낫다."라는 유명한 속담도 잘 설명해준다.

우리가 하고 느끼고 보고 경험하고 선택하고 사랑하는 많은 일의 바탕에는 불확실성을 줄이려는 충동이 자리잡고 있다. 심지어 우리는 불확실성보다는 차라리 고통을 겪는 쪽을 선호한다. 유니버시티 칼리지 런던의 과학자들이 최근에 한 연구는 불확실성의 정도가 클수록 피험자가 경험하는 스트레스가 더 심하다는 것을 보여준다. 이 연구의 주 저자인 아치 드 버커Archy de Berker는 "자신이 전기 충격을 받거나 받지 않으리란 걸 확실히 아는 상황보다 그 사실을 알지 못하는 상황이 훨씬 더 나쁜 것으로 드러났다."라고 말한다. 요컨대, 나쁜 상황에 대해 무엇을 아는 것보다 전혀 알지 못하는 상황이 그 계에 더 큰 스트레스를 준다. 따라서 다른 사람이 느끼는 불확실성 수준을 조절하는 방법을 통제 수단으로 사용할 수 있다(정부뿐만 아니라 심지어 개인 간의 대인 관계에서도).

성적 관계를 '비공개'(투명성의 한 형태)로 하는 것이 관계(그리고 더 일반적으로는 지각된 관계-만족)의 친밀감을 높이는 이유는 아마도 이 때문일 것이다. 불확실성을 줄이는 사업을 하는 회사들이 아주 큰 수익을 올리는 이유 역시 이 때문일 것이다. 통찰력이 뛰어난 마케팅의 대가 로리 서덜랜드Rory Sutherland가 내게 지적한 것처럼, 우버의 성공

원인은 단순히 택시 산업의 붕괴(대부분의 사람들이 이것을 그 요인으로 지적하지만)보다는 택시가 어디에 있고 언제 도착하는지 확실한 정보를 원하는 우리의 필요에 부응한 데 있는데, 이것은 불확실성에 대한 우리의 연구 결과를 뒷받침한다. 이 관점에서 주변을 둘러보면, 비슷한 예들을 많이 발견할 수 있다. 서덜랜드가 알려준 것처럼, 런던교통국이 다음 버스가 언제 오는지 LED 전광판으로 알려주는 서비스를 시작하자, 사람들이 런던의 버스 정류장에서 겪는 스트레스가 크게 감소했다. 설사 기다리는 시간이 상당히 길더라도, 상당한 시간을 기다려야 한다는 사실을 아는 것만으로 그 경험은 감정적으로 더 참을 만한 것이 되었다. 이와 비슷하게 히스로 공항의 5번 터미널 설계자들은 히스로 익스프레스 플랫폼의 엘리베이터에 'UP' 단추를 새로 설치했다. 그 엘리베이터는 오직 한 방향으로만, 그리고 오직 한 층만 올라가는데도 불구하고 말이다! 이 단추가 없으면, 엘리베이터에 탄 사람들이 누를 단추를 찾지 못해 공황 상태에 빠진다. 이 설계에서 아름다운 것은 그 플라스틱 단추가 그저 하나의 조명 외에는 실제로는 아무것에도 연결돼 있지 않다는 점이다. 그래서 미래의 여행자가 그것을 누르면, 실제로 일어나는 일은 버튼에 불이 들어오는 것뿐이다(그러고 나서 엘리베이터는 어쨌거나 자기가 해야 할 일을 한다). 이 예는 불확실성에 대한 우리의 두려움과 행위 주체성 사이에 강한 반비례 관계가 있음을 보여준다. 자신이 행위 주체성(통제 감각—망상이건 아니건)을 가지고 있다고 느낄 때, 불확실성 느낌이 감소한다. 이 깊은 신경생물학적 필요를 감안한 설계는 사람들의 안녕뿐만 아니라 이것을 실천하는 회사의 성공에도 아주 큰 효과를 낳으며, 따라서 다른 사람들을 위한 경험을 만들어낼 때(부적응자 연구소의 맥락 안에서) 우리의 설계 사고를 인도하는 기본 설계 원리를 제공한다.

그렇다면 확실성에 대한 욕구가 우리의 가능성 공간과 지각과 개인적, 직업적 삶을 형성하는 것이 분명하다. 이러한 필요는 대개 우리를 구해준다. 하지만 우리를 방해하기도 한다. 이것은 우리가 의식적 자아로 생각하는 것과 자동적 자아로 생각하는 것 사이에 지속적인 긴장을 만들어낸다. 확실성을 *추구*하도록(때로는 어떤 대가를 치르더라도) 만드는 선천적 반사를 극복하려면, 의식적 자아와 함께 길을 주도하면서 스스로에게 새로운 이야기를, *끈질긴* 실천을 통해 우리의 미래 과거와 심지어 생리적 반응을 변화시킬 이야기를 들려주어야 한다. 우리는…… 의심을 찬미하는…… 내부와 외부의 생태계를 만들어야 한다!

의심을 찬미하라!

이것은 일탈과 다르게 보기를 방해하는 가장 큰 장애물은 실제로는 우리의 환경이나 지능 또는 심지어(아이러니하게도) '아하' 순간에 도달하는 문제가 아님을 의미한다. 그보다는 인간 지각 자체의 성격, 특히 *지각된* 지식 욕구가 가장 큰 장애물이다. 하지만 커다란 역설은 지각의 메커니즘이 강력한 새 지각과 일탈 방법을 여는 *과정*이기도 하다는 것이다. 이것은 지각을 만드는 메커니즘이 방해물인 동시에 창조성을 가능케 하는 요소라는 뜻이다. 자신의 지각에 신경과학을 기반으로 한 *의도적* 관여를 함으로써 스스로에게 자신의 생각과 행동에서 (다른 방법으로는 절대로 이용할 수 없는) 가능성을 끌어낼 기회를 줄 수 있다. 그렇다, 우리의 첫 번째 목표는 살아남는 것이다. 하지만 상당 기간 살아남으려면 단지 현재의 순간에 반응하는 것만으로는 부족하다. 그러려면 적응이 필요한데, 자연에서 가장 성공적인 계들은 적응력이 가장 뛰어난 계들이기 때문이다. 게다가 우리는 모든 의미에서 번성하길 원한다. 이 목표를 달성하려면, 지각할 때 위험을 무릅쓸 필요가 있으며, 그러려면 **일탈할** 필요가 있다. 일탈을 잘하기란 쉽지 않다. 그러려면 몰입이 필요한데, 우리가 극복해야 하는 것은 단지 자신뿐만이 아니기 때문이다.

사람들은 확실성을 제공하는 제도를 중심으로 사회를 조직했다. 그런 제도로는 법원, 정부, 경찰, 그리고 슬프게도 교육 제도(심지어 대학 수준에서도)와 이것들과 관련된 과정들이 있다. 정치에서 '180도 입장 선회'나 '공약 뒤집기'는 항상 부정적 행동으로 간주된다. 하지만 잠깐만 생각해보면 이것이 얼마나 어리석은 생각인지 알 수 있다. 우리는 정말로 정치인—사실 **어느 누구**라도—이 반대되는 증거(때로는 압도적인 증거) 앞에서도 자신이 '옳다고 가정하는' 태도를 계속 고수하길 원하는가? 특히 어제 '옳았던' 것이 오늘도 반드시 옳은 것이 아님을 알면서도 그러길 원하는가? 아니면 우리는 유연한 사고를 구현하는 정치인(더 일반적으로는 모든 분야의 지도자)을 원하는가? 즉, 그러한 생각을 만들어내는 뇌처럼 현실적으로 유연한 사람들을 원하는가?

종교도 우리를 위해 불확실성을 줄여주는데, 수십억이나 되는 뇌들이 그들의 의심할 줄 모르는 믿음이 지지하는 가정들을 그토록 열정적으로 떠받드는 주요 이유(여러 이유 중에서도)는 이 때문이다. 2014년에 BBC의 한 기사는 안정성이 아주 높은 나라들에서는 무신론자의 비율이 높은 반면, 재난이 많이 발생하는 자연 조건이 존재하는 장소들에서는 대개 '도덕을 설교하는 신들'이 있다고 보고했다.[75] 하지만 안도감을 제공하는 이면에서 종교는 우리의 가정을 자신의 가정으로 대체하고, 절대로 의심해서는 안 된다는 것을 신조로 삼으라고 강요한다. 그리고 물론 우리 뇌 속에는 신경 활동의 끌개 상태(우리의 문화적 호메오밈homeomeme처럼)가 지닌 **운동량**이 있는데, 이것은 우리를 반사적 지각을 향해 미는 과거 의미들의 관성력으로, 저항하기가 어렵다.

하지만 그 안에서 혁신을 위해 불확실성을 받아들이는 것이 가능하며, 사실 그러는 것이 꼭 필요하다. 불안과 불편한 다른 감각들을 느끼는 것은 사실 *환영해야 할 상태들*이다. 상인들이 알아들을 수 없는 언어로 우리를 향해 소리를 지르는 외국의 혼잡한 시장처럼 이 상태들은 우리가 머물면서 지각이 마음대로 탐구를 하도록 허용하는 장소들이다. 만약 "괜찮아, **나는 몰라.**"라고 말할 수 있을 만큼 의심을 찬미할 용기를 끌어모을 수만 있다면, 갑자기 우리의 가능성 공간을 제약하던 축들이 사라지면서 우리를 해방시켜 새로운 아이디어들로 가득 찬 상태로 완전히 재시동한 공간을 만들 수 있게 해준다. 의심을 품고 갈등에 다가가는 것은 단지 가능할 뿐만 아니라 이상적인 행동이다. 이제 여러분은 자신의 지각이 어떻게 작용하는지 알았으니, 자신이 특정 방식으로 행동하고 생각하는 것은 가장 창조적이고 지성적인 자아의 표현이 아니라, 확실성에 대한 신체적 필요 때문일지 모른다는 사실을 이해할 것이다.

우리가 실제로 창조적 갈등에 확실히 관여하려면 어떻게 해야 할까? 무엇보다 필요한 것은 *다르게 들어야*…… 즉, *능동적으로 관찰해야* 한다. 단지 자신을 더 잘 변호하도록 돕기 위해 듣는 대신에 *갈등은 진정한 기회*라는 생각을 가지고 들어야 한다. 그리고 여기서 말하는 갈등은 일반적으로 자신의 기대나 희망 또는 욕망과 일치하지 않는 상황을 의미하는데, 그 예로는 어릴 때 처음으로 중력의 갈등에 맞닥뜨리거나 더 커서 나중에 자신의 것과 다른 견해에 맞닥뜨리는 경우를 들 수 있다. 학습에 가장 필수적인 공간은 *적절한 생태계에 있을 때* 갈등이 생긴다. 대인 관계에서는 그 생태계는 쌍방에게 "내가 옳아. 그 이유는……"이라는 식의 대립적 대화 개념을 버리도록 요구한다(다만 이런 태도가 꼭 필요할 때도 있다. 우리가 흔히 생각하는 것처럼 그렇게 많지는 않지만).

이 모형을 사용하는 정부가—혹은 더 일반적으로는 대인 관계가—어떻게 보일지 상상해보라. 만약 아는 것보다는 알지 못하는 것을 가지고 차이를 대한다면…… 답이 아니라 질문을 가지고 갈등에

임한다면…… 이 차이가 나의 지각과 미래 과거를 어떻게 변화시킬지 이해하려는 의도를 가지고 그렇게 한다면, 무엇이 창조적으로 구성될지 상상해보라. 이 접근법은 *여러분* 자신의 가정을(그와 함께 상대방의 가정도) 발견하는 필수적 방법이 될 수 있을 뿐만 아니라, 이 접근법을 체화하면 자신의 미래 과거를 변화시키고, 그럼으로써 미래의 갈등을 다루는 접근법도 변화시킬 것이다. 이것은 싸움을 아주 개방적이고 평화적으로 대하는 태도이지만, 성인聖人 같은 태도는 아니다. 여러분은 생산적으로 이기적 행동을 하고 있는데, 불가피한 갈등들로부터 자신의 인생과 관계에 더 많은 이해를 만들어낼 수 있는 최선의 아이디어들을 찾고 있기 때문이다.

갈등이 사실은 신체적 애정만큼 사랑의 일부인 이유는 이 때문이다. 다만, 대부분의 사람들에게 갈등은 신체적 애정만큼 즐거운 것은 아니다. 포옹과 키스, 섹스, 다른 종류의 접촉(이 역시 의미 있게 느끼려면 적극적으로 듣는 게 필요하다)과 달리, 갈등의 감정적 접촉은 흔히 커플을 합치는 대신에 갈라놓는데, 위에서 설명한 분노 축(언성을 높이는 말다툼과 그보다 더 심각한 것)으로 이어지는 경우가 많기 때문이다. 갈등은 일상적인 관리나 집안일처럼 평범한 문제에서부터 존재방식과 충실성과 기본적인 세계관처럼 더 심각한 문제에 대한 태도에 이르기까지 모든 것에서 생겨나는 긴장의 배출구이다. 하지만 대부분의 사람들이 잘 아는 것처럼, 만약 *다른 사람뿐만 아니라 자신에게서도* 지각이 어떻게 작용하는지 알지 못한다면, *모든* 문제는 갈등을 겪는 동안 심각해질 수 있다. 아주 사소한 불만이 최악의 설전을 낳을 수 있고, 두려움에서 분노로 향하는 성가신 축이 자신과 (특히) 다른 사람들의 지각을 인도하기 시작한다. 이런 일이 일어나는 이유는 갈등이 흔히 완료되지 않은 채 자신의 가정이 되기 때문인데, 이것은 상대방의 기대를 충족시키지 못하는 감정을 만들어내고, 이것은 다시 더 많은 감정을 만들어내면서 악순환이 계속된다. 다시 말해서, 애정 관계에 있는 두 사람은 같은 과거와 같은 뇌를 갖지 않았기 때문에, 같은 가용성 장소들에 같은 생각들이 가득 찬 같은 가능성 공간을 갖고 있지 않다. 너무나도 많은 사람들이 자신의 기대나 자신에 대해 드러낸 것(이상적으로는 자신에게만)의 정당성을 의심하지 않는 반면, 갈등의 해결책은 두 사람이 (문자 그대로) '더 높은' 존재와 사랑과 이해 상태에 도달할 때 찾을 수 있다. 즉, 상대방의 가정들을 포함할 만큼 자신의 가능성 공간의 차원을 확장하면 더 크고 더 복잡한 공간을 함께 만들어 그 안에서 두 사람의 반응이 공존할 수 있을 뿐만 아니라, 더 이상 충돌하지 않게 된다. 하지만 갈등을 통한 이러한 학습 과정에는 인내와 배려, 그리고 (물론) 갈등 자체에 대한 새로운 가정이 필요하다.

존 가트먼John Gottman은 워싱턴 대학교의 심리학자이자 명예 교수인데, 아내인 줄리 슈워츠 가트먼Julie Schwartz Gottman(역시 심리학자인)과 함께 관계에 대한 연구에 혁명을 일으켰다. 커플을 대상으로 한 연구에 과학적이면서 단지 임상적인 것에만 그치지 않는 접근법을 도입함으로써 데이터 수집뿐만 아니라, 관계에서 행복이나 불행을 만들어내는 보편적 행동 패턴을 확인하는 의미 만들기 방법도 개척했다. 이 연구 중 많은 부분은 시애틀에 있는 그들의 '사랑 연구소Love Lab'에서 일어났는데, 이 원룸형 아파트에는 그곳에서 시간을 보내기로 자원한 커플의 생리적 반응을 추적하는 최첨단 장비들이 갖춰져 있었다. 참여자들은 과학자들이 심장 박동 같은 신체적 지표를 측정하면서 그들을 관찰하고 기록하는 동안 그저 평소처럼 행동하기만 하면 되었다. 존 가트먼은 상호 작용하는 커플들의 연구에서 얻은 몇 년 동안의 데이터를 모아 그들이 이혼할 가능성을 91%의 확률로 정확하게 예측하는 모형을 설계했다. *이것*은 충분히 불안감을 느끼게 할 정도의 확실성이다.

가트먼 부부는 그들이 '네 기사The Four Horsemen'라고 이름 붙인 것을 확인했는데, 이것은 거의 예외 없이 커플의 붕괴를 초래하는 네 가지 행동을 말한다. 그 네 가지는 비판(단순히 불만을 표시하는 것이 아니라), 경멸, 방어적 태도, 완고함이다.[76] 가트먼 부부는 행복한 관계를 만들고 유지하는 것은 이보다 훨씬 더 복잡하다는 사실도 발견했는데, 그 이유는 대부분의 사람들(단지 연애 관계에 있는 사람들뿐만 아니라, *어떤 관계*에 있더라도)이 본질적으로 *비건설적* 행동으로 갈등에 접근하기 때문이라고 나는 주장하고 싶다. 우리는 갈등을 적대적 대결로 간주하는 경향이 있으며, 그럴 경우 자신의 견해를 보전하기 위해 상대방의 견해를 박살내는 것만이 유일한 목표가 된다. 건설적인 것은 전혀 없는데…… 탐구하거나 새로운 개념을 수용하려는 감각도 전혀 없고, '여행'이나 새로운 경험에 열린 태도도 전혀 보이지 않으며, 명쾌하게 드러낼 필요가 있는 해로운 가정이 숨어 있지나 않은지

적극적으로 발견하려는 생각도 없다. 질문도 전혀 없고 그저 '답'밖에 없는데, 이러한 답은 비창조적이고 상대를 배려하지 않는 비의도적인 종류의 해체만 낳는다. 하지만 대신에 모든 갈등에 완전히 다른 마음 자세로 임하면…… 아주 다른 가정들을 가지고 갈등을 지각하면…… 즉, 상대방의 일탈을 발견하는 기회로 지각한다면, 어떻게 될까? 다른 사람—심지어 자기 자신—을 이해하는 것은 그 사람이 다른 사람들과 어떻게 비슷한지 아는 것이 아니다. 사랑하는 것은 다른 사람의 일탈을 사랑하는 것이다. 나를 *나*로 만들고, 그들을 그들로 만드는 것은 표준에서 일탈하는 방식에 달려 있다. 내 동반자인 이자벨과 내가 즐겨 말하는 것처럼 이것은 두 사람의 광기가 양립할 수 있느냐 하는 문제이다. 끊임없이 진화하는 자신의 지각 역사의 일부로서 의심을 가지고 갈등에 의식적으로 임하는 것은 어렵고 심지어 위험하기까지 한데, 상대방이 지각의 원리를 이해하지 못한 채 갈등에 임한다면 특히 그렇다. 따라서 창조성에는 겸손 외에 용기도 필요한데, 우리는 지금 자신의 뇌가 피하려고 진화한 공간으로 발을 들여놓고 있기 때문이다.

어떻게 하면 의심을 찬미함으로써 진화가 내게 아주 나쁜 곳—불확실성의 어둠—이라고 말하는 장소로 발을 들여놓을 수 있을까? 어떻게 하면 이 모든 새로운 이해들을 단지 보는 방법뿐만 아니라 존재하는 방법으로 바꿀 수 있을까? 일탈을 향한 첫 번째 적극적인 발걸음, A에서 B로 가기 위해 내 가정들을 의심하는 발걸음은 어떤 것일까? 오래된 밥 뉴하트Bob Newhart의 한 촌극에서 내가 좋아하는 구절을 빌려 그것을 표현한다면……

그냥 멈추라

문자 그대로 그냥 멈추라. 속도를 늦추지 말고, 그냥 딱 멈추라.

8장에서 이야기한 것처럼 A에서 B로 가려고 한다면, 세계와 적극적으로 관여해야 한다. 하지만 B로 가기 위한 첫 번째 발걸음은 A에서 A가 *아닌 것*으로 가는 것이다. A가 아닌 것에 머무는 것은 불확실성에 머무는 것으로, 필수적인 과거의 의미 없이 자극을 경험하는 것이다. 그 비결은 우리가 자극 위에 층층이 쌓아온 의미들로부터 눈길을 **돌리도록** 선택하는 것이다. 자각함으로써 반사적 반응을 멈추라…… 반사의 원인을 볼 수 있을 때 할 수 있는 행동처럼 말이다. 거리에서 어떤 사람이 내게 다가와 부딪쳤다고 하자. 내가 보이는 첫 번째 자동적 반응은 "이 멍청한 놈!"이 될 수 있다. 이것이 'A'이다. 하지만 **그냥 멈추라**. A로 가려고 하지 마라. A가 *아닌 것*으로 가라. 어쩌면 내게 부딪친 사람은 몸이 불편할지도 모른다. 그래서 발을 헛디뎠고, 도움이 필요할지 모른다. 혹은 정말로 멍청한 사람일지도 모른다. 더 이상 알려고 하지 마라. **멈춤**은 덜 알 기회, 우리가 항상 확인하려고 노력하는 인지 편향의 지각을 좁히는 힘을 막을 기회, 무릎반사에서 반사를 제거하고 자극의 무의미성(설사 무의미하게 느껴지지 않더라도)과 함께 가만히 앉아 있을 기회를 준다.

모두가 '행복'할 때에는 선택할 것이 오직 한 가지밖에 없다. 의미 A에 그냥 머무는 것이다. 이것은 명백하다. 정말로 다른 선택이 없다. 누군가 파괴를 위한 파괴에서 보상을 발견하지 않는 한 그러한데, 슬프게도 그러는 사람이 있다. 하지만 대부분의 사람들에게 정말로 선택을 할 기회가 생기는 경우는 상황이 갈등을 일으킬 때뿐이다. 심지어 우리의 성격이 드러나고 만들어지는 것은 갈등이 생길 때라고 주장할 수도 있다. 갈등이 생겼을 때 한 가지 선택은 과거에 늘 그랬던 것처럼 무릎을 홱 움직이는 것이다. 이것은 정상적인(즉, 평균적인) 반응이다. 하지만 이제 자신이 어떤 일을 하는 것을 왜 보는지 자각하는 우리에게는 한 가지 선택이 더 있는데, 그것은 바로 일탈하는 것…… A가 아닌 것을 선택하는 것…… 불확실성 속으로 들어가는 것이다. 그곳은 통제가 머무는 곳으로, A가 아닌 것 다음에 오는 것(그것이 B가 되었건 C가 되었건 Z가 되었건 간에)이 아니다. 하지만 명백한 것으로부터, 즉 뿌리 깊게 자리잡은 끌개 상태로부터 *눈길을 돌리*는 것은 쉬운 일이 아니다. 먼저, 자신의 첫 번째 반응을 멈춰야 한다.

그렇게 하기 시작하면, 현재의 가정이 자신의 지각에 미치는 영향력의 크기가 줄어든다. 이것은 본질적으로 명상의 기능에 해당한다. 명상은 A가 *아닌 것*으로 가기 위한 메커니즘으로, 그 목표는 '자신의 마음을 비우고' 끊임없는(그리고 흔히 아무 결실 없는) 의미의 흐름을 막는다. 명상은 스트레스에 대처하는 편도의 '투쟁 혹은 도피' 반응을 돕는 것 외에 공감적 사고 발달(공감은 바로 자신을 다른 사람으로 상상하는 창조적 과정이다)과 '마음 방황mind wandering'을 포함한 사고 패턴 발달을 돕는다고 밝혀졌다. 2014년에 하버드 대학교에서 실시한 한 연구에서는 8주간의 마음 챙김 명상 과정 후에 피험자의 뇌에서 회색질이 증가했다는 결과가 나왔다. 이 결과는 명상 자체가 신경 성장을 촉진하는 내부의 풍부한 환경임을 입증했다.[77] 스트레스가 심해 창조성이 투쟁 혹은 도피 반응에 자주 밀려나는 상황에서는 **단순히 멈추는 것**만으로 뇌에서 고통 때문에 분비되는 코르티솔 대신에 다른 물질이 분비되게 할 수 있다. 그러면 뇌에서 더 공감적이고 관대한 행동(그 밖의 다른 행동들과 함께)과 관련이 있는 *옥시토신*이 분비된다. 관대함과 공감을 통해 우리는 훨씬 더 창조적으로 귀를 기울일 수 있다. 따라서 우리는 자신의 화학을 통해 실제로 더 나은 삶을 만들 수 있다.

반사적 의미를 멈추는 것이 아주 중요한데, 이것은 불확실성 속으로 들어가는 첫 발걸음이 되기 때문이다. 불확실성 속에서 우리는 예상치 못한 새로운 의미를 만들 수 있고, 그럼으로써 망상이라는 도구를 통해 과거 경험의 의미를 다시 만들 수 있으며, 또 자신의 미래 지각을 변화시킬 수 있다. 자유 의지는 A로 갈 때 발휘되는 게 아니라, A가 *아닌 것*으로 가기로 선택할 때 발휘된다. 자유 의지는 미래의 반응을 변화시키기 위해 정보의 과거 의미를 변화시킬 때 발휘된다. 자유 의지를 살리려면 불확실성의 맥락에서 자각과 겸손과 용기가 필요하다.

몇 년 전에 내 인생에서 특별히 그리고 연속적으로 스트레스가 심한 시기가 있었다. 그 결과로 내 인생에서 정서적으로 그리고 신체적으로 와르르 '무너지는' 순간이 찾아왔다. 내 몸은 두통, 저림, 여러 가지 신경계 장애 증상으로 거의 끊임없이 아팠다. 신경과학자가 이런 일을 경험하는 것은 위험한 일이었다. 그것은 흥미롭기도 하고 두렵기도 했는데, 너무 많이 아는 동시에 아무것도 몰랐기 때문이다. 각각의 증상(자극)은 뇌종양에서부터 다발성경화증에 이르기까지 일련의 가정들과 그로 인한 지각들을 촉발했다. 나는 몇 달은 아니더라도 몇 주일 동안 이런 상태를 경험했다. 증상들은 심리적인 것에 그치지 않고 생리적으로도 측정 가능한데도 분명한 진단이 나오지 않자, 공황 발작이 일어났다. 연관 지각은 다른 지각들만큼 실제적이었다. 내가 죽어가고 있다는(그것도 당장) 느낌이 아주 강하게 들었다. 그 느낌이 너무나도 강해서 앰뷸런스를 불렀는데, 앰뷸런스가 도착하자 그것은 미지의 상태에서 아는 상태로 나아가는 데 필요한 단계가 되었고, 따라서 죽음이 임박했다는 느낌이 사라졌다. 그렇다면 나는 어떻게 회복하여 A(단계적 공황 발작을 동반한 끔찍한 느낌)에서 B(그것이 어떤 것이건, 새롭게 '정상'을 되찾은 느낌)로 갈 수 있었을까? 나 이전에 많은 사람들이 그랬던 것처럼 지각 과정을 체화하여 새로운 방향으로 나아가는 데 필수적인 첫 발걸음을 내디디고, 자신의 편향을 자각함으로써, 그리고 그 이해를 가지고 현재 방향으로 나아가는 움직임을 멈춤으로써 그럴 수 있었다. 나는 추측에 기반을 둔 염려를 **그냥 멈췄다**. 나는 그것을 *적극적으로* 무시했다. 그 생각을 멈추자, 새롭고 훨씬 나은 생각들이 나타나기 시작했다. 그리고 이것이 나의 지각에서 새로운 역사를 점화했다.

특히 불안 발작의 경우, 거기서 벗어나는 경로 중 하나(설사 최선의 경로는 아니더라도)는 그것을 무시하는 것이다. 정말로 싹 무시해야 한다. 유명한 심리 치료자 카를 융Carl Jung은 문제는 결코 고쳐지지 않는다고 말했다. 단지 문제를 바라보는 우리의 관점을 바꿀 수 있을 뿐이다. 이 사례에서 관점의 변화는 문제에 전혀 주의를 기울이지 않는 것이었다. 그 원인을 알아내려고 애쓰지 않는 것인데, 왜냐하면 알아내려고 애쓸수록 그 의미를 강화시켜 추후의 발작을 더 강하게 만들기 때문이다. A(뭔가 잘못되었음을 '아는 것')에 있는 것이 A가 *아닌 것*(내가 쓸모없는 망상을 겪고 있었음을 깨닫는 것)에 있는 것보다 더 쉬웠다. 눈길을 돌리기가 어려웠는데, 주의에 관한 연구가 보여주듯이, 이것은 모든 사람이 아주 어린 나이 때부터 경험하는 어려움이다.

둘째 아들 시오Theo가 아기였을 때 일어난 일이다. 런던의 스토크뉴잉턴에 있던 우리 집 주방 테이블 옆의 흔들의자에 시오가 앉아 있었다. 시오는 아주 행복해 보였는데, 손이 닿지 않는 눈앞에 서로 대조적인 봉제완구 4개가 매달려 있었기 때문이다. 의자가 흔들거릴 때마다 그에 반응해 봉제완구들도 흔들렸는데, 처음에는 무한한 즐거움을 주는 것처럼 보였다. 내가 옆에서 요리를 하는 동안 시오의 얼굴에는 미소와 웃음만 넘쳤다. 그런데 얼마 후 상황이 변했다. 시오가 울기 시작했다(이것 자체는 별로 놀라운 일이 아닌데, 아기들은 자주 울기 때문이다). 그래서 나는 당연해 보이는 일을 했는데, 봉제완구들을 다시 움직이게 했다. 그것은 즉각 시오의 주의를 끌었지만, 시오는 다시 울기 시작했다.

그것은 슬픈 일이었지만 흥미로운 일이기도 했다. 나는 시오의 시선이 봉제완구에서 멀어질 때 울음이 줄어들거나 멈춘다는 사실을 다소 빠르게 관찰했다. (그렇다, 나는 시오가 우는 동안 계속 지켜보았지만, 그 울음은 아직 필사적인 수준은 아니었다! 음, 이것은 지각신경과학자를 아버지로 둔 아기라면 치러야 할 대가 중 하나이다.) 그랬다가 마치 자석에 끌리는 것처럼 시선이 다시 가운데 봉제인형으로 돌아갔고, 그때

시오는 다시 울기 시작했다. 그러고는 다시 주의를 돌리려고 애썼고, 그러는 동안 울음이 그쳤지만, 곧 다시 시선이 가운데 봉제인형으로 향했고, 또다시 울음을 터뜨렸다. 이 모든 것을 고려할 때, 울음은 좌절에서 나오는 게 분명하다고 나는 생각했다. 하지만 무엇 때문에 좌절을 느꼈을까?

그것은 시오가 자신을 지배하는 힘보다 봉제완구가 자신을 지배하는 힘이 더 컸기 때문이다.

나는 시오가 더 이상 봉제완구를 쳐다보길 원치 않는데도 쳐다보지 않을 수 없다는 사실을 깨달았다. 그것은 놀라운 일이었다. 시오는 반응을 멈출 수가 없었다. 시오는 A에서 다른 데로 옮겨갈 수 없었다. 시오는 A가 아닌 위치로 옮겨가고 싶었지만, 주의를 돌리지 못하는 자신의 무력함에 좌절을 느꼈다. 그래서 이 행동을 세 시간 동안 관찰한 끝에 나는 마침내 봉제완구를 치웠고, 그러자 모든 것이 평온해졌다(이건 농담이다. 나는 봉제완구를 금방 치웠다).

내 아이를 대상으로 한 이 작은 개인적 실험이 우리에게 알려주는 교훈은 무엇일까? 우리는 여전히 주의(신경과학자에겐 무엇이건 다 담을 수 있는 편리한 자루가 될 수 있는 것)에 대해 아는 것이 아주 적지만, 주의의 힘은 쳐다보는 행위를 하는 데 있는 게 아니라…… 쳐다보는 행위를 멈추는 능력, 시선을 돌리는 능력, 시선을 덜 명백한 것으로 옮기는 능력, 생각과 지각의 순환을 **멈추는** 능력에 있다. 그 이유는 우리의 주의는 역사적으로 우리에게 중요했던 대상에 자연스레 끌리기 때문이다. 그러한 대상은 발달하는 어린 시각계(곤충의 시각 뇌처럼)의 경우에는 대비가 아주 강한 사물처럼 기본적인 것이 될 수도 있고, 혹은 통증이나 즐거움과 연관이 있는 자극이 될 수도 있다.

아무 낌새도 못 채고 있는 사람 가까이에서 손뼉을 치면, 그 사람은 즉각 내 눈을 향해 주의를 돌릴 것이다. 파티에서 다른 사람과 대화를 나누고 있는 친구 옆에 서서, 자신과 대화를 나누던 사람에게 일부러 그 친구에 관한 이야기를 친구의 이름을 크게 말하면서 해보라. 그러고 나서 얼마나 빨리 친구가 그 대화에 끼어들거나(심지어 친구에 대한 이야기가 끝난 뒤에도) 혹은 하던 대화를 계속하기가 어려워져서 다른 데로 가버리는지 보라. 혹은 이쪽 차선 도로에서 난 사고가 아니라 *반대편* 도로에서 난 사고가 이쪽 도로 사람들의 (병적인) 주의를 끌어 길이 막히는 바람에 길에서 낭비하는 수천 시간을 생각해보라. **멈추는** 힘은 뇌의 전두 피질에서 나오는 힘이다. 주의의 핵심은 어떤 것을 바라보거나 시오의 사례에서처럼 시선을 합리적인 것…… 즉, 통계적으로 그리고 역사적으로 가장 이치에 닿는 것으로 향하는 것이 아니다. 그보다는 주의의 힘은 '명백한' 것으로부터 덜 명백한 것으로 시선을 돌리는 데 있다. 주의의 힘은 일탈을 시작하는 데 있고, 또 꿋꿋하게 뇌에 이의를 제기하여 필요할 때 멈출 줄 아는 전두 피질의 억제 능력을 작동시키는 데 있다.

이 점과 그 밖의 많은 점에서 우리는 다른 동물들과 아주 비슷한데, 많은 사람들이 믿고 싶어하는 것보다 훨씬 더 비슷하다. 벌은 겨우 100만 개의 뇌세포로 우리가 보는 것과 동일한 착시를 많이 보며(그리고 가장 정교한 컴퓨터들도 보지 못하는 방식으로 본다), 새는 추상적인 개념으로 생각할 수 있고, 어떤 영장류는 공정하지 않은 상황에 맞닥뜨리면 억울해한다. 주의의 방향성 역시 마찬가지다. 반짝이는 물체에 끌리는 동물들과 아주 비슷하게 우리 역시 본능적으로 반짝이는 물체(즉, 물리적으로 그리고 개념적으로 대비가 선명한 물체)에 주의를 기울인다. 우리 눈은 체계적으로 움직이며, 무작위적으로 움직이는 경우가 드물다. 우리는 표면들 사이의 경계를 본다. 우리는 자신의 감정 상태에 따라 안구 운동이 변하며, 권력이 높은 상태에 있을 때 전경을 더 많이 보고, 권력이 낮은 상태에 있을 때에는 배경을 더 많이 본다. 여성은 다른 여성의 얼굴을 남성의 얼굴을 볼 때와 다르게 볼(예컨대 눈 대신에 입을 보는 식으로) 가능성이 높다. (세계를 향해 난) 우리의 창에 해당하는 안구 운동은 우리의 가정들을 속인다. 그래서 명백한 것을 보는 것은 해야 할 명백한 일이지만, '명백한' 것은 사람마다 제각각 다르다. *그리고* 우리가 쳐다보는 시선 중 좁은 초점이 나머지 정보의 의미를 결정할 수 있다.

그래서 명백한 것을 보는 것은 해야 할 명백한 일이지만, '명백한' 것은 사람마다 제각각 다르다. 그리고 우리가 쳐다보는 시선 중 좁은 초점이 나머지 정보의 의미를 결정할 수 있다.

이제쯤 여러분은 책의 오른쪽 페이지 아래 구석에 있는 다이아몬드 외에 왼쪽 페이지 구석에도 또 다른 패턴이 있음을 알아챘을 것이다. 책장을 연속적으로 죽 넘겨보라. 막대들이 다이아몬드처럼 두 가지 방식으로 움직이는 모습을 볼 수 있다. 두 막대가 왼쪽에서 오른쪽으로 움직였다가 다시 거꾸로 움직이면서 X자 형태를 이루는 게 보이거나(이것을 패턴 운동pattern motion이라 부른다), 독립적인 두 막대가 각자 *따로* 위로 올라갔다 아래로 내려갔다 하는 게 보일 수도 있다(이것을 성분 운동component motion이라 부른다). 이것은 한 가지 운동 방향이 다른 운동 방향으로 무작위로 바뀌는 것처럼 보일 수 있다. 하지만 그렇지 않다. 이것은 오로지 여러분의 눈이 어디를 보느냐에 따라 달라진다. 이것을 이해하려면 다음과 같이 해보라. 시선의 초점을 두 막대가 만나는 X자 중심에 맞춰보라. 그러면 X가 왼쪽에서 오른쪽으로 움직이는 모습이 보일 것이다. 하지만 시선을 한 막대 끝에 고정시키고 위아래 방향의 그 움직임을 따라가면, 두 막대가 각자 독립적으로 위아래로 움직이는 모습이 보일 것이다. 여러분 눈에 보이는 모습은 어디를 쳐다보느냐에 따라 결정된다. 그 이유는 전체 이미지는 정확하게 똑같은 두 가지 가능성을 갖고 있을지 모르지만, 동일한 전체 자극을 이루는 각각의 요소는 그렇지 않기 때문이다. 가능성 공간은 여러분이 어디를 쳐다보느냐에 따라 결정되며, 이미지 자체의 추상적 가능성에 따라 결정되지 않는다. 이것은 무엇을 말해주는가?

어떤 사람이나 사람들의 집단을 정의할 때 기본적으로 중요한 것에는 그들이 하는 것(즉, 그들이 쳐다보는 것)뿐만 아니라, 하지 않는 것(즉, 그들이 쳐다보지 않는 것)도 포함된다. 예를 들면, 뇌 속에서 우리가 하는 일의 성격을 결정하는 것은 활동하는 세포들뿐만이 아니다. 활동하지 않는 세포들도 어떤 역할을 하는데, 중요한 것은 전체적인 활동 패턴이기 때문이다. 따라서 대부분의 동물들과 달리 우리는 명백한 것에서 눈길을 돌림으로써—A에서 A가 아닌 것으로 감으로써—자신의 미래 과거를 변화시킬 수 있다. 우리가 보는 것은 우리를 드러내지만, 우리가 보지 않기로 선택하는 것은 우리를 만든다.

우리가 보는 것은 우리를 드러내지만, 우리가 보지 않기로 선택하는 것은 우리를 만든다.

일탈 과정은 시선을 돌리는 데에서 시작하는데, 어떤 것을 보지 않는다는 것은 이제 눈이 다른 것에 초점을 맞춰야 한다는 것을 의미하기 때문이다. 그 '다른 것'은 우리가 통제력을 덜 지닌 것인데, 뇌는 이제 자신의 과거 역사와 결합된 새로운 자극을 감안해 새로운 끌개 상태로 변할 것이기 때문이다. 하지만 적어도 그것은 A가 되진 않을 것이다. 이렇게 A로부터 시선을 돌리는 노력을 충분히 하면, 미래에 반사적으로 A를 볼 가능성이 낮아지고, B(혹은 C 또는 Z)를 볼 가능성이 높아진다. 이 과정은 다음과 같이 일반화할 수 있다 : 우리가 눈을 어느 방향으로 돌리는 방법에서 성립하는 것은 생각을 어느 방향으로 돌리는 방법에서도 성립한다. 단지 그것을 인도할 연습이 필요할 뿐이다.

이제 움직이는 막대 플립북으로 다시 돌아가 책장을 다시 넘겨보라. 그런데 이번에는 매 페이지마다 두 막대가 교차하는 지점 바로 위에 점이 있다는 걸 눈치챘을 것이다. 이번에는 이 점에 시선을 고정하고 책장을 넘겨보라. 그러면서 *주의 방향*을 두 막대 사이의 접합점이나 한 막대가 경계와 만나는 지점에 초점을 계속 맞춰보라. 앞에서 자신의 안구 운동으로 그랬던 것처럼 말이다. 이번에는 눈을 움직이는 대신에 *주의만 움직이도록* 하라. 주의를 기울이는(그리고 주의를 기울이지 않는) 방향에 따라 막대들의 운동 방향이 어떻게 바뀌는지 살펴보라. 우리가 어떤 것으로부터(그리고 어떤 것을 향해) 시선을 돌리는 것은 우리 뇌에서 암호화하는 정보의 성격과 우리가 보는 것의 의미를 변화시킨다. 따라서 우리는 외부적으로는 눈으로, 내부적으로는 '마음'으로 '시선을 다른 데로 돌림으로써' A에서 A가 아닌 것으로 옮겨갈 수 있다. 우리는 **멈춤**을 통해 자신의 지각을 고쳐 쓰고, 새롭게 시작할 수 있다. A가 아닌 것으로 가는 것, 그리고 그곳에 도달하는 데 필요한 모든 것을 나는 '에코비ecovi'라고 부른다. 하지만 그러려면 우리 뇌가 진화를 통해 애써 피하려고 한 장소로 가는 게 필요하다. 그곳은 바로 불확실성이다.

10장

혁신의 생태계

우리는 지각이 실제로 작용하는 방식에 대한 이해가 창조성과 더 일반적으로는 창조를 완전히 새롭게 바라보는 틀을 만들어내는 것을 보았다. 우리 뇌가 *왜* 이런 방식으로 지각하도록 진화했는지 배움으로써 우리가 보는 방식을 변화시킬 수 있는 발걸음들에 관여할 수 있다. 이 접근법은 개인의 역할을 잘 보여주는데, 우리 각자는 적극적으로 질문을 던질(그리고 그 결과도 감수할) 책임이 있기 때문이다. **하지만** 이 책 전체를 통해 강조한 것처럼, 우리 중 어느 누구도 진공에 존재하지 않는다. 우리는 단지 자신의 생태계—우리가 거주하는 환경으로, 단지 그 속의 사물들로만 이루어진 게 아니라 그것들 사이의 *상호 작용*으로도 이루어진—를 만들어낼 뿐만 아니라, 그 생태계를 통해 만들어지기도 한다. 따라서 일탈하는 법을 제대로 배우려면, 우리가 상호 작용하는 세계 속에서 자신의 지각을 혁신하는 법을 배워야 한다. 우리 자신과 남을 위한 새로운 존재 방식을 발견하고, 우리가 살펴본 모든 지각의 원리들을 함께 결합하는 장소를 건설할 수 있는 곳은 바로 이곳이다.

버클리에 있는 캘리포니아 대학교의 밸리생명과학 건물 5층에 가면, 불빛이 희미하게 비치는 복도 끝에 별다른 특징이 없는 문이 있다. 기껏해야 수위가 사용하는 벽장이거나 사무용품 보관실이겠거니 하는 인상만 받을 뿐, 그 뒤에 놀라운 것이 있으리라는 느낌은 전혀 들지 않는다. 하지만 사실은 그 뒤에는 서로 연결된 큰 방 4개에 기묘하고도 혁명적인 공간이 있다. 지주들과 지지대들이 격자 모양으로 천장에 매달린 채 전기 코드와 배선과 투광 조명등에 연결돼 있다. 공학 도구와 회로판과 함께 컴퓨터와 비디오카메라가 도처에 널려 있다. 가장 눈길을 끄는 것은 거의 모든 표면 위에 널려 있는, 곤충이나 파충류처럼 보이는 소형 로봇들이다. 이것들은 곤충이나 파충류와 약간 비슷한 것이 아니라, 팔다리 관절과 몸의 힘줄에 이르기까지 놀랍도록 비슷하다. 내가 한 비좁은 방으로 들어가 박사 과정 학생에게 무엇 때문에 이곳에 왔느냐고 묻자, 그 여학생은 간단히 "바퀴벌레요."라고 대답한다.

이곳은 생물학자 로버트 풀Robert Full의 폴리-PEDAL연구소이다. PEDAL은 Performance(수행), Energetics(에너지학), Dynamics(동역학), Animals(동물), Locomotion(이동)을 나타내지만, 아주 근사한 방식으로 묶어놓은 이 다섯 단어만으로는 풀의 연구소나 여기서 일어난 놀랍도록 기묘하고 경이로운 업적을 '완전히' 알려주기에 부족하다. 풀과 대학생들 그리고 많은 분야의 유명한 전문가들까지 포함된 다양한 협력자들은 지금까지 놀라운 발견들을 이루어 과학자와 일반인 모두를 흥분시켜왔다. 폴리-PEDAL연구소는 왜 도마뱀붙이가 벽에 들러붙을 수 있는지 수천 년이나 된 수수께끼를 풀었다. 그 비밀은 바로 놀랍도록 복잡한 분자간 인력과 척력의 규칙인 판데르발스 힘에 있었다. 왜 바퀴벌레가 전속력으로 달리다가 막대 끝에서 몸을 홱 뒤집어 거꾸로 매달린 채 계속 달려갈 수 있는지 그 수수께끼도 풀었다. 뒷다리에 접착력이 좋은 털이 나 있어 그걸로 표면을 꽉 붙들고 몸을 '홱 뒤집을' 수 있는 것으로 밝혀졌다. 또, 거미가 단단한 표면에 비해 표면적이 9%밖에 안 되는, 그물처럼 성긴 표면 위에서 어떻게 효율적으로 움직이는지 그 비밀도 밝혀냈다. 거미는 접었다 폈다 할 수 있는 돌기를 통해 접촉 면적을 다리의 여러 부분으로 확대할 수 있기 때문이다. 이 연구소는 자연의 생체역학에서 설명하기 아주 힘든 현상들에 대해 매우 크고 통찰력이 넘치는 질문들을 던졌고 그 답도 내놓았다. 이들이 내놓은 답은 그 자체만으로도 흥미롭지만, 단지 그것에만 그치지 않았다. 그 이면에 작용하는 아주 강력한 원리도 밝혀냈다.

풀의 목표는 *단순히* 이러한 수수께끼들을 해결하는 것이 아니다. 이 연구소의 신념을 표현한 문구는 그 몸을 모형으로 삼아 연구하는 동물들에 대해 이렇게 이야기한다. "우리가 좋아해서 이 동물들을 연구하는 것은 아니다. 많은 동물은 사실 혐오스럽지만, 이들은 사람 같은 한 종만 연구해서는 알 수 없는 자연의 비밀을 알려준다." 풀의 목표는 이 '구조적 비밀'을 로봇공학의 진전을 통해 사람의 노력에 적용하고, 그럼으로써 자신과 동료들이 그 움직임을 연구하는 동물들의 여러 측면을 역설계하는(어느 정도까지는) 것이다. 풀은 이 노력에서 거의 유례없는 성공을 거두었고, 본질적으로 새로운 분야와 *생물학적 영감*이라는 설계 철학을 만들어냈으며, 그와 함께 *지표면*

*역학*terradynamics(땅 표면 위에서 이동하는 사물의 움직임과 거기에 작용하는 힘을 연구하는 분야. 공기역학에 대응하는 분야로 볼 수 있다)과 *강건성*robustness(구조들이 가장 강건한 형태를 얻는 방법을 연구하는 분야) 같은 하위 분야들도 만들었다. 이 연구소에서 나온 한 가지 혁신은 바퀴벌레로부터 영감을 받아 만든 로봇인 RHex인데, RHex는 생체공학 분야에서 나온 이전의 어떤 실험 로봇보다도 험한 지형을 잘 헤쳐나갈 수 있다. 그 응용 분야는 아직도 탐구 중이지만, 이미 분쟁 지역의 최전방에 변화를 가져오기 시작했다. 미군은 RHex를 아프가니스탄에 배치하여 폭력적 조우를 줄였는데, 병사들을 직접 보내기 전에 RHex를 로봇 전위대로 투입함으로써 사전에 안전을 확보한다.

폴리-PEDAL연구소에서 일련의 획기적 진전을 이루는 데 성공했는데도 불구하고, 풀은 자존심보다 협력을, 명성보다 탐구를 중시하는 겸손한 사람이다. 온 머리를 뒤덮은 백발에 카리스마가 뿜어나오는 팔자 콧수염을 기른 풀은 통상적인 야심에 이끌리는 사람이 아니다. 그는 명석하고 배려심 많은 삼촌 같은 인상을 풍기며, 현명함과 경험에 못지않게 상냥함이 넘친다. 오래전 내가 버클리에서 대학 시절을 보낼 때 풀은 나의 지도 교수 중 한 명이었기 때문에, 나는 그의 이런 모습을 직접 보았다. "중요한 것은 호기심이지."라고 풀은 말한다.

이 연구소 책임자로서 풀이 맡은 역할은 모든 답을 다 아는 것(한때 우리는 으레 지도자에게 그런 것을 기대했지만)이 아니라고 나는 생각한다. 대신에 좋은 질문을 제기하는 것이 그의 역할이다. 그래서 책임자로서 풀이 맨 먼저 해야 할 일은 관심을 불러일으키는 분위기를 조성하는 것인데(다른 길들도 있지만, 대개는 경이로움을 불러일으킴으로써), 만약 관심이 생기지 않는다면, 불확실성과 앞에서 이야기한 신경학적, 문화적 끌개 상태의 운동량에 맞서는 데 필요한 충동이 생기지 않기 때문이다. 두 번째는 올바른 가정들(보이지 않게 숨겨져 있는 경우가 많은)에서 **왜?**라고 묻고…… 그다음에는 **어떻게?** 또는 **만약 이렇게 한다면 어떨까?**라고 묻고…… 그러고 나서 **관찰하고**…… 마지막으로 **공유하고**…… 그리고 이 과정을 계속 반복하는 것이다. 풀은 물론 이런 일에 아주 뛰어나다. 하지만 기존의 가정을 무너뜨릴 만큼 대단한 질문을 던지는 것만으로는 충분하지 않다. 훌륭한 지도자는 다른 사람들이 불확실성 속으로 들어와 번성할 공간도 만들어야 한다. 왜냐하면, 풀은 그 시스템의 성공은 자신이 이끄는 사람들과 자신이 그들을 불확실성으로 이끄는 방식에 의해 결정된다는 사실을 잘 알기 때문이다. 새로운 기회를 만들기 위해 기존의 생각을 무너뜨리는 자신의 방식을 환영할 사람들과 함께 일하기로 선택한 이유는 이 때문이다(그리고 이와는 반대로, 풀은 자신의 생각을 무너뜨리는 사람들과 맞닥뜨렸을 때 방어적 태도를 보이지 않는다). 풀은 주기적으로 전체 집단을 **그냥 멈추게** 한다. 그럼으로써 그는 **불확실성에 대해 진화 자체가 우리에게 준 해결책**을 바탕으로 굴러가는 연구소를 만들었다.

그 해결책이란 무엇일까?

답: 그것은 우리가 살아가는 방식에 큰 변화를 가져올 수 있는 존

*재 방식*으로, 대부분의 혁신적이고 개척적인 것에 적용되는 존재 방식, 이 책의 근간을 이루는 다섯 가지 원칙으로 정의되는 존재 방식이다.

1. 불확실성 찬미하기: '멈춤'과 이 멈춤에서 생겨나는 모든 질문에 손실의 관점이 아니라 이득의 관점에서 다가가기 위해.
2. 가능성에 열린 태도 보이기: 사회적 변화에서부터 진화 자체에 이르기까지 변화의 엔진인 경험의 다양성을 장려하기 위해.
3. 협력: 가능성 공간을 확장시키는 집단이나 시스템의 다양성에서 가치와 동정을 발견하기 위해—이상적으로는 순진성과 전문성을 결합함으로써.
4. 내재적 동기 부여: 창조성 과정이 자체 보상이 되도록 하기 위해. 이것은 엄청난 역경 앞에서 불굴의 인내력을 발휘하게 해준다.
5. 의도적 행동: 궁극적으로는 **왜**의 관점에서 자각을 가지고 행동하고 의식적으로 관여하기 위해.

놀랍게도 1부터 4까지의 원리는 **놀이**라는 한 단어로 정의할 수 있다. 여기서 말하는 '놀이'는 문자 그대로의 놀이 활동보다는 태도를 의미한다. 이것은 어떤 문제나 상황 또는 갈등에 접근하는 방식에 놀이의 속성을 포함시키는 것을 말한다.

옥스퍼드 대학교의 자연철학자이자 영장류학자인 이자벨 벵케Isabel Behncke는 놀이과학의 전문가로 어른의 놀이를 중점적으로 연구하는

데, 특히 보노보의 놀이에 주목한다. 벵케는 콩고의 밀림에서 오랫동안 보노보들과 함께 살면서 습관과 행동을 자세히 관찰했다. 보노보는 침팬지와 함께 살아 있는 동물 중에서 우리와 가장 가까운 친척이다. 하지만 보노보는 침팬지와 달리 성적으로 아주 문란하다는(수컷과 수컷, 암컷과 암컷, 어른과 새끼 사이의 관계를 포함해) 점에서 독특하다. 보노보 사이에서 적응을 통해 자리잡은 이 특성은 유용한데, 섹스는 갈등을 조정하는 언어로 사용된다. 그런데 보노보는 성적 문란으로 유명하지만, 벵케는 사실은 보노보 사회에서는 놀이가 훨씬 더 자주 일어난다는 사실을 발견했다.

사람은 보노보와 아주 비슷하다. 놀이는 우리에게 세계와 관여하고 배우게 해주는데, *놀이에서는 불확실성이 중시되기 때문*이다. 만약 불확실성을 없애면, 그 놀이는 '재미'가 없어진다. 하지만 재미가 '쉬운' 것을 의미하는 것은 아니다. 놀이를 잘하기는 어렵다(모든 올림픽 선수가 증언할 수 있듯이).

게다가 벵케와 여러 과학자는 사람과 보노보 같은 종들이 에너지와 어렵게 얻은 칼로리를 쏟아붓는 대부분의 활동과 달리 놀이에는 결과 지향적 속성이 없음을 보여주었다(결과 지향적 속성은 어떤 활동이 낳은 결과만 중시하고, 과정 자체는 중시하지 않는 것을 의미한다). 결과 지향적 활동으로는 사냥(결과: 식량), 노동(결과: 식량과 주거 비용 조달 능력), 데이트(결과: 섹스 그리고/또는 연애) 등이 있다. 하지만 놀이는 *내재적으로 동기 부여*가 된다는 점에서 독특한 취미 활동이다. 마치 우리가 과학을 하기 위해 과학을 하는 것처럼, *우리는 놀기 위해* 논

다. 놀이는 그토록 아름답게 단순하다. **과정 자체가 스스로에 대한 보상이다.**

놀이에서 중요한 또 한 가지 측면은 단지 혼자서 그것을 즐기는 데 그치지 않고 남들과 함께 하는 경우가 많다는 점이다. 라켓볼이건 포커이건 섹스이건 간에, 다른 사람과 함께 놀이를 할 때, 그 놀이는 나는 누구이고 상대방은 누구인가라는 질문과 밀접한 관계가 있다. 하지만 만약 내가 친구와 놀이를 하면서 마치 친구가 그 친구가 아닌 다른 사람인 양 대한다면, 혹은 놀이가 무엇인가에 대해 그저 일반화된 개념을 갖고서 임한다면, 이런 태도는 우리가 진정성을 갖고 함께 할 수 있는 것들을 왜곡시키고 제한할 것이다. 잘못된 판단에 이끌려 고객들이 마치 평균적인 한 사람의 고객인 양 대하는 상품들이 많은데, 그 결과로 이 상품들은 어느 누구에게도 제대로 다가가지 못한다. 사람들을 평균적인 놀이 친구처럼 대하는 것은 일탈을 무시하는 태도이다. 놀이에 대한 연구 결과는 놀이가 다른 사람의 일탈을 안전하게 배우는 방법임을 보여주었다. 놀이는 가정들을 드러내도록 경험을 처리하는 방법인데, 그렇게 가정이 드러나면 우리는 의심을 제기하고, 그럼으로써 예기치 못한 결과를 촉발한다. 벵케의 연구에서 기반을 이루는 전제는 놀이가 우리의 시스템을 더 복잡하게 만들어 영감의 가능성을 높인다는 것이다.

놀이는 우리에게 불확실성 속으로 들어가 번성하게 해주지만, 놀이만으로는 완전한 도구가 될 수 없다—비록 어린이처럼 삶에 접근하는 방식이 뇌에 생산적인 것이 될 수 있긴 하지만. 진화를 통해 살아남으려면 혁신에는 창조 이상의 것이 필요하다. 즉, 우리에겐 다섯 번째 원리, *의도적* 일탈이 필요하다. 이것은 단지 일탈 자체를 위한 일탈이 아니다(물론 무작위적 탐색 전략이라는 측면에서 이것도 가치는 있지만). 의도는 꼭 필요한데, 그 중요성을 분명하게 보여주는 사례가 있다. 만약 놀이에 의도를 추가하면, 무엇을 얻게 될까?

바로 **과학**이다.

이 단어에서 여러분은 일련의 가정들이 떠오를 텐데, 대부분은 아주 긍정적인 것이 아닐 수 있다. 과학은 실험복의 무균 상태와 상상력이 빈약한 사실과 관련이 있다고 생각하는 사람도 있을 것이다. 과학은 측정을 통해 정의되는 방법론이며, 따라서 정보 수확 면에서는 궁극적인 방법이라고 생각할 수도 있다. 하지만 이것은 과학의 올바른 정의가 아니다. 과학은 그 '과학적 방법'으로 정의되는 것도 아니다. 과학적 방법은 그보다 훨씬 심오한 지각하고 행동하는 방법의 한 가지 표현일 뿐이다. 물론 *훌륭한 실험*을 설계하고 수행하는 데 필요한 기술은 필수적인데, 그것은 배우기가 아주 어렵고 실행하기도 힘들 수 있다. 나는 아름답게 실행에 옮겨진 그림이나 노래 또는 춤만큼 매혹적인 게 별로 없는 것처럼, 잘 설계된 실험만큼 우아하거나 아름다운 것은 별로 없다고 생각한다. 하지만 예술이나 과학이나 똑같다. 표현 방법의 기술이 반드시 그것을 정의하는 것은 아니다.

이러한 존재 방식이 실제적 응용 가치가 있다는 증거는 10세 어린이(내 아들 미샤를 포함해) 집단에서 발견할 수 있는데, 이들은 2011년에 벌의 지각에 관한 연구를 한 뒤에 역사상 가장 어린 나이로 논문을 발표한 과학자들이 되었다. 이 블랙오턴 프로젝트Blackawton Project는 이러한 과학의 원리들('의도를 가지고 놀아야 한다는')을 적용함으로써 과학계에 도전장을 던졌지만, 많은 학술지 편집자들은 어린이들의 이 연구를 실어주길 거부했다(영국에서 대중의 참여를 장려하는 최대 지원 기관인 웰컴트러스트조차도 충분히 큰 영향을 미칠 가능성이 없다는 이유로 이 연구 계획에 자금을 지원하길 거부했다). 하지만 이 연구 계획(우리는 이것을 아이사이언티스트iScientist 계획이라고 부르는데, 영국의 뛰어난 교육자 데이비드 스트러드윅David Strudwick이 고안한 이름이다)은 이전에 탐구된 적이 없는 완전히 새로운 가능성 공간을 만들어냈다. 이것은 창조성과 효율성을 각각 독립적으로 추구하는 대신에 이 둘을 결합하는 혁신 과정이다.

창조성과 효율성은 함께 혁신을 **정의**한다. 혁신은 자연 전체에 존재하고, 이 책의 많은 이원론적 긴장—실재 대 지각, 과거의 유용성 대 미래의 유용성, 확실성 대 불확실성, 자유 의지 대 결정론—에 반영돼 있는 바로 그 변증법이다. 창조성과 효율성 사이의 이 근본적인 대화는 존재하는 것 중에서 아마도 가장 혁신적인 구조인 뇌 자체에 구현돼 있다.

사람의 뇌는 자극과 억제 사이에서 균형을 잡고 있다. 이것은 필수적인데, 그래야 뇌의 반응 능력을 극대화할 수 있기 때문이다. 억제가 너무 강하면 자극이 적절히 전달되지 않고, 억제가 너무 약하면 자극이 과다하게 닫힌 피드백 고리를 만들어 간질 발작을 초래할 수 있다.[78] 사용이 증가하면 자극의 증가로 균형에 변화가 생기는데, 그 결과로 균형을 유지하기 위해 억제 연결이 증가해야 한다(그 반대도 마찬가지다). 이것은 뇌가 어떤 환경에서도 준비된 상태를 유지할 수 있게 해주고…… 불확실한 맥락에서 변화에 반응할 수 있게 해주는데…… 뇌가 효과적으로 자신의 복잡성을 맥락과 일치시키는 이유는 이 때문이다. 뇌는 정상성을 끊임없이 재정의하고…… 동역학적 평형을 부단히 찾는 것에 적응했다. 이것은 두서없이 계속 진행되는 성장하고 잘라내고, 또 성장하고 잘라내는 과정을 만들어낸다. 그 이유는 단순히 뇌가 창조성과 효율성 사이에서, 그리고 탐색 공간의 크기 증가와 감소 사이에서 왔다 갔다 하기 때문이다. 최근에 신경과학은 더 큰 세포 단계의 네트워크를 2개 발견했다. 하나는 '기본값 네트워크default network'로, 다른 네트워크가 휴식을 취하면서 '자유롭게 생각할' 때 더 활동적이다. 기본값 네트워크의 연결성은 더 광범위하고 포괄적이다. 다른 네트워크는 더 지향적이고 효율적이며, 집중적인 행동을 할 때 활성화되는 경향이 있다.

더 간단한 경험 법칙으로 단순화하려면 이런 식으로 생각하면 된다. 혁신의 생태계에서는 창조성을 더 많은 새 아이디어에 **예**라고 말하는 것이라고 표현할 수 있다. 슈브뢸과 그가 고블랭 직물의 수수께끼를 해결한 방법을 떠올려보라. 만약 왕이 문제를 해결하는 데 단 한 달 혹은 일 년의 시간만 주었더라면, 슈브뢸은 분명히 실패했을 것이다. 효율성을 강요했더라면, 시간은 더 오래 걸리지만 반드시 필요한 조사를 방해했을 것이다. 하지만 슈브뢸은 충분한 시간을 갖고 잘못된 설명(예컨대 태피스트리의 품질과 관련된)을 하나하나 배제해나가면서 직관에 반하는 설명들을 검토할 수 있었고, 그 덕분에 결국 인간의 지각을 이해하는 문제에서 역사적으로 중요한 도약을 이룰 수 있었다.

우리는 슈브뢸과 스티브 잡스, 그리고 그와 비슷한 사람들의 '천재성'을 숭배하지만, 때로는 **아니요**라고 말하는 효율성도 꼭 필요하다. 따라서 효율성 자체는 나쁜 것이 아니다. **아니요**라고 말하는 것(하지만 부정의 물리학을 확립하지 않으면서)은 그 자체로 나름의 창조적 기술이다. 탐구심이 넘치는 창조적 마음을 실행에 옮기고 그것을 가지고 일하는 법을 아는 사람들은 작가에게 마감을 정해주고 가장 호소력 있는 방식으로 이야기를 풀어나가도록 돕는 편집자(이 책에서 애런 슐먼Aaron Shulman이 나를 위해 도움을 주었듯이)처럼 꼭 필요한 존재이다. 어쨌든 때로는 창조성보다는 효율성이 우리를 구하는 데 더 도움이 된다. 버스가 자신을 향해 돌진하는 순간에 투쟁 혹은 도피 반응이 얼마나 유용할지 생각해보라. 이런 순간에 "음, 이것을 다르게 보는 방법은 없을까?"라고 자문하고 싶은 사람은 없을 것이다. 왜냐하면, 이 질문에 대한 답은 "그런 방법이 있다"이기 때문이다. 하지만 아마도 여러분은 그러려고 시도하지 않을 것이다. 이런 상황에서 현명한 판단은 되도록 **효율적으로** 거기서 벗어나는 것이다. 그러는 편이 생존 확률을 높일 수 있다—항상 이것이 핵심이다.

모든 조건이 같다면, 과제를 완수하는 데 에너지(문자 그대로의 에너지이건 재정적 에너지이건)를 덜 소비하는 시스템이 더 많이 소비하는 시스템보다 생물학적 진화, 사업, 개인적 발달 등의 모든 맥락에서 우위에 설 것이다.

심지어 학교와 대학—개인적, 문화적, 사회적 수준에서 다르게 보는 방법을 고취시키기 위해 존재하는 곳들—도 효율성의 인큐베이터가 되었다. 물론 이것은 아주 아이러니한 일인데, '기업들'은 명백하게(심지어 법적으로) 사람들을 위해서가 아니라 자신들을 위해 존재하며, 기업들도 (대부분) 이 점을 솔직하게 인정한다. 따라서 우리도 어느 정도 그것을 받아들인다(위선을 경험하는 상황을 제외하고는. 뇌는 진실성에 아주 민감하다). 하지만 학교와 대학의 존재 이유는 분명히 훌륭한 질문들의 온상이 되는 데 있다. 훌륭한 질문은 조립 라인에서 '생산될' 수 없다. 나는 내 박사 과정 학생이나 박사 후 연구원에게 "나는 화요일까지 그 발견이 일어나길 원하네!"라고 말할 수 없다. 발견의 가치 역시 달러로 계량화할 수 없는데(적어도 가까운 미래에는), 효율성을 높임으로써 창조성을 극대화하려는 시도는 완전히 잘못된 생각이다. 하지만 교육에서 창조성과 관련해 실제로 이런 일이 일어나고 있으며, 이런 시도는 경쟁력 있는 경제 모형에 포함된다. 이것은 뱃멀미와 비슷하다. 즉, 단지 지적 비용뿐만 아니라 인적 비용까지 초래하는 감각의 모순이다. 슬프게도 2014년에 임피리얼 칼리지 런던의 한 교수가 자살했다. 대학 측은 많은 기부금을 받아오지 못하면 그를 해고하겠다고 위협했다.[79] 그 밖에 개인적으로 어떤 어려움이 있었는지는 정확하게 추측할 수 없지만, 대학들은 교직원에게 교육의 진짜 목표—학생을 가르치고 우리의 지적, 과학적 우주를 확대하는 것—하고는 상관없는 목표를 달성하라는 압력을 점점 높이고 있다. 분명히 세상에서 한 부문만큼은 의도적으로 적자를 감수해야 할 필요가 있는데, 창조성은 단기적으로는 비효율적이기 때문이다(하지만 장기적으로는 그렇지 않다). 하지만 대신에 그런 종류의 적자 지출은 우리의 제도들 중 창조성이 가장 떨어지는 부문(정부)을 위해 따로 남겨놓은 것처럼 보인다. 그렇다 하더라도, 기업의 효율성 모형을 바탕으로 운영한다면(일류 기업의 재정적 인프라도 없이), 대학들의 창조성을 감소시킬 것이다. 그 결과, 연구의 방향은 중개 연구 쪽으로 기울어지고, 결실을 얻기까지 장기간이 걸리는 기초 연구가 크게 줄어들 것이다. 이러한 관점을 뒷받침하듯이 대학과 기업 사이에 패러다임 이동이 일어나고 있는 사실이 흥미로운데, 이제는 구글과 페이스북, 애플 같은 기업들에서 더 창조적인 연구가 쏟아져나오고 있다.

(불평은 이제 그만.)

효율성 극대화를 강조하는 태도가 이렇게 만연한 상황을 감안하면, 생사가 달린 시나리오를 벗어난 곳에서 이런 행동이 유리한 최선의 환경이 있는가 하는 질문을 던질 수 있다. 생물학—신경생물학을 포함해—이 내놓는 한 가지 답은 *경쟁적 환경*이다. 경쟁은 '지방(불필요하고 남아돌고 낡아빠진 것)'을 제거하는 큰 동기 요인이자 과정이다. 하지만 진화적 관점에서 말하면, 경쟁은 많은 죽음을 수반한다. 사업 모형에서 경쟁은 주어진 시간 안에 특정 결과를 얻지 못하면 사람들을 해고하는 문화가 기업에 생기게 된다는 것을 의미한다. 이 접근법은 큰 압력하에서 극단적인 노력을 자극할 수 있긴 하지만, 창조성을 촉진하는 데에는 완전히 잘못된 방법이다. 단지 탐구 노력에 우선 순위를 매겨서 그런 것이 아니라, 직원들의 스트레스 수준이 그들의 가능성 공간을 좁히는 것도 한 가지 이유이다.

경쟁을 통한 효율성 극대화를 추구하는 증거는 심지어 뇌에서도 발견된다. 기억날지 모르겠지만, 우리 몸이 소비하는 에너지 중 20%는 전체 몸무게 중 겨우 2%만 차지하는 뇌가 사용한다. 따라서 뇌세포는 수조 개의 연결을 만들고, 이 연결들을 통해 전기 활동을 만들어내는 데 필요한 생물학적 재료로서는 비용이 아주 비싼 셈이다. 그래서 *사고*(반드시 창조적 사고를 의미하지는 않는다)의 에너지학이 생겨난다. 우리 뇌가 뇌세포 수를 최소화하고, 신호 발사 횟수를 줄이려고 애쓰는 것은 이 때문이다. 이 과정은 다음과 같이 펼쳐진다. **많은** 뇌세포를 가지면서 각각의 뇌세포가 평생 동안 단 한 번만 신호를 발사하게 할 수 있다. 혹은 뇌세포를 **하나만** 가지는 대신에 그 뇌세포가 평생 동안 계속해서 신호를 발사하게 할 수 있다. 뇌는 *두 가지 전략을 모두* 사용하는 것으로 드러났다. 뇌는 한정된 에너지 자원을 놓고 경쟁하는 성장 인자들을 생산함으로써 세포들의 수와 필요한 활동 사이에서 균형을 잡는다. 가장 활동적인—혹은 더 정확하게는 자신과 연결된 세포들과 함께 동시에 가장 활동적인—세포들이 살아남을 가능성이 더 높다. 하지만 이용할 수 있는 자원의 양은 우리의 신경 회로에서 중복성을 제거해야 할 만큼 심하게 제한돼 있진 않은데, 이것은 창조성과 회복력을 위해 꼭 필요한 조건이다.

새의 소뇌를 비행기의 배선과 비교해 생각해보자. 새의 소뇌는 포유류의 소뇌와 마찬가지로 자신의 운동 행동을 제어한다. 새의 경우,

소뇌는 중력의 법칙에 맞서 싸우는 데 꼭 필요한 날개의 협응 운동을 가능케 한다. 우리처럼 지상에서 살아가는 동물들은 운동 협응 능력이 실패하더라도 기껏해야 몇 미터 아래로 추락해 찰과상이나 타박상을 입는 데 불과한 반면, 새는 소뇌가 기능을 제대로 하지 못하면 파국적인 결과를 맞이하게 된다. 그렇기 때문에 새의 소뇌는 아주 효율적일 것이라고 상상할 수 있다. 그것은 사실이다. 하지만 그와 동시에 새의 소뇌는 연결의 중복성 수준이 아주 높다. 이론적으로는 그 연결 중 절반 이상을 없애더라도, 새는 땅으로 추락하지 않을 수 있다![80] 우리의 가장 효율적인 발명품 중 하나인 정교한 전투기와 비교해보라. 제어 시스템에서 전선 몇 개만 자르거나, 날개 하나가 약간 손상되거나, 심지어 새 한 마리가 제트 엔진 속으로 날아들기만 하더라도, 수억 달러를 쏟아부어 만든 이 최신 발명품은 지상으로 추락하고 말 것이다. 그 시스템은 대부분의 기업(그리고 사실 스포츠와 운동선수에서부터 교육에 이르기까지 현대 생활의 많은 것)과 마찬가지로 매우 효율적이지만 전혀 창조적이지 않으며, 그래서 적응 능력이 없다— 즉, **혁신적이지 않다!**

혁신의 생태계를 **성공적으로 만들려면**, 우리 자신의 생물학을 잘 고려하고, 우리의 신경이 지닌, 효율성과 창조성의 균형을 맞추는 속성을 잘 활용해야 한다. 항상 창조적이거나 항상 효율적인 것이 성공에 이르는 궁극적인 길이 아닌 이유는 바로 여기에 있다. 두 가지 속성이 동역학적 평형 상태로 존재해야 한다. 게다가 그 시스템이 **발달**해야 한다.

발달 과정은 차원성을 추가하는 과정으로, 이를 *복잡화*라고 부르는데, 내 연구소와 여러 연구소가 오래전부터 연구해오고 있다. 이것은 매우 직관적인 것이다. 단순한 것(적은 차원)에서 시작해 복잡성을 추가하고(차원 증가), 시행착오를 통해 개선하고(차원 감소), 전체 과정을 반복한다. 발달은 혁신이 구현되는 과정이다.

2003년에 혁명적인 스마트폰 개발을 시작한 애플은 사용자 인터페이스 경험에 급진적인 변화를 가져오기 위해 스크린에 새로운 '멀티터치' 기술을 사용하려고 했다. 하지만 휴대 전화 자체의 디자인은 여전히 불분명했다. 한 가지 방법은 '엑스트루도Extrudo'라고 부르는 것이었다. 그 케이스는 압출 성형 알루미늄으로 만든 것으로, 가운데가 두껍고 양 옆쪽으로 갈수록 얇아졌다. 하지만 엑스트루도가 썩 마음에 들지 않았던 조니 아이브는 다른 방법을 시도했는데, '샌드위치Sandwich'라 부른 이것은 특별히 설계한 반쪽짜리 유리 두 개를 합친 것이었다. 아이브와 그의 팀은 복잡화하고 있었는데, 그러면서 이 두 가지 가정이 더 창조적인 발견에 도움을 주리라고 생각했지만, 사실은 도움이 되지 않았다. 결국 두 가지 안 중에서 어느 것도 선택받지 못했다. 대신에 아이브는 그들이 이전부터 갖고 있던 프로토타입을 선택했는데, 이것은 만약 그의 팀이 나머지 두 가지를 먼저 설계함으로써 복잡화하지 않았더라면, 결코 선택하지 않았을 세 번째 가정이었다.[81]

이 복잡화 모형은 사실상 실리콘밸리 모형이지만 그 뿌리는 생물학에 있는데, 발달과 학습과 진화는 바로 생물학에서 나타나는 반복 과

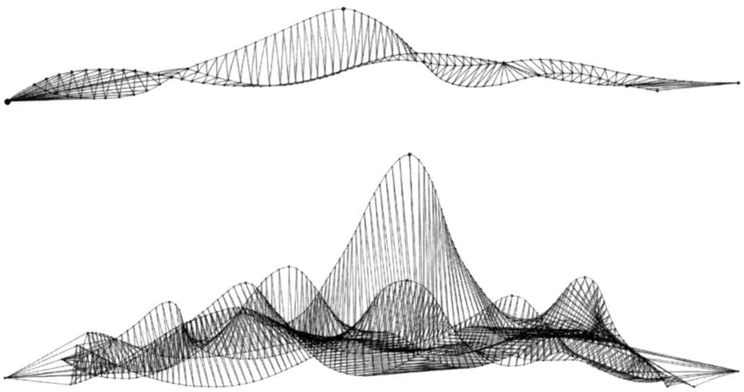

정들이기 때문이다. 따라서 '혁신적인' 실리콘밸리는 새로운 것을 전혀 하지 않는 회사들이다. 이들은 기본적으로 점균류와 뇌가 늘 하는 일을 한다. 하지만 복잡화의 성공을 보장하는 중요한 트릭과 전략이 몇 가지 있는데, 내 연구소에서 데이비드 맬킨David Malkin과 우디 슐레신저Udi Schlessinger가 한 박사 학위 연구가 이를 보여주었다.

가정을 네트워크로 모형화한 것을 다시 생각해보면, 네트워크가 복잡할수록 '최선'의 해결책이 자신의 가능성 탐색 공간에 존재할 가능성이 더 높다. 그 이유는 단순히 상호 연결의 수가 많을수록 가능한 해결책의 수가 증가하기 때문이다(위 그림에서 아래쪽 이미지가 보여주듯이). 이것은 가능한 해결책이 몇 가지밖에 없는 아주 단순한 시스템(위 그림의 위쪽 이미지)과는 대조적이다. 문제는 복잡한 네트워크는 적응 능력이 떨어진다는 점이다(이것을 *낮은 진화 가능성*low evolvability이라 부른다). 따라서 가장 높은 봉우리는 여러분이 복잡한 계일 때 여러분의 가능성 공간에 존재할 가능성이 높은 반면, 진화 과정이 그것을 찾지 못할 가능성이 높은데, 이것은 상당한 어려운 문제를 낳는다. 복잡계는 우리를 적응하도록 돕지만, 그 자체는 적응 능력이 뛰어나지 않다.

그렇다면 최선의 해결책을 발견하려면 어떻게 해야 할까?

그 답은 발달하는 것이다.

하나 또는 몇 개의 차원을 가지고 시작해 차원을 추가해나가라. 아래 그림은 동일한 계가 발달함에 따라 그 모습이 어떻게 변하는지 그 진행 과정을 보여준다. 데이비드 맬킨과 나는 이것을 '우버 지형uber-landscape'이라고 부르는데, 시간 요소를 탐색 공간(대개 정적인 것으로 모형화되는)에 추가하는 독특한 개념이다. 이 계가 얼마나 단순하게—단 하나의 봉우리로—시작하는지 보라. 하지만 z축을 따라 시간

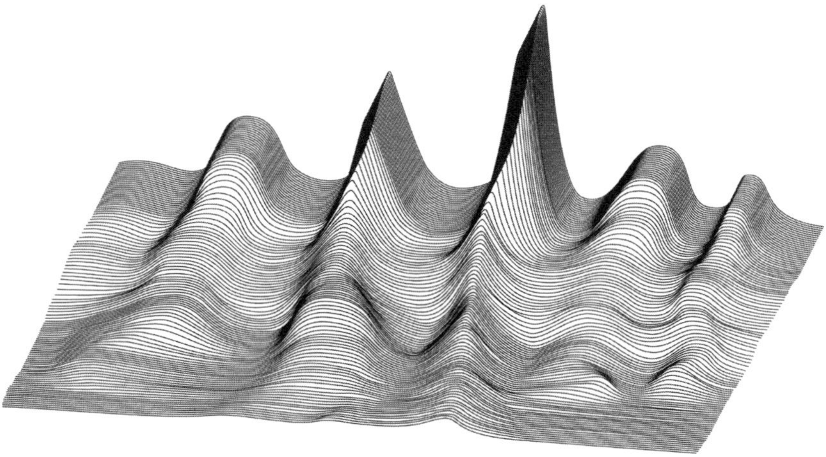

이 흐름에 따라 계에 더 많은 요소들이 추가되면서 봉우리 수가 점점 늘어나 그래프 반대편 끝에서 가장 복잡한 상태에 이르는데, 대략 5개의 봉우리가 나타난다. 놀라운 것은 네트워크를 이런 식으로 성장시켰을 때, 가장 복잡한 상태에서 최선의 해결책은…… 점점 복잡해지는 계가 각 단계에서 자신의 '에너지 상태'를 최소화하려고 노력할 때…… 발견될 확률이 가장 높은 해결책이기도 하다는 사실이었다. 이것은 첫 번째 예에서 계가 처음부터 복잡한 상태로 시작했을 때 우리가 동일한 해결책을 찾던 것과는 대조적이다. 이것은 단순한 상태에서 시작했을 때에는 우리가 낮은 차원 공간에서 높은 차원 공간으로 산등성이를 따라 걸어갈 수 있었던 것처럼 보인다. 그러면서 우리는 덧차원 우회로extra-dimensional bypass라 부르는 더 높은 차원을 추가함으로써 낮은 차원의 계에 있는 골을 지나갈 수 있었다. 이 발견은 직관에 반하지만 필수적이고 사변적인 원리를 시사하는데, 그 원리란 바로 계에 '잡음(즉, 무작위적 요소)'을 추가함으로써 그 계의 적응 능력을 높일 수 있다는 것이다. 만약 이것이 사실이라면, (추측에 많이 의존한 것이긴 하지만) 특정 표현형을 암호화하기 때문이 아니라, 다름 아닌 탐색 공간의 차원성을 증가시키기 때문에…… 그리고 일단 계가 새로운 봉우리에 자리를 잡아 안정되면 상실되기(혹은 침묵을 지키기) 때문에 존재하는 유전자가 있을 수 있다. 특정 개인이 가진 단 한 가지 기능이 공간의 차원성을 높이는 것뿐이어서 더 나쁜 해결책들 사이에 다리를 연결하는 조직에서 이것이 무엇을 의미할지 상상해보라. 그래서 때로는……

계에서 잡음은 좋은 것이다!

그렇긴 하지만, 새로운 차원을 추가할 때에는 각각의 복잡성 단계에서 계의 에너지 상태를 최소화하면서 주기적 성공 비율과 복잡화 비율의 균형을 잡는 것이 아주 중요하다. 다시 말해서, 우리는 기본적으로 형편없는 휴대 전화에 업데이트와 업그레이드를 추가하길 원치 않는다. 이미 기본적으로 성능이 우수한 것에만 그렇게 하려 할 것이다. 이것은 뇌가 발달하는 방식을 잘 보여준다. 뇌는 성장하면서 연결들을 추가하며, 따라서 스스로를 더 복잡하게 만드는데, 가능성 공간에 차원을 추가하고 새로운 신경전기 연결 경로를 만들어내면서 그렇게 한다. 하지만 뇌는 과거에 효과가 있었던 것과 없었던 것에 대한 피드백에 따라 그렇게 한다. 효과가 있었던 활동(유용한 가정)의 내부 패턴은 강화되고, 효과가 없었던 것(더 이상 유용하지 않은 가정)은 상실된다. 3장에 나왔던 내용을 기억할지 모르겠지만, 이것은 신경근육 이음부에서 우리 세포들이 하는 일인데, 중복성을 만들어냈다가 계가 다시 그것을 잘라내고, 그랬다가 다시 복잡해지는데, 그 결과로 연결의 수는 전체적으로 증가하지만 유용한 방식으로 조직된다. 게다가 우디 슐레신저는 실험실에서 유용한 복잡화 과정은 자기 나름의 유용한 방식으로 진행된다는 것을 보여주었다. 단순히 무작위적 연결을 하나 추가하기보다는 그 계를 복제하면서(중복성 추가) 작은 발걸음을 하나 추가하는 게 더 유용했다. 이 과정은 일탈자들이 자신들의 세포에서뿐만 아니라 삶을 살아가는 방식에서도 구현하는 것이다. 한 번에 하나씩 작은 발걸음을 내디디면서 자신의 가정들을 복잡하게 만드는 새로운 경험으로 자신의 존재를 더 복잡하게 만들고, 결국 자신의 마음에서뿐만 아니라 물리적 세계에서도 지각을 변화시키고, 그러고 나서 이 복잡화 과정에 뒤이어 공고화 과정이 진행된다. 그렇다면 각각의 업데이트는 전체를 다시 생각하는 것이 아니라, 이전 버전에 추가하는 '리프riff(반복 악절)'인 셈이다. 복잡성이 증가하고 감소하는 이 순환 과정은 생명 자체의 고유한 혁신 과정이고, 내재하는 갈등을 해결하는 근본적인 길이다.

따라서 만약 여러분이 아이폰이나 다른 애플 제품을 갖고 있다면, 항상 새로운 수정과 새로운 업데이트, 새로운 모델에 맞닥뜨릴 것이다. 이런 상황은 단지 그런 것을 홍보하기 때문에 그런 게 아니라, 아이브가 애플의 디자인 팀을 통해 혁신을 일으킨 질문 과정의 결과이다. 이 상황에서 지배적인 개념은 비록 애플이 의심의 여지 없이 대단하고 훌륭한 제품을 만들긴 했지만, *"이것보다 더 낫게 만들 수는 없을까?"*라는 질문을 항상 스스로에게 던지는 것이다. 그들은 새로운 작은 '농담'을 계속 쏟아내면서 그렇게 할 수 있고 또 그렇게 하고 있는데, 그 농담은 이전 버전을 개선한 새로운 버전의 아이폰으로 구현된다.

뇌의 발달뿐만 아니라 진화도 이 양극단 사이의 성공적인 긴장을 아주 잘 보여주는 예이다. 모든 종은 (창조적인) 탐구 시기를 거치는데, 이 시기에는 수십억 년 전에 물을 떠난 최초의 동물들에게 생겨난 발이나, 사람을 포함한 일부 영장류에게 발달하는, 나머지 손가락들과 마주 보는 엄지처럼 서로 다른 특성들이 나타난다. 종의 다양성이 크게 팽창한(차원성 증가) 시기들이 있었고, 이용(효율성) 시기가 그 뒤를 이었는데, 이때 유용한 특성들은 살아남고(차원성 감소) 나머지 특성들은 도태되어 오직 가장 강건한 생물만이 남게 되었다.

이러한 순환은 태양에 대한 지구의 움직임에도, 그리고 사람이 자신의 환경에 맞춰 진화한 방식에도 반영돼 있다. 만약 우리 종의 존재 자체가 혁신의 생태계라면, 각성과 수면 사이의 균형이 그 과정의 핵심에 자리잡고 있는데, 각성은 연결을 만들어내고 수면은 그것을 공고화한다. 처음에는 아기로, 그 다음에는 어린이로 발달하는 우리의 발달 과정 역시 마찬가지다. 어린 시절의 이 결정적 시기에 우리 뇌는 유연한데…… 미래의 많은 가정과 끌개 상태가 이 시기에 *확립*되기 때문이다. 이것은 제대로 발달하지 않은 뇌를 가지고 몇 년 동안 혼자서는 살아남을 수 없는 허약한 존재로 '너무 일찍' 태어나는 우리 종에게는 아주 큰 이득이다. 이 때문에 사람의 뇌는 자신이 처한 환경에 적응해 발달한다. 인류가 자연에서 어떤 종보다도 이토록 다양한 생태적 지위를 차지할 수 있었던 이유도 이 때문이다. 그러고 나서 우리가 나이가 듦에 따라 이 형성기는 느려지면서 변화가 더 어려워지는데, 반복되는 경험이 더 깊은 끌개 비슷한 상태들을 만들어내기 때문이다.(물론 그래도 우리는 여전히 창조적으로 변할 수 있다. 여러분이 지금 이 책을 읽고 있는 이유가 바로 그것이다!) 하지만 우리를 창조적으로 만드는 이 '우회로'는 적합도 지형에서 서로 다른 봉우리들 사이의 골짜기들을 빙 둘러 산등성이를 따라 걸어가게 해준다. 일단 더 높은 봉우리에 도달하면, 이제 우리는 여분의 차원을 버리고 그 패러다임의 효율성 측면을 향해 선회할 수 있다. 그러면 혁신(적응)은 나선과 같다. 우리가 유용하게 그 순환 주기에 접어들면, 이전에 있었던 곳으로는 결코 돌아가지 않는다. 대신에 비슷하지만 더 높은 곳으로 돌아간다.

음악의 음계가 좋은 비유가 될 수 있다. 중앙 다 음에 있을 때에는 라, 마, 바 음으로 올라감에 따라 음이 점점 더 높은 진동수로 옮겨간다는 점에서 다 음으로부터 점점 더 '멀어진다.' 이것은 창조적 시기와 비슷하다. 하지만 사, 가, 나 음으로 음계를 더 높이 올라가면, 지각적으로 다 음을 향해 '되돌아가기' 시작하는데, 이번의 다 음은 이전의 다 음보다 한 옥타브 더 높다. 혁신이 지닌 이러한 나선 성격은 창조성이 (아이러니하게도) 효율성에 이르는 핵심 경로이며, 효율성이 창조성을 낳을 수 있다는 것을 보여준다. 자연의 모든 것과 마찬가지로, 변화하는 세계에 적응할 수 있는 지속적 과정을 만들어내는 데 중요한 것은 양자 사이에서의 움직임이다.

이 때문에 적응을 장려하는 사업과 그 밖의 문화들(대학도 포함하여)은 움직임 없이 단 하나의 개념을 최대의 효율성으로 추구하는 '위상 고정' 국면에 빠지면 절대로 안 된다. 사업에서와 마찬가지로 자연에서 그런 계들은 개체군에서 금방 도태된다. 요Yo라는 앱은 고도로 전문화되고 매우 효율적인 단일 메시징 시스템으로, 커뮤니케이션을

"YO!"라는 단 한 단어로 축소해버린다. 메시지의 의미는 맥락에 따라 변한다. 창립자가 이 시스템을 코딩하는 데에는 여덟 시간밖에 걸리지 않았지만, 사용자 수가 금방 수십만 명 이상으로 불어났다. 그 어떤 것도 요에게 경쟁 상대가 되지 않았다. 이것은 메시징 플랫폼 세계에서 말레비치의 〈흰색 위의 흰색〉에 해당하는 것으로, 그 장르를 궁극적인 결론으로 이끌고 간 것이었다. 하지만 복잡화되지 않았다면, 요는 금방 죽었을 가능성이 높고, 혹은 더 일반적인 다른 플랫폼에 흡수되었을 가능성이 더 높다. 사실, 가장 성공적인 기업들은 내가 *쐐기 혁신* wedge innovation이라 부르는 것을 따른다. 이들은 자신의 공간에서 남들을 경쟁으로 물리칠 수 있게 해주는(처음의 참신하고 창조적인 아이디어로 효율적으로 변함으로써) 고도로 집중된 제품을 가지고 '뾰족하게' 시작한다. 하지만 그 다음에는 자신들이 하는 일과 그 일을 하는 이유를 늘려가면서 제품의 용도와 기업의 맥락성을 넓혀간다. 이렇게 하지 않아 망한 대표적인 기업이 코닥인데, 코닥은 그럴 기회가 있었는데도 경쟁자들보다 앞서서 디지털 사진으로 영역을 확장해 계속 위로 올라가는 굽이를 자신의 나선에 추가하지 **않아** 자신의 쐐기(일반 대중을 위한 사진 혁신)를 넓히는 데 실패했다. 애플은 그 반대 사례, 즉 미래를 내다보며 생각하고 나선을 따라 계속 올라가는 기업의 예를 보여준다.

기업은 성장함에 따라(그리고 사실 생명도 성장함에 따라) 다양한 기간(빈도)에 걸쳐 다양한 제품으로 서로 다른 나선들을 동시에 진행할 필요가 있다. 예를 들면, 구글은 한 가지 제품이 효율성 단계에 이르렀을 때, 즉 그 제품이 구글 검색 엔진이나 크롬북 랩톱처럼 잘 굴러가고 있을 때, 이미 자율 주행 자동차처럼 다른 혁신들을 시작하는 단계에 있었다. 이것은 구글의 혁신적 연구 개발 계획을 추진하는 연구소인 구글X의 비결로 간주할 수 있는데, 구글X가 창조적인 아이디어를 만들어내면 다른 곳들에서 그것을 효율적으로 만드는 일을 담당한다(앞에서 로버트 풀이 보여준 예처럼 나는 연구소가 이와 똑같은 과정을 따라야 한다고 주장한다). 그 결과로 어떤 아이디어는 혁신적인 것이 되고, 어떤 것은 구글 글래스Google Glass처럼 죽어갈 것이다. 구글 글래스가 실패한 이유는 기술 때문이 아니라, 구글이 디자인에서 사람의 지각/본성이라는 기본 속성을 고려하지 않았기 때문으로 보인다. 구글은 커뮤니케이션에서 시선의 중요성을 충분히 고려하지 않았다. 우리가 눈을 움직이는 목적은 단지 정보를 얻기 위한 것뿐만이 아니라, 자신의 기분 상태와 상대와 맺고 있는 관계의 성격을 알리기 위한 것도 있다. 예를 들어 만약 내가 당신을 바라볼 때 당신이 시선을 내리깐다면, 당신은 복종이나 불안감의 신호를 보이는 것일 수 있다. 만약 시선을 들어 올려다본다면, 그 반대 신호를 보내는 것일 수 있다.

생물학에서 영감을 받은 기본적인 요점은 이것이다: **적응하지 않으면 죽는다.**

사업과 인생에서 우리는 항상 어떤 순환 주기에 있어야 하는데, 그러면서 로버트 풀이 자신의 연구소에서 효율성과 창조성의 상호 작용을 평가하는 데 사용하는 방정식을 늘 인식해야 한다. 풀은 "계획의 성공 확률은 계획의 가치를 걸리는 시간으로 나눈 것입니다. 이것들의 균형을 잘 맞춰야 합니다."라고 말한다. 그 방정식에서 높은 확률이 나오도록 보장하려면 단순한 모형을 사용해야 한다. 먼저 창조성으로 시작한 뒤에 효율성을 챙기고…… 그러고 나서 반복한다. 이것을 반대로 하거나 동시에 해서도 안 된다(다른 집단을 통해 하지 않는 한).

먼저 창조성으로 시작한 뒤에 효율성을 챙기고…… 그러고 나서 반복한다.

어떤 계획을 시작할 때, 즉 마감 시간이 아주 많이 남아 있을 때에는 '이상적인 생각'이 중요하다. 자원을 놓고 생사를 건 경쟁이 벌어지기 전에는 유전자 돌연변이가 중요한 것처럼, 그리고 피카소가 대작 〈게르니카〉를 위해 최종 캔버스에 그림을 그리기 전에 수백 번의 습작을 그린 것처럼 말이다. 하지만 처음부터 효율성을 추구하면, 가능성 공간을 반복적으로 재배열하여 가능한 최선의 아이디어를 드러내기에 적절한 시간을 갖기도 전에 자신의 가능성 공간을 제한하고 만다. 작가가 작업하는 동안 편집자가 모든 문장을 일일이 편집하지 않고, 작가가 자신의 탐구 시기를 마친 *뒤에야* 장들이나 책 전체를 읽으면서 교정보는 이유는 이 때문이다(최고의 편집자는 작가가 창조성과 효율성 사이에서 균형을 찾도록 돕는다). 같은 이유로, 만약 괴테가 지나치게 탐구적인 책을 쓰기 위해 제한 없이 시간을 쓰는 대신에 그 주제에 대한 생각을 조직하는 데 자신에게 예컨대 10년의 시한을 책정했더라면, 색에 대한 집착에 빠져 꼬박 20년을 쏟아붓는 일은 없었을 것이다.

창조성과 효율성의 주기를 교대로 반복하는 것은 가장 성공적인 생체 계들이 했던(그리고 지금도 하는) 일이며, 실리콘 밸리/첨단 기술 문화가 자신의 것으로 효과적으로 고쳐 사용한 과정이다. 이것이 효과를 발휘하도록 하는 열쇠는 생태계의 피드백을 *언제* 분석해야 하는지 아는 데 있다. 데이팅 앱 틴더Tinder나 교통 앱 웨이즈Waze, 부동산 앱 레드 핀Red Fin의 초기 버전들처럼, 잠재력은 있지만 아직 완벽하지 않은 앱의 피드백 반복이 빨리 일어나는 회사들은 효율성에서 창조성으로 그리고 다시 그 반대로 재빨리 '코드 변환'할 수 있는 이점이 있고, 따라서 자신의 제품과 소비자들이 이야기하는 것에 최선의 서비스를 제공할 수 있다. 이들은 경험적으로 최선의 해결책을 찾고, 자신의 아이디어 적합도 지형에서 봉우리들과 골짜기를 탐구한다. 그래서 이 과정에서 부수적으로 나타나는 한 가지 필연적 결과는 '실패'이다. 이 접근법을 채택한 특정 스타트업 기업들의 성공은 최근에 *앞으로 나아가는 실패를 하라 Fail forward*와 *더 나은 실패를 하라 Fail better* 같은 구호를 크게 부추기는 결과를 낳았다. 이것들은 훌륭한 구호이긴 하지만, 그 본질에 해당하는 것은 첨단 기술 공동체가 등장하기 오래전부터 있었다. 그들은 과학을 발견했다.[82]

하지만 잘하기만 한다면, 그런 모형에서는 실제로 실패가 일어나지 않는다. 사업에서와 마찬가지로(혹은 비록 수익 문제가 항상 존재하긴 하지만, 사업에서 *그래야* 하듯이) 과학에서도 실패는 어떤 가설이 틀렸음을 입증할(이것은 뭔가를 배웠음을 의미한다) 때가 아니라, 아무것도 배우지 못했을 때이다. 따라서 예컨대 실리콘 밸리의 구호인 "앞으로 나아가는 실패를 하라."는 틀렸거나 분명히 *틀린* 것이다. 그 이유는 적절하게 설계된 실험은 실패할 수가 없고, 따라서 실패라는 개념 자체는 과학에 대한 잘못된 접근법이기 때문이다. 혹은 과학에서는 앞으로 나아가는 것은 곧 배우는 것이고 따라서 결코 실패가 아니므로, 실리콘 밸리에서 생각하는 실패라는 개념 자체가 잘못되었기 때문이다. 이 견해는 모든 혁신의 생태계 중심에 자리잡고 있다. 따라서 실리콘 밸리는 새로운 구호가 필요할지 모른다. 배우라Learn!…… 앞으로 나아가라Move forward!…… 실험을 잘하라Experiment well!…… (외우기 쉬운 것은 아니지만).

현대의 첨단 기술 문화는 진정한 혁신과 성공과 정서적 성취를 낳는 과정이 아무 탈 없이 아주 매끄럽게 진행되지 않는다는 사실을 아주 잘 안다. 거기에는 갈등도 있고 지연도 있다. 벤 언더우드가 다시 '보는' 법을 배울 때 겪었던 고통스러운 추락처럼 나쁜 결과를 초래하는 실수도 있다. 이렇게 낙담을 안겨주는 역경은 매우 고통스럽다(그리고 이것은 원래 그런 것이라고 인정해야 한다). 하지만 갈등은 긍정적 변화로 이어질 수 있는데(적절한 생태계에서라면), 진정한 혁신의 생태계는 아무 탈 없이 매끄러운 결과를 낳지 않기 때문이다. 이번에도 뇌 자체에 그 이유가 있다.

사람의 뇌는 완전함을 추구하지 않는다. 우리는 불완전한 것에서 아름다움을 발견하도록 만들어졌다. 우리 뇌는 확실성에 끌릴 뿐만 아니라, '잡음'—차이를 만들어내는 불완전성—에도 끌린다. 또, 여러분은 우리의 오감은 무의미한 정보를 이해하기 위해 대비가 필요하다고 했던 말을 기억하고 있을 것이다. 그렇지 않으면, 정보는 무의미한 상태로 남아 있고, 여러분이 직접 실험해본 미세 신속 운동에서 경험한 것처럼 우리는 눈이 멀고 만다! 예를 들어 피아노 연주를 생각해보라. 피아노를 연주하는 기계와 전문 연주자 사이의 주요 차이점은 무엇인가? 기계가 연주하는 곡이 미학적으로 즐겁게 들리지 않는 이유는 무엇일까? 그것은 차갑고 '영혼이 없는' 것처럼 들리는데, 왜냐하면 (아이러니하게도) 그 연주가 완벽하기 때문이다. 거기에는 실수도 망설임도 없고, 자발성과 끊임없이 적응하는 보편적인 인간의 필요와 욕구의 느낌을 주는 게 아무것도 없다. 요컨대 우리 뇌는 자연스럽게 아름다운 것을 찾도록 진화했는데, 자연스러운 것은 불완전하다. 혁신 과정이 완전할 필요가 없고, 그 결과도 완전할 필요가 없는 이유는 이 때문이다.

중요한 것은 우리가 얼마나 불완전한가…… 그리고 얼마나 일탈적인가…… 하는 것이다.

창조성과 효율성 사이에서 왔다 갔다 하는 이 나선 과정은 본질적으로 불완전한데, '사이 공간'은 정의상 이행 구역이기 때문이다. 이행 구역은 생물학에서 말하는 *이행대*ecotone—숲과 이웃의 초원 사이이건, 바다와 해변 사이이건, 네안데르탈인과 현생 인류 사이이건, 한 종류의 공간이 다른 종류의 공간으로 이행해가는 지역—에 해당한다. 이행대는 대부분의 생물학적 혁신을 만들어내지만, 가장 많은 위험을 포함하고 있는 곳이기도 한데, 청소년에서 어른으로, 익숙한 집에서 새 집으로, 독신 생활에서 결혼 생활로(때로는 다시 그 반대로), 자녀가 없던 삶에서 부모의 삶으로, 직장 생활에서 은퇴 생활로 이행하는 과정에서 흔히 일어나듯이, 이행은 불확실성을 동반하기 때문이다. 여기서 핵심은 혁신이 '사이 공간' 안에서 움직인다는 사실이다. 혁신은 사이에서 일어나는 **움직임**이다. 혁신적이 되려면, 단순히 카오스의 가장자리에 계속 머무는 것이 아니라, **'평균'적으로** 카오스의 가장자리에 머물러야 한다. 이것은 주어진 어느 순간에 자신이 어느 단계에 있는지 알아야 한다는 것을 의미한다. 또한 이 자각을 더 확대하여 효율적인 사람에게 효율적인 역할을 맡기고, 창조적인 사람에게 창조적인 역할을 맡겨야 한다. 만약 이것을 오해하면, 혁신 과정에서 모든 것이 잘못될 가능성이 높다. CEO에게 회사의 비전을 이끌도록 해야지, 그 비전을 실행에 옮기는 일을 해야 할 COO(최고 운영 책임자Chief Operating Officer)에게 그 역할을 맡겨서는 안 된다. 가장 위대한 혁신자들은 개인인 경우가 드물고, 창조성과 효율성 사이의 이 긴장을 구현하는 집단인 경우가 많다. 특히 혁신의 생태계 내부에서 강력한 잠재력을 지닌 짝은 *초보자와 전문가*이다.

로버트 풀은 "대학생은 우리에게 일종의 비밀 무기인데, 이들은 어떤 것이 불가능한 일인지 모르기 때문이지요."라고 말한다. 그가 말한 이 '순진한' 대학생들 중에는 가끔 20세가 채 되지 않은 젊은이도 있는데, 어떤 것이 불가능하다고 믿어야 하는지 모른다. "우리가 이룬 주요 업적들은 대학생들이 이룬 것이라고 말할 수 있습니다. 나는 한 2학년생에게 '볼 수도 없고 잡을 수도 없는 도마뱀붙이의 털 하나가 지닌 힘을 측정해야 하네. 측정할 수만 있다면, 그것이 얼마나 끈적끈적하게 들러붙는지 시험할 수 있어.'라고 말했지요. 그랬더니 그 여학생은 그 말을 문자 그대로 받아들였지 뭡니까!" 그 여학생은 도마뱀붙이의 털을 실제로 측정하는 천재적인 방법을 발견했는데, 풀은 그것이 가능하리라고 전혀 생각하지 않았던 일이었다. "그 학생은 2학년 때 그것을 발견했어요. 나는 양심상 대학원생에게는 그 일을 맡길 수 없었거든요. 그런데 그 학생이 오더니 '오! 말씀하신 걸 측정했어요.'라고 말하더군요. 난 '뭐라고?!'라고 외쳤지요." 무지가 축복이 될 때가 있다. 무지는 대단한 일을 해낼 수 있다.

내 연구소에서 나는 학생들에게 처음에는 전공 분야의 책을 읽지 말라고 말한다. 나는 학생들이 그냥 순진하게 자기가 잘하는 일을 하면서 자기 나름의 탐색 과정을 시작하는 걸 좋아하는데, 그러다 보면 결국 나중에는 방향을 선회하며 전문화된 효율성 모드로 전환할 필요를 느끼게 된다. 어차피 박사 과정에 들어가면 결국 그런 식으로 일하지 않으면 안 된다. 그래서 나는 학생들이 전문화되지 않은 이 순수한 속성을 되도록 오랫동안 보존하길 바라는데, '전문가' 교수(나 같은)와 완전히 다른 가정들을 가질 수 있기 때문이다. 그리고 내가 자주 그러듯이, 이들 전문가는 결국에는 학생들에게서 배운다. 사실, 혁신의 생태계 내에서는 창조성을 위해 집단의 다양성이 필수적인 반면, 모든 다양성이 다 똑같은 것은 아니다. 어떤 종류의 다양성은 다른 종류의 다양성보다 더 낫다. 부적응자 연구소에서 우리는 대개 전문가와 순진한 사람(무지한 것은 아니고, 단지 경험이 없을 뿐인)의 다양성을 탐구한다. 그 이유는 전문가는 제기해서는 안 되는 질문이 어떤 것인지 알기 때문에 좋은 질문을 잘 생각하지 못하는 경우가 많기 때문이다. 하지만 흥미로운 발견은 대부분 '적절한' 질문을 제기하는 데에서 나오는 게 아니라, '어리석어' 보이는 질문을 제기하는 데에서 나온다. 전문가가 상대적으로 비창조적일 수 있지만 대신에 효율적인 이유는 이 때문이다. 하지만 올바른 종류의 전문가—의도를 가진 놀이로 정의되는 존재 방식(즉, 과학)을 받아들이는 사람—는 그럼에도 불구하고 질문을 받았을 때 훌륭한 질문을 알아볼 수 있다. 그렇더라도 그들 자신은 그런 질문을 던질 수 없는데, 이것은 정말로 놀라운 일이다. 이와 반대로 순진한 사람은 천진난만하게 훌륭한 질문을 던질 수 있는데, 어떤 질문이 해서는 안 되는 질문인지 모르기 때문이다. 단점은 훌륭한 질문의 요건이 무엇인지도 모른다는 점이다.

요점은 전문가와 초보자가 필수적인 한 쌍을 이루기 때문에 *모두 필요*하다는 것이다. 창조자 유형이 자신이 어디로 가려고 하고 그것이 무슨 의미가 있는지 항상 다 아는 것은 아니다(만약 진정한 창조자라면, 즉 일탈자라면 말이다). 이들에게는 자신을 도와주고, 어떤 아이디어가 최선의 아이디어인지 알아보는 '실행자'가 필요한 경우가 많다. 반면에 전문가는 초보자가 와서 갑자기 터널을 탁 트인 들판으로 바꾸는 질문을 던지기 전까지는 '터널 시야tunnel vision'에 갇혀 있는 경향이 강하다. 아마도 그러한 초보자 중에서 가장 유명한 예는 아인슈타인이 아닐까 싶은데, 상대적으로 말하면 그는 학계에서 아웃사이더였다. 자기 분야를 전문적으로 제대로 배우지 않았던 아인슈타인은 충분히 순진하여 품어서는 안 될 질문들을 품었다. 물론 아인슈타인은 물리학 분야에서 전문가가 되었지만, 자신의 순진성을 결코 잃지 않았다. 바로 이것이 핵심 비결이다.

아인슈타인의 경우처럼 동일한 사람이 전문성과 순진성을 모두 유지하는 것이 가능하다. 예를 들면, 폴리-PEDAL연구소에서는 생물학자들이 물리학자들과 함께 일하는데, 다른 사람의 연구를 잘 이해하지 못하는 경우도 많다. 풀은 전문 분야가 서로 다른 사람들은 "*다른 사람의 분야*에 순진"하다고 말한다. 역할은 늘 변하는데, 풀은 자신의 대학생과 대학원생에게는 전문가이지만, 예컨대 수학자와 함께 일할 때에는 순진하기 때문이다. 사람들의 다양성과 주어진 상황에서 그들이 담당하는 역할을 인식하는 것이 중요하다. 풀은 "어떤 사람은 아주 총명할 수 있지만, 그렇다고 해서 반드시 생물학을 잘 아는 것은 아닙니다."라고 말한다. 이것은 단순히 혁신을 위해 **집단의 다양성**이 필요하다는 뜻인데, 여기서 말하는 집단에는 우리 각자의 내부에 있는 '집단'까지 포함된다. 우리는 각자 자기 내면의 집단을 촉진해야 한다. 그렇게 하면 대비가 내장된 혁신의 생태계를 만들어낸다. 그리고 집단은 우리를 모든 혁신의 생태계에서 기본 요소인 **지도력**으로 이끈다.

훌륭한 지도자를 정의하는 핵심 요소는 무엇일까? 다른 사람들을 보이지 않는 곳으로 발을 들여놓게 하는 능력이다. 하지만 보이지 않는 장소의 불확실성에서 일어날 수 있는 일에 대한 두려움이 우리를 (따라서 다른 사람들도) 잘못된 길로 이끌 때가 많다. 우리는 보호 본능에 이끌려 아이들을 위해 은유적 야간등을 늘 켜놓는데, 아이들을 위해 그 공간을 밝게 해야 한다고 생각하기 때문이다. 우리는 스스로 거기서 돌아다니는 법을 배울 수 있도록 아이들을 어둠으로 인도할 필요가 있다.

내 세 아이가 각자 두 살이 되어 두 살짜리 아이가 하는 일을 할 때, 나는 아이들이 어둠 속에 있으면, 벽이 있는 위치를 찾으려 한다는(흔히 전속력으로 벽을 향해 달리면서) 사실을 점차 이해하게 되었다. 아이들이 영국 데번주 블랙오턴에 있는 초등학교에 들어갔을 때, 훌륭한 교장 선생님이던 데이비드 스트러드윅(앞에서 이야기했던 블랙오턴 프로젝트를 진행하는 데에도 중요한 역할을 한)은 부모들에게 "이곳에서는 아이들에게 나무 위로 올라가도록 허락합니다."라고 말했다. (굳이 이런 말을 했다는 사실 자체가 아주 놀라운 일인데, 이런 말을 명시적으로 하면, 일부 부모는 아이들에게 나무 위로 올라가게 하느니 차라리 다른 학교로 전학을 보내려 할 수도 있기 때문이다.) 학교 지도자로서 데이브가 보여준 역할처럼, 부모로서 내 역할은 아이들을 위해 불을 켜는 것이 아니라, (탐구를 위해) 어둠 속에서 달리도록 내버려두는 것이다. 그러는 한편으로 너무 멀리 달려가지 않도록 벽도 설치하고, 벽에 부딪쳐 넘어지더라도 곧 일으켜세워 줄 것이라는 사실을 아이들이 확실히 알게 하는데, 두 살짜리 아이들이 원하는 것은 탐구를 하는 동시에 제지를 받는 것이기 때문이다(십대 청소년이 그러는 것처럼, 그리고 어른과 우리 모두가 그러는 것처럼). 이런 식으로 그들은 자신의 가능성 공간의 구조(그리고 그 공간이 필연적으로 주변의 다른 사람들—이 경우에는 아버지인 나—의 공간과 겹치는 방식)를 정의하게 되었다. 그러려면 아이들에게 **갈** 자유를 주는 것과 함께 **멈추라고** 말해야 할 때를 아는 지혜와 규율이 필요한데, 아이들의 위반이 우리 자신의 두려움을 촉발해서 그런 게 아니라, 아이들이 실제로 자신에게 해가 되는 일을 하기 때문이다. 창조성과 효율성 사이의 움직임과 비슷하게 양육은 아이들에게 우리의 것을 그대로 채택하는 대신에 자신의 시행착오 역사를 만들어감으로써 **전진**과 **멈춤** 사이에서 움직이는 법을 배우도록 하는 것이다.

이것은 세계가 점점 더 연결되고 그래서 예측하기 더 어려워짐에 따라 지도력이란 개념 역시 변해야 한다는 뜻이다. 훌륭한 지도자를 정의하는 핵심 요소는 답을 제시하면서 앞장서서 효율성을 향해 이끌고 나아가는 대신에 다른 사람들을 어둠 속으로—불확실성 속으로—이끌고 가는 방식이다. 지도력 스타일의 이러한 변화는 가장 성공적인 기업들, 최고의 연구소들, 심지어 최고의 의술에서 분명하게 볼 수 있다.

닉 에번스Nick Evans는 영국에서 손꼽는 안과 외과의 중 한 명이다. 그는 매일 영구적인 어둠 속으로 발을 들여놓을 위험에 빠진 사람들을 만난다. 조기 질환으로 고통받는 사람들이 다 그렇듯이 이들은 이 질환의 불확실성 때문에 엄청난 스트레스를 받는다. 이들을 잘 이끄는 방법은 환자의 상태와 증상에 관한 데이터를 더 많이 제공하는 것—정보 적자 모형information deficit model이라는 접근법으로, 더 많은 측정 데이터를 제공해 환자를 납득시키는 것이 목적이다—이 아니다(이 접근법은 대부분의 기후과학자들이 공공 영역public domain에서 관여할 때 합리적으로 사용하는 방법이다—하지만 자신에게 손해가 돌아가는 걸 감수해야 한다). 닉은 정보를 제공하는 대신에 자신이 처한 상황의 불확실성에서 생겨나는 환자의 두려움과 스트레스에 동정 과정을 통해—환자를 *어떻게* 뿐만 아니라 *왜*를 이해할 필요가 있는 개인으로 대함으로써—직접 맞선다.

훌륭한 지도력의 한 가지 중요한 요소는…… *조금의 망설임도 없이*…… 주려는 의지이다. 로버트 풀의 경우, 주려는 태도가 각 개개인뿐만 아니라 전체 '연구소'의 성공을 이끄는데, 당연히 이들의 성공은 이곳 지도자가 추구하는 목표이다. 풀은 "거의 매일 나는 최선의 아이디어를 포기합니다."라고 말한다. 이것은 생체역학에 관한 자신의 통찰을 혼자 간직하는 대신에 학생들과 협력 연구자들에게 자주 건네준다는 뜻이다. "그렇게 해도 괜찮은 이유는 그러면 그것을 더 발전시킬 수 있는 사람을 내가 선택할 수 있기 때문입니다. 면밀히 살펴보면, 그 답들을 찾기 위해 내 호기심이 여전히 꿈틀거리고 있음을 보게 됩니다." 가끔 그 답은 학생들이 아직 자신의 연구소에 있을 때 나오기도 하고, 때로는 몇 년이 지난 뒤에 나오기도 한다. 풀은 이것을 그저 시간과 공간에서 퍼져 있을 뿐, 타가 수분이 일어나는 동일한 생태계로 간주한다. 열정과 발견은 관련된 개인들을 초월한다.

연구소는 가족과 같아야 한다. 서로를 배려하는 모든 관계에서처럼, 연구소는 배려를 받고 실험하기에 안전하다는 느낌을 받을 때 가장 잘 돌아간다. **신뢰**는 다른 사람들을 어둠 속으로 이끄는 데 필수적인데, 신뢰는 두려움을 **분노**로 표출시키는 대신에 **용기**로 '표출'시킬 수 있기 때문이다. 신뢰의 기반은 **불확실성 속에서도** 모든 것이 잘될 것이라는 믿음이기 때문에, 지도자의 기본적인 역할은 궁극적으로는 스스로를 이끄는 것이다. 연구에 따르면, 성공한 지도자는 세 가지 행동 특성이 있다고 한다. 솔선수범하고, 자신의 실수를 인정하고, 다른 사람에게서 긍정적인 면을 본다. 이 세 가지 특성은 모두 놀이 공간과 연결돼 있다. 솔선수범은 신뢰받는 공간을 만들어낸다—그리고 신뢰가 없으면 놀이도 없다. 실수를 인정하는 것은 불확실성을 찬미하는 것이다. 다른 사람에게서 긍정적인 면을 보는 것은 다양성을 장려하는 것이다.

나는 여기서 더 나아가 위대한 지도자는 지각에 대한 이해를 바탕으로—사람의 뇌와 그 진화적 기원을 거스르는 대신에 이것들과 함께 협력하는 법을 앎으로써—이끈다고 말하고 싶다. 그리고 물론 지도자는 이것을 자신이 이끄는 사람들에게 전달하는 법을 안다. 훌륭한 지도자는 회색 음영으로 생각하지만…… 흑백으로 말한다.

훌륭한 지도자는 회색 음영으로 생각하지만, 흑백으로 말한다.

위대한 지도자는 대립적인 특성들을 함께 갖고 있다. 이들은 전문가인 동시에 순진하고, 창조적인 동시에 효율적이며, 진지한 동시에 장난기가 많고, 사교적인 동시에 은둔적이다—혹은 적어도 이들은 자신의 주변을 이런 동역학으로 에워싼다. 양육 영역에서는 훌륭한 부모는 버릇없는 행동을 보는 동시에 개인의 훌륭한 자질도 본다. 훌륭한 선생은 학생이 볼 수 있는 자유를 만들어내는(무엇을 보아야 하는지 제한하는 대신에) 동시에 성공 과정을 위한 여건도 조성한다. 위대한 지도자는 동정심이 있고, 용감하고, 선택을 하고, 창조적이고, 공동체 의식이 강하다. 여기에 여섯 번째 기본 속성을 추가할 수 있는데, 이들은 자신의 임무에 **관심을 기울인다**. 즉, 강한 의도를 가지고 있다. 부모/자식 관계에서건, 연애 관계에서건, 회사 내부의 관계에서건, 혁신의 생태계를 만들려면 관계의 **왜**를 아는 것이 필요하며, 심지어 개인의 **왜**(그들이 스스로를 어떻게 정의하는지)를 아는 것도 필요하다. 아버지와 딸 또는 연애 관계인 커플의 경우, 그 **왜**는 사랑(그들 스스로 정의하는 사랑)이다. 회사의 경우, 그 **왜**는 그 회사의 '대표 DNA'로 정의할 수 있다. 이것은 아무도 이의를 제기하지 않는 요소이지만, 다른 것들은 그렇지 않다. 그렇다고 해서 이의를 제기해서는 *안 된다는* 말은 아니다. 단지 A에서 A가 아닌 것으로 가려면 **용서하는** 능력에 더해 발을 디딜 곳, 곧 기반이 필요하다는 뜻이며, 따라서 어둠 속으로 발을 내디뎠다가 자신의 뇌가 무심코 유용하지 못한 반응(살아가다 보면 필연적으로 일어나게 마련인)을 하더라도 아무 문제가 없다고 아는 것이 필요하다는 뜻이다. 용서의 과학에 관한 새 연구 결과는 용서는 세포 성장과 연결성을 촉진해 단지 뇌에만 좋을 뿐만 아니라, 나머지 몸 전체에도 좋다는 것을 보여준다.[83] 용서를 실천에 옮기는 핵심 요소는 물론 필요할 때 스스로를 용서하는 것이다. 현실적인 관점에서 용서는 낡은 의미를 잊어버리는 것이다. 그것은 **그냥 멈추는** 행동, A에서 A가 아닌 것으로 가는 행동, 즉 '에코비' 행동이다. '실패'가 성공을 낳을 수 있는 이유는 이 때문이다.

모든 사람은 우리가 이 장에서 탐구한 지각의 변증법/움직임/긴장을 구현한다. 여러분은 전문가이자 초보자이고, 창조적이면서 효율적이고, 지도자인 동시에 지도자의 뒤를 따르고, 그래서 내면에 공동체가 들어 있다. 그렇게 복잡한 과정이 만들어내는 불완전성은 완전한 실패와 함께 불가피한 것이다. 하지만 더 큰 실수는, 불확실성의 어둠 속으로 발을 내디뎠을 때, 뇌가 그것에 대해 우리에게 보상을 하리란 사실을 믿지 않는 것이다. 특히 혁신의 생태계 내에서…… 우리가 다른 사람들과 함께 어둠 속으로 발을 내디딜 때에는 더욱 그렇다. 우리가 개인적으로건 집단적으로건 다르게 보고 일탈하는 일은 바로 여기서, 그리고 오직 여기서 일어난다. 지도자도 일탈의 물리적 공간을 만들어내야 하는데, 장소와 공간은 인간의 안녕에 필수적이기 때문이다. 첨단 기술 시대에 우리는 뇌가 몸속에서 진화했고, 몸이 세계 속에서 진화했다는 사실을 잊어버린 것처럼 보인다. 우리는 이 근본적인 사실에서 결코 벗어날 수 없으며, 이 점에 대해 신에게 감사해야 한다!

나는 이 책의 내용 중 상당 부분을 집에서 썼다. 영국 옥스퍼드에 있는 이 집은 지은 지 200년이나 된 좁은 4층짜리 벽돌 연립 주택으로, 이자벨과 나는 후미The Cove라고 부른다. 우리는 이곳을 해적들(그리고 해적이 아닌 사람들)을 위한 은신처로, 그들이 온갖 다양성을 지닌 자신들의 다른 버전들이 될 수 있는 곳이라고 상상한다. 비록 확실성에 사로잡힌 우리의 지각은 우리 각자가 단일한 전체임을 납득시키려고 하지만 말이다. 우리는 창조성과 효율성의 양극단 사이를 왔다 갔다 하는 뇌의 움직임과 함께 우리가 공간을 차지하긴 하지만 공간이 우리의 지각에 강한 영향을 미친다는 사실을 반영해 후미에 서로 다른 공간들을 배치하고 가구들을 들여놓았다. 예를 들면, 희미한 빛은 창조성을 높이는 반면, 밝은 빛은 분석적 사고에 도움을 준다.[84] 높은 천장은 추상적이고 관계적 사고를 증진시키는 반면, 낮은 천장은 정반대의 영향을 미친다.[85] 번식력이 왕성한 풍경을 보면 생식성이 높아지는 반면, 약간 격렬한 활동은 일시적으로 기억력과 주의력을 향상시킨다.[86] 후미는 각각의 방이 서로 다른 '왜'를 가지도록 함으로써 이 개념들을 구현하는데, 이것은 인테리어 디자인과 건축에 필수적인 요소이다. 게다가 모든 공간에는 잡음이 꼭 필요하다. 즉, 사전에 정의되지 않은 공간, 뇌가 적응할 수 있게 해주는 모호한 공간이 있어야 한다. 이것 말고도 후미는 관심을 기울이려는 시도—우리뿐만 아니라 다른 사람들도 자신의 부적응자 뇌 안에서 번성하게 하는 존재 방식을 만들어내는 데 적극적인 행위 주체성을 발휘하려는 욕구—를 구현한다. 우리 모두는 집과 일터에서, 우리가 만드는 공간에서, 그리고 우리가 그 공간을 채우는 사람들을 통해 자신의 혁신의 생태계를 설계해야 한다. 우리 뇌는 자신의 생태계로 정의되기 때문에, 우리가 사는 공간의 '성격'은 필연적으로 그에 맞춰 스스로를 형성할 것이다.

이제 우리는 혁신의 생태계를 구성하는 것이 무엇인지 알기 때문에, 우리가 적절하다고 생각하는 곳이라면 어디에건 스스로 그런 생태계를 하나(혹은 그 이상) 만드는 일은 우리 손에 달려 있다. 우리가 하는 일은 연구소가 될 수 있다. 우리 가족도 연구소가 될 수 있다. 사랑도 연구소가 될 수 있다. 우리의 취미도 연구소가 될 수 있다. 심지어 가장 평범하고 판에 박힌 일상적인 일들도 연구소가 될 수 있다. 이것들은 모두 그것을 정의하는 것이 다른 부분들(그중 하나가 바로 우리 자신) 사이의 상호 작용이라는 점에서 생태계이다. 하지만 이 공간들 중 어느 것도 본질적으로 반드시 혁신적이지는 않은데, 부정의 물리학을 따르기 쉬운 것이라면 특히 그렇다. 공간을 혁신적으로 만드느냐 만들지 못하느냐는 바로 우리에게 달려 있다. 이제 여러분은 성취감을 느끼는 삶을 위해 이것이 왜 그토록 필수적인지 잘 이해하리라고 나는 기대한다. 그렇게 하면 뇌가 풍요로워지고, 지각을 위한 새 가능성들이 열릴 것이다. 그리고 이것은 삶의 질을 높인다.

새로운 시작

왜 일탈해야 하는가?

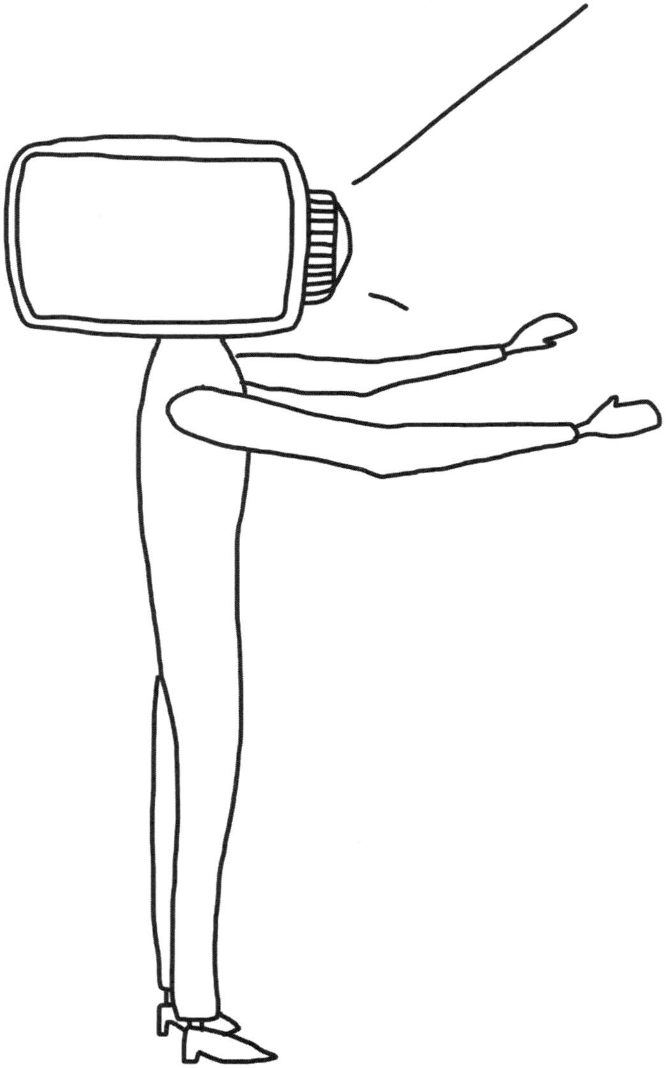

이

책에서 내 목표는

여러분이 이 책을 다 읽고 나면

처음에 자신이 안다고 생각했던 것보다

덜 알도록 하는 것이었다. 나는 가장 깊은 수준,

여러분의 지각된 실재 수준에서 용기 있는 의심을 조장하려고

했다. 새로운 지각적 과거를 만드는 동일한 과정에서 독자와 저자를 함께 결합함으로써 나는 미래에 새로운 지각을 만들길 기대했다. 이제 내 뇌에는 이 책을 쓰기 시작할 때와는 다른 반사활들이 생겼고, 이것은 여러분도 마찬가지일 텐데, 이제 여러분은 이 책을 다 읽었기 때문이다(다만, 새로 생긴 반사활들이 내가 만들려고 의도했던 것인지는 의심스럽다). 여기서부터 앞으로 우리가 공유할 것은 우리는 왜 우리가 하는 일을 하며, 우리는 왜 지금과 같은 우리인가라는 물음에 대해 뇌를 기반으로 이해를 *시작*하는 것뿐이다. 이것이 새로운 *고정된* 존재 방식으로 이어져서는 안 된다. 세계는 항상 변하며, 한때 유용했던 것도 변할 가능성이 있으며, 심지어 내일 그렇게 될지도 모른다.

나는 이것이 새로운 유연한 존재 방식(뇌처럼)으로 이어지길 바란다. 이를 통해 이제 여러분은 항상 *보는 자신을 볼 수* 있을 것이다. 자신의 마음에 복수의 실재를 가질 수 있게 해주는 뇌의 기적적 능력을 통해 여러분은 지각 자체를 가지고 자신의 지각을 새롭게 바꿀 수 있다. 이 과정에 훌륭한 의도를 집어넣음으로써 여러분은 *다르게 보는 자신을 보는* 자신을 볼 수 있다.

왜냐하면, 이제 우리는 자신의 지각이 **저 밖의** 삶을 유용하게 경험하게 해준다는 사실을 알기 때문이다. 이것은 영겁의 진화와 다년간의 발달, 시행과 특히 **착오**(왜냐하면, 형태는 성공이 아니라 실패를 따르므로)를 통한 학습 순간들의 비용을 치르고 얻은 엄청난 선물이다. 우리가 실재를 본다고 느끼는 이유는 뇌 속에서 지각이 **저 밖에 있는** 사물들의 경험으로 구현되기 때문이다. 비록 이제 우리는 지각 자체는 실재가 아니라는 사실을 알지만 말이다. 우리가 보는 모든 것은 오직 단 한 곳, 바로 이곳, 머릿속에만 존재한다. 우리가 경험하는 모든 것은 오직 우리 뇌*와* 몸 안에서, '사이 공간'에서 구성되어 일어나는데, 그 사이 공간은 자신과 남들에 대한 자신의 세계 사이에서, 그리고 자신과 자신의 세계 사이의 공간에서 일어나는 상호 작용의 생태계로부터 생겨난다.

하지만 우리가 이런 식으로 느끼지 않는 것은 우리가 사이 공간에서 생겨난(즉, 사물들 사이의 상호 작용에서 생겨난) 지각을 저 밖의 사물에 *투사하기* 때문이다. 그래서 빨간색 표면은 나에게서 1m 앞에 있는 것처럼 보일지 모르지만, 실제로는 훨씬 더 가까운 곳에 있다—표면의 빨간색은 바로 우리 안에 있다. 이것은 마치 우리 눈과 나머지 모든 감각이 나머지 뇌와 결합하여 비디오 프로젝터를 만드는 것과 같다. 저 밖의 세계는 실제로 우리의 3차원 스크린에 불과하다. 우리의 수용기들은 밖에서 들어온 무의미한 정보를 받아들인다. 그러면 뇌가 세계와 상호 작용하면서 그 정보의 역사적 의미를 암호화하고, 주관적 버전의 색과 모양과 거리를 사물에 투사한다. 이런 의미에서 고대 그리스인은 플라톤과 그 밖의 사람들이 주장한 시각의 방출설(눈에서 빛이 나와서 우리가 사물을 본다고 설명하는 이론)로 형이상학적 진리에 가까이 다가갔다고 할 수 있다.

우리가 지각하는 것은 우리의 지각에 대한 피드백으로, 자기 강화 내러티브를 만들어내는데, 이것은 생존을 위해 효과적인 것이자 인생을 잘 살아가도록 도움을 준다. 내가 지금 당장 지각하는 것은 지금까지 이어진 내 지각의 역사가 낳은 결과이다. 내가 어떤 것을 지각하자마자 그 지각은 내 미래 과거의 일부가 되며, 그럼으로써 미래에 보게 될 것에 영향을 미친다. 이 때문에 자유 의지는 현재에 덜 존재하고, 과거 지각의 의미 수정에 더 많이 존재하는데, 미래에 우리의 반사적 지각을 변화시키기 위해서 그렇다. 우리 자신과 다른 사람들의 의미를 포함해 이 모든 것의 의미는 *저 밖으로* 투사된다. 우리가 물과 표면을 비롯해 다양한 물체들에 해당 속성을 투사함으로써 이것들이 서로 다른 맥락에서 서로 다른 의미를 가졌다고 보는 것처럼 말이다. 물론 그 물체가 다른 사람이라면, 이 과정은 자연에서 가장 복잡하지는 않더라도 훨씬 복잡하다. 우리 뇌는 그들의 자극(그들의 소리, 그들에게 반사된 빛, 그들의 움직임)만 감지할 수 있을 뿐, 그들의 자아 의미나 우리에 대해 그들이 지각하는 의미는 감지하지 *못하는데,* 우리는 결코 그들의 머릿속으로 들어갈 수 없기 때문이다.

대신에 우리는 그들의 아름다움과 감정, 성격, 희망, 두려움 등 지각한 *모든 것*을 다른 사람들의 세계를 포함한 세계로 투사한다. 이것은 철학적 견해가 아니다. 이것은 과학적 설명으로, 나는 이 설명을 통해 여러분이 자신의 생각과 행동을, 그리고 다른 사람들의 생각과 행동을 바라보는 방식에 근본적인 변화가 일어나길 크게 기대한다. 내가 다른 사람에 대해 지각하는 것은 그 사람과 나의 상호 작용에 관한 것인 반면, 나의 지각은 비록 나와 그 사람 사이의 변증법적 *공간*에서 생겨나는 것이긴 하지만, 내게서는 여전히 내부적으로 일어난다. 이것은 문자 그대로 *그 사람의* 성격은 나 자신의 성격이 치환된 것이라는 뜻이다. 그 사람의 두려움은 나의 두려움이 치환된 것이다.

그렇다. 사람들은 분명히 객관적으로 존재한다. 나를 위해 존재하는 것은 절대로 아니다. 마찬가지로 나에 대한 다른 사람들의 지각도 이와 정확하게 똑같다. 나 역시 그들의 내부적 작용 때문에 만들어진다. 나는 내가 지각하는 남들의 모든 성격과 두려움과 색을 포함하고 있다.

우리는 다른 사람들과 아주 깊이 연결돼 있다고 느끼기 때문에(그리고 우리는 *실제로* 다른 사람들과 아주 깊이 연결돼 있다) 그들이 그저 우리 뇌와 몸이 만들어낸 허구일 뿐이라는 사실이 두렵게, 어쩌면 심지어 무가치하게 느껴질 수도 있다. 그렇다면 내가 사랑에 빠지거나 다른 사람과 깊거나 의미 있는 경험을 할 때, 그것은 실제로는 영화 〈매트릭스〉처럼 뇌 속에서 일어나는 꿈이란 말인가? 어떤 의미에서는 그렇지만, 표면과 마찬가지로 다른 사람들에게도 뇌가 해석할 필요가 있는 모호성을 초월하는 객관적 항상성이 있다.

이것이 바로 그들의 **왜**이다.

우리는 본질적으로 불확실한 삶에서 확실성을 추구하면서 다른 사람들과 우리 자신에게서 *변치 않는 것을* 찾으려고 노력할 때가 많다. 마찬가지로 우리는 사물에서도 반사율 성질(색각에서는 *색의 항상성*이라 부르는) 같은 불변의 측면들을 찾는다. 우리는 사람들의 행동을 예측하기 위해 그들에게서 성격 항상성을 효과적으로 찾는다. 예측을 통해 우리는 친숙함을 느끼고, 친숙함 속에서 안전을 느끼는데, 진화에서 예측 능력은 곧 생존과 직결되었기 때문이다. 안전을 느끼는 상태에서 우리는 신뢰를 만들어내고 또 우리에게 *사랑하고 사랑받는*

느낌을 주는 취약성 속에서 관계를 맺을 수 있었다. 평균에서 벗어나는 것, 우리가 다른 사람들에게서 접촉하려고 노력하는 것— 그들의 **영혼**이라고 부를 수 있는 것—은 바로 이러한 일관성, 붙들기 어려운 항상성일 가능성이 있다. 하지만 다른 사람들이 지닌 이러한 항상성은 표준적인 것이 아니다. 그것은 *그들의 개인적 일탈에* 해당하는 것이다.

우리가 다른 사람들에게 느끼는 연결은 우리의 투사가 상호 작용하는 방식이다. 따라서 우리는 자녀들에게 남의 말을 들을 때 **'그냥 멈추는'** 능력을 가르칠 필요가 있다. 갈등이 생겼을 때뿐만 아니라 항상 그래야 하는데, 그 목적은 바로 *다르게* 듣기 위해서이다. **듣는 것은 우리가 세계에 투사하는 답들의 축소판이다. 이것은 질문의 가능성, 질문을 통해 나의 가정이 상대방의 가정으로 연결될 가능성을 여는데,** 바로 이때 우리는 '연결되는' 것을 느낀다. 혹은 대신에 이것은 우리의 가정들이 갈등을 일으키는 부분을 드러내, 우리 자신의 것에서 갈라져나간 가능성 공간들에 영향을 받고 그 때문에 풍부해질 기회를 제공한다. 자신의 인간성에 대한 자각 부족 때문에 다른 사람들의 완전한 인간성을 받아들이지 못할 때가 많은데, 우리는 자신이 보고 듣고 아는 것이 *실제로 존재하는 세계*라는 느낌에 사로잡히기 쉽기 때문이다. 하지만 사실은 그렇지 않은데, 나는 이것이 동정을 불러일으키길 기대한다. 사실, 이것이 이 책을 쓴 주요 동기였다. 과학적 이해를 통해 동정을 불러일으키고, 그럼으로써 위대한 것들의 가능성을 만드는 것인데, 이 가능성은 동정(그리고 겸손)이 용기와 결합할 때 만들어진다.

생각과 감정과 믿음이 본질적으로 그 사람의 신체적, 사회적, 문화적 생태계와 어떻게 관련돼 있는지 이해함으로써 개인들 내부와 개인들 사이의 일관성과 갈등의 원천을 더 잘 이해할 수 있다. 우리의 공동체를 통해 우리가 형성되는 과정을 다시 봄으로써, 그리고 우리의 역사적 경험의 의미를 수정함으로써, 우리는 회의론을 더 강하게 느낄 수 있고, 이를 통해 소속감과 연결감도 느낄 수 있으며, 그럼으로써 용기와 함께 자신과 주변의 모든 사물과 사람들에 대한 존중도 느낄 수 있다. 이러한 공동체 개념은 우리를 더 겸손하게 만드는데, 우리 모두가 공동의 생태계를 통해 정의된다는 것을 잘 보여주기 때문이다. 우리는 그 생태계를 잘 선택해야 하는데, 우리 뇌가 그것에 적응해야 하기 때문이다.

사실, 이제 여러분은 우리가 왜 자신이 하는 일을 보는지 안다. 의심을 갖고 갈등에 임하지 않는 것은 무지한 상태로 임하는 것과 같은데, 지성은 동일한 행동을 반복하면서 결과가 달라지길 기대하는 것이 아니기 때문이다. '다르게 보는 자신을 보는 것'의 핵심에는 용기…… 불확실성의 공간을 차지하려는 용기를 지지하는 합리적 이유가 있다. 내 딸 재나가 어릴 때 무대에 나가 춤추는 게 두렵다고 말했을 때, 아들 미샤와 시오가 밖으로 나가 새로운 팀에서 경기를 했을 때, 이자벨이 콩고 밀림에서 보노보를 따라다녔을 때, 내 어머니가 집에 다섯 아이를 둔 채 간호학교에 갔을 때, 내 아버지가 거의 아무 지원도 없이 사업을 시작했을 때, 귀먹은 증조할머니가 혼자서 바다를 건너 미지의 세계로 갔을 때, 오, 맙소사! 이 모든 것은 얼마나 '나쁜' 생각들이었던가! 그래서 나는 그들의 의견에 완전히 동의했다. 그것은 두려운 것이었지만, 올바르게 두려운 것이었다. 이 책을 쓰는 일 역시 두려웠다. 완전한 실패를 낳을 수 있는 것은 무엇이건 두려운 법이고, 그 실패가 더 널리 알려질수록 두려움은 더 커지는데, 우리는 소속의 필요성을 느끼게 하는 '사회적 뇌'가 진화했기 때문이다. 따라서 실패를 낳을 수 있는 일을 시작하는 것은 객관적으로 나쁜 생각이다. 주변의 모든 것이 아무 문제 없이 굴러가는데, 도대체 왜 산 너머에 무엇이 있는지 굳이 가서 보려고 한단 말인가? 그 얼마나 터무니없이 나쁜 생각인가? 기억하겠지만, 세상에는 살아남는 방법보다 죽는 방법이 훨씬 더 많다. 또, 먹이를 찾기 위해 안전한 무리를 떠나 온갖 위험을 감수하는 병적으로 용감한 물고기도 기억나지 않는가?

우리 각자는 자기 안에 온갖 종류의 물고기가 있다. 따라서 밀림을 헤매는 이자벨 이야기나 내 아이들이 실패할 가능성이 아주 높은데도 새로운 경험을 시작하는 이야기를 듣는 것은 영감을 불러일으킨다. 우리는 나이가 많지만 열린 자세를 죽 유지해온 사람들에게서도 큰 영감을 얻는다. 젊은 사람이 실패할 수도 있는 일을 하는 것은, 예컨대 실리콘 밸리에서 20대 젊은이가 '앞으로 나아가는 실패'를 하는 것은 그럴 수도 있는 일이라고 볼 수 있다. 상대적으로 말해서, 여기에는 잃을 것이 아주 많지는 않다(비록 다르게 느낄 수도 있겠지만). 하지만 실제 실패와 많은 사람들을 책임지는 것을 비롯해 인생의 온갖 경험을 다 겪고, 실패의 실제 대가를 생생하게 잘 아는 사람이 불확실성 속으로 걸어들어가는 것은 정말로 경이로운 일이다. 이것은 그야말로 영감의 화신이라 부를 만하다. 우리 모두는 나이 많은 이 사람들을 안다. 나의 경우, 개인적으로 분명하게 떠오르는 예는 이스라엘에서 선도적인 첨단 기술 투자자 중 한 명인 요시 바르디Yossi Vardi라는 남자이다. 바르디는 이것 말고도 내세울 것이 많다. 그는 세계 각지에서 흥미를 가진 사람들과 흥미로운 사람들을 자신의 놀랍도록 재미있는 키너넷Kinnernet 회의나 제대로 혜택을 받지 못한 어린이들을 지원하는 학교로 불러모으는데, 키너넷은 가정에 도전하는 혁신의 생태계를 구현한 회의이고, 바르디의 학교는 정부들의 현상現狀과 심지어 오래된 가정에 도전하는 곳이다. 바르디가 70대 중반의 나이인데도 우리가 가장 좋아하는 버닝 맨 초대 손님 중 한 명이라는 사실이 이를 증언한다. 그렇지만 우리는 그 연령대의 사람들과 거리를 두는 경우가 많은데, 그들이 우리에게 우리 자신의 가정과 편향을, 그리고 심지어 우리의 인간성을 드러내기 때문인 경우도 가끔 있다. 하지만 만약 우리가 단지 *귀를 기울이기만 한다면,* 이들은 종종 우리에게 힘차게 일탈하도록 도와주는 사람이 된다.

연구에 따르면, 안녕감에 관한 한, 주는 것(베푸는 것)이 초래하는 신경학적 효과보다 더 나은 것을 찾기 어렵다. 그렇다고 해서 모든 행동이 이기적이지 않다는 말은 아니다. 행동은 우리 자신의 가치 감각의 증대(깊은 신경학적 필요이기도 한)를 직접(대개는) 겨냥한다는 점에서 이기적이다. 나는 이 책에서 우리의 거의 모든 지각과 개념과 행동은 어떻게든 불확실성과 연결돼 있다고—그것을 향해 다가가건, 혹은 대개는 그것으로부터 멀어지건 — 주장했다. 그렇다면 더 깊은 질문은 자신의 가치 생성에서 얼마나 많은 가치를 다른 사람들에게 더해주는가 하는 것이다. 우리는 여기에서 선택권을 가지고 있을까? 만약 지금 이 순간 우리에게 자유 의지가 없다면(우리가 지금 하는 행동은 의미의 역사에 기반을 둔 반사이므로), 이것은 자유 의지는 현재와 아무 관련이 없다는 것을 뜻한다. 자유 의지는 새로운 미래 과거를 만드는 것하고만 관련이 있다. 과거 경험의 의미를 수정하기로 선택함으로써 우리는 자신의 과거 의미들의 통계를 바꾸고, 그럼으로써 *미래의* 반사 반응을 변화시킨다. *우리는* 우리가 할 수 있는 것을 변화시킨다.

지각의 과학은 우리에게 자신의 지각을 관찰하는 사람이 되게 해주며, 그러면서 우리의 세계를 변화시킬 수도 있고…… 혹은 변화시키지 못할 수도 있지만…… 어쨌든 물을 가치가 있는 질문들을 발견하기 위해 계속 되풀이해서 사려 깊게 일탈할 필요를 느끼게 한다.

부적응자 연구소에 온 것을 환영한다.

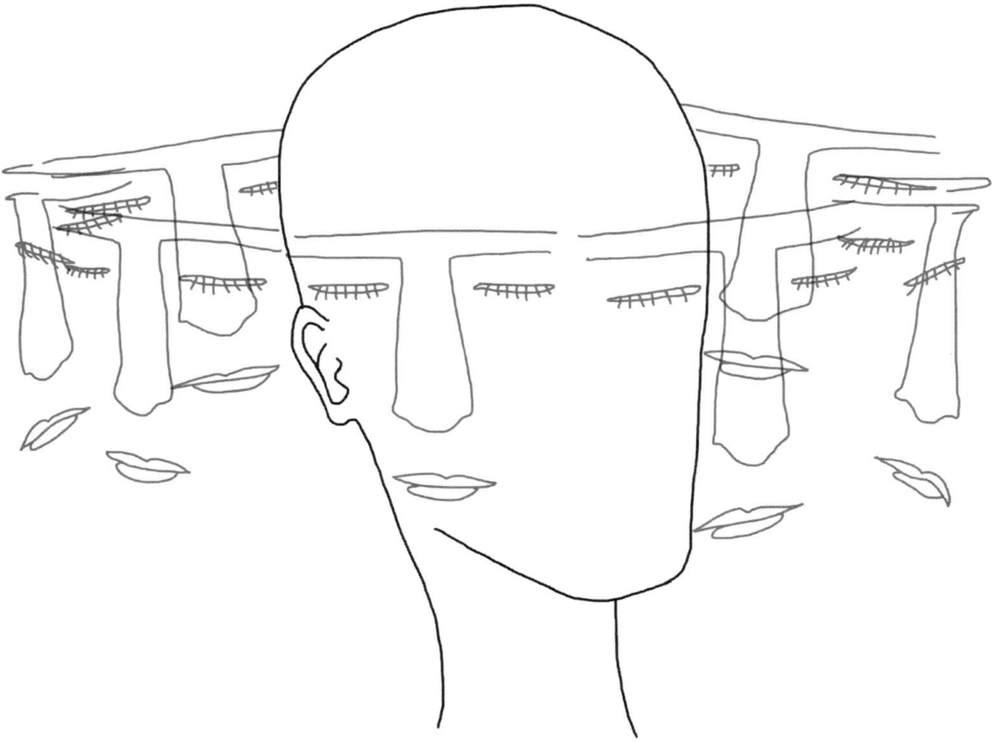

감사의 말

모든 앎은 질문에서 시작된다. 그리고 (너무나도 당연한 이야기이지만) 질문*question*은 '*탐구quest*'에서 시작되며, 이것은 생명 역시 마찬가지다. 삶의 핵심에는 움직이려는 용기, 의심을 갖고 발걸음을 내디디되 어쨌든 발걸음을 내디디려는(때로는 별로 좋은 시도는 아니지만 절벽 너머로) 용기가 있다. 다행히도 홀로 걷는 사람은 아무도 없다(맨 마지막 사람만 빼고). 이 책에서 내가 머뭇거리며 내디딘 발걸음들은 각자 다른 방식으로 나를 살아가게 해주는 사람들의 용기 덕분에 가능했다. 그들은 상식에서 벗어나 일탈을 즐기는 내 어머니와 아버지와 재닛, 제 정신이 아닌 듯한 네 명의 여형제, 우리 집의 환상적인 그렘린인 재나와 미샤와 시오, 그리고 내게 없어서는 안 될 아름다운 (공동) 탐구자이자 창조자인 이자벨이다. 모두 믿을 수 없을 정도로 흥미로운 개성을 지닌 이들은 때로는 내 의지를 거스르며(죄송) 그렇게 했지만, 내게 새롭게 보는 방법들을 보여주었고, 결국에는 모두 내게 도움이 되었다. 이들은 '*나의 왜my why*'로, 내게 자유롭게 보는 시도를 하게 한 기반이자, 다른 사람들의 그런 시도를 돕는 동기가 되었다.

나는 내 선생님들(더 일반적으로는 모든 선생님들)에게 감사드린다. 우리의 삶 중 대부분은 우리가 없는 곳에서 일어나는데, 우리의 지각 중 대부분은 설사 다른 사람들의 것을 완전히 그대로 물려받은 것은 아니라 하더라도, 그들이 뿌린 씨에서 생겨났기 때문이다. 내게 특별히 중요한 영향을 미친 것은 세계적인 신경과학자 데일 퍼브스의 지각이었는데, 과학과 지각의 과학에서 내가 취해야 할 사고방식과 존재 방식에 길을 열어주고 그것을 정제해주기까지 했기 때문이다. 그는 진정한 의미의 멘토라 부를 만한 선생님이었다. 리처드 그레고리, 마리안 다이아몬드, 조지프 캠벨Joseph Campbell, 휴스턴 스미스Houston Smith, 칼 세이건Carl Sagan과 일탈을 일삼는 동족들과 함께 데일은 '진정한' 과학(일반적으로는 창조적인 비판적 사고)이 변화할 수 있는 *존재 방식*임을 행동으로 보여주었다. 이들은 우리에게 (무엇을 보아야 하는지가 아니라) 어떻게 보아야 하는지 그 방법을 보여준 선생님들이다. 나를 가르쳤던 선생님들인 인터레이크 고등학교의 스투버Stuber와 체리크레스트 초등학교의 키니글-위글Kinigle-Wiggle, 마시멜로Marshmellow, 그룸Groom, 올랜도Orlando에게도 감사드린다. 그리고 다른 종류의 선생님들인 나의 핵심 협력자들에게도 감사의 마음을 전한다. 이자벨 벵케는 개인적으로나 학문적으로 본질적인 방식으로 (켈프 밭에서 호수 바닥에 이르기까지 다양한 칠레 땅을 포함해) 내 지식을 확대시키고 열어주고 그 기반을 제공했고, 리처드 클라크는 시작부터 연구소의 활동과 아이디어에 핵심 역할을 했고, 라스 치트카Lars Chittka는 내게 벌을 훈련시키는 법을 가르쳐주었고, 데이브 스트러드윅은 연구소의 과학 교육 프로그램을 만드는 데 핵심 역할을 했고, 데이비드 맬킨과 대니얼 흄, 우디 슐레신저, 일리어스 버스트롬Ilias

Berstrom처럼 신경과학, 컴퓨터과학, 디자인, 건축, 극장, 설치 미술, 음악을 전공한 나의 다양한 박사 및 석사 과정 학생들은 내가 통달하지 못한 분야의 전문가가 되었으며, 그럼으로써 연구소와 내 생각을 본질적으로 복잡하게 만들었다.

매우 열정적으로 일한 편집자 모로Mauro와 비Bea, 폴Paul, 뛰어난 에이전트이자 친구 더그 에이브럼스Doug Abrams(출판 분야에서 그의 야심과 영향은 영감을 불러일으키는 것이었다), 그리고 그의 도움이 없었더라면 다른 사람은 물론이고 나조차 20년에 걸친 이 프로젝트의 결실을 보지 못했을 만큼 중요한 역할을 한 보조 작가 애런 슐먼에게도 감사드린다. 우리는 함께 혁신하려고, 즉 창조성과 효율성의 균형을 잡으려고(혹은 더 정확하게는 그들은 인내심을 갖고 나의 균형을 잡으려고) 노력했다.

그리고 나는 *여러분*에게 감사드린다. 우리가 할 수 있는 가장 도전적인 일 중 하나는 불확실성을 향해 발걸음을 내디디는 것이다. 나는 이 책을 책의 형태를 띤 실험으로, 즉 필연적으로 제한적일 수밖에 없는 지각에 대한 나의 이해와 추측과 견해를 함께 나눌 수 있는 장소로 생각했는데, 이 책을 읽고 나면 여러분이 지금 안다고 생각하는 것보다 덜 알게 될 것이고, 그럼으로써 더 많이 이해할 것이라는 기대에서(나는 오로지 기대만 할 뿐이다) 그랬다. 자연에서 **형태**(혹은 변화)는 성공이 아니라 **실패**에서 나온다. 뇌는 (생명과 마찬가지로) 살려고 탐구하는 게 아니라, 죽지 않으려고 탐구한다. 이 때문에 성공은 실패 뒤에 남는 우발적인 사건인데, 사려 깊은 망상에 빠져 충분히 (오랫

동안) 삐딱하게 걸어갈 때 일어난다.

노트

1. Rishi Iyengar, "The Dress That Broke the Internet, and the Woman Who Started It All," *Time Magazine*, Feburary 27, 2015, accessed March 3, 2015, http://time.com/3725628/the-dress-caitlin-mcneill-post-tumblr-viral/
2. Terrence McCoy, "The Inside Story of the 'White Dress, Blue Dress' Drama That Divided a Planet," *The Washington Post*, February 27, 2015, accessed March 3, 2015, http://www.washingtonpost.com/news/morning-mix/wp/2015/02/27/the-inside-story-of-thewhite-dress-blue-dress-drama-that-divided-a-nation/
3. The three articles: Karl R. Gegenfurtner et al., "The Many Colours of 'The Dress,'" *Current Biology* 25 (2015): 543–544; Rosa Lafer-Sousa et al., "Striking Individual Differences in Color Perception Uncovered by 'The Dress' Photograph," *Current Biology* 25 (2015): 545–546; Alissa D. Winkler et al., "Asymmetries in Blue–Yellow Color Perception and in the Color of 'The Dress,'" *Current Biology* 25 (2015): 547–548.
4. 이것과 뒤따르는 세 인용문은 George Henry Lewes, *The Life of Goethe* (London: Smith, Elder, and Co., 1864), 98, 37, 33, 281에서 인용했다.
5. Dennis L. Sepper, "Goethe and the Poetics of Science," *Janus Head* 8 (2005): 207–227.
6. Dennis L. Sepper, *Goethe Contra Newton: Polemics and the Project for a*

New Science of Color (Cambridge: Cambridge University Press: 2003).

7. Dennis Sepper, email messages, November 11, 2014–November 14, 2014.

8. Johann Wolfgang von Goethe, *Theory of Colors* (London: John Murray, 1840), 196.

9. Johann Wolfgang von Goethe, *Faust* (New York: P. F. Collier & Son, 1909), verse 1717.

10. 이것과 버클리의 나머지 인용문의 출처는 다음과 같다 : George Berkeley, *A Treatise Concerning the Principles of Human Knowledge* (Project Gutenberg, 2003), Kindle edition.

11. A. A. Luce, *Life of George Berkeley, Bishop of Cloyne* (San Francisco: Greenwood Press, 1949), 189–190.

12. Christopher Hogg et al., "Arctic Reindeer Extend Their Visual Range into the Ultraviolet," *Journal of Experimental Biology* 214 (2011): 2014–2019.

13. Tsyr-Huei Chiou et al., "Circular Polarization Vision in a Stomatopod Crustacean," *Current Biology* 18 (2008): 429–434.

14. Aquanetta Gordon, phone conversation, December 17, 2014.

15. Richard Held and Alan Hein, "Movement-Produced Stimulation in the Development of Visually Guided Behavior," *Journal of Comparative and Physiological Psychology* 56 (1953): 872–876.

16. Richard Held, Society for Neuroscience online archive, accessed on December 19, 2014, http://www.sfn.org/~/media/SfN/Documents/TheHistoryofNeuroscience/Volume%206/c5.ashx.

17. Peter König et al., "The Experience of New Sensorimotor Contingencies by Sensory Augmentation," *Conscious and Cognition* 28 (2014): 47–63.

18. Peter Konig, Skype conversation, December 14, 2014.

19. Nagel et al., "Beyond Sensory Substitution–Learning the Sixth Sense," *Journal of Neural Engineering* 2 (2005): 13–26.

20. Brian T. Gold et al., "Lifelong Bilingualism Maintains Neural Efficiency for Cognitive Control in Aging," *The Journal of Neuroscience* 33 (2013): 387–396.

21. Dale Purves, *Body and Brain: A Trophic Theory of Neural Connection* (Harvard College: Harvard University Press, 1988).

22. David J. Price and R. Beau Lotto, "Influences of the Thalamus on the Survival of Subplate and Cortical Plate Cells in Cultured Embryonic Mouse Brain," *The Journal of Neuroscience* 16 (1996): 3247–3255.

23. Marian C. Diamond, "Response of the Brain to Enrichment," *Anais da Academia Brasileira de Ciencias* 73, no. 2 (2001).

24. Seth D. Pollak et al., "Neurodevelopmental Effects of Early Deprivation in Post-Institutionalized Children," *Child Development* 81 (2010): 224–236.

25. Peter Hill, *Stravinsky: The Rite of Spring* (Cambridge: Cambridge University Press, 2000), 30, 93, 95.

26. Jonathan Winawar et al., "Russian Blues Reveal Effects of Language On Color Discrimination," *Proceedings of the National Academy of Sciences of the United States of America* 104 (2007): 7780–7785.

27. Abby d'Arcy, "The blind breast cancer detectors," *BBC News Magazine*, Feburary 23, 2015, accessed Feburary 27, 2015, http://www.bbc.com/news/magazine-31552562.

28. Mary Hollingsworth, *Art in World History* (Florence: Giunti, 2003), 314.

29. Theresa Levitt, *The Shadow of Enlightenment: Optical and Political Transparency in France* (Oxford: Oxford Univeristy Press, 2009), 64.

30. Henry Marshall Leicester and Herbert S. Klickstein, eds., *A Source Book in Chemistry* (New York: McGraw-Hill, 1952), 287.

31. E. L. and W. J. Youmans, *The Popular Science Monthly* (New York: D. Appleton and Company, 1885), 548–552.

32. Michel Eugène Chevreul, *The Laws of Contrast of Color* (London: G. Routledge and Co., 1857).

33. https://www.youtube.com/watch?v=W1EzvdlYRes

34. Michael Brenson, "Malevich's Search for a New Reality," *The New York Times*, September 17, 1990, accessed November 14, 2014, http://www.nytimes.com/1990/09/17/arts/review-art-malevich-s-searchfor-a-new-reality.html.

35. Aleksandra Shatskikh, *Black Square: Malevich and the Origin of Suprematism* (Yale: Yale University Press, 2012).

36. Herschel B. Chipp, *Theories of Modern Art: A Source Book by Artists and Critics* (Berkeley: University of California Press, 1968), 341.

37. Daniel J. Sherman and Irit Rogoff , eds., *Museum Culture: Histories, Discourses, Spectacles* (Minneapolis: University of Minnesota Press, 1994), 149.

38. Angelica B. Ortiz de Gortari and Mark D. Griffiths, "Auditory Experiences in Game Transfer Phenomena: An Empirical Self–Report Study," *International Journal of Cyber Behavior, Psychology and Learning* 4 (2014): 59–75.

39. Christian Collet et al., "Measuring Motor Imagery Using Psychometric, Behavioral, and Psychophysiological Tools," *Exercise and Sports Sciences Review* 39 (2011): 85–92.

40. Sjoerd de Vries and Theo Mulder, "Motor Imagery and Stroke Rehabilitation: A Critical Discussion," *Journal of Rehabilitation*

Medicine 39 (2007): 5–13.

41. Ciro Conversano et al., "Optimism and Its Impact on Mental and Physical Well–Being," *Clinical Practice and Epidemioly in Mental Health* 6 (2010): 25–29.

42. Richard Wiseman, *The Luck Factor* (New York: Hyperion, 2003), 192.

43. Jennifer A. Silvers et al., "Age–Related Differences in Emotional Reactivity, Regulation, and Rejection Sensitivity in Adolescence," *Emotion* 12 (2012): 1235–1247.

44. Cordelia Fine, *Delusions of Gender* (New York: W.W. Norton, 2010), xxiii.

45. Nicholas Epley and David Dunning, "Feeling 'Holier Than Thou': Are Self–Serving Assessments Produced by Errors in Self– Or Social Prediction?" *Journal of Personality and Social Psychology* 79 (2000): 861–875.

46. Hajo Adam and Adam D. Galinsky, "Enclothed Cognition," *Journal of Experimental Social Psychology* 48 (2012): 918–925.

47. Árni Kristjánsson and Gianluca Campana, "Where Perception Meets Memory: A Review of Repetition Priming in Visual Search Tasks," *Attention, Perception, & Psychophysics* 72 (2010): 5–18.

48. Hauke Egermann et al., "Is There an Effect of Subliminal Messages in Music on Choice Behavior?" *Journal of Articles in Support of the Null Hypothesis* 4 (2006): 29–46.

49. Michael Mendl et al., "An integrative and functional framework for the study of animal emotion and mood," *Proceedings of the Royal Society: Biological Sciences* 277 (2010): 2895–2904.

50. Wolfgang Schleidt et al., "The Hawk/Goose Story: The Classical Ethological Experiments of Lorenz and Tinbergen, Revisited," *Journal* *of Comparative Psychology* 125 (2011): 121–133.

51. Vanessa LoBue and Judy S. DeLoache, "Detecting the Snake in the Grass: Attention to Fear Relevant Stimuli by Adults and Young Children," *Psychological Science* 19 (2008): 284–289.

52. Karen E. Adolph et al., "Fear of Heights in Infants?" *Current Directions in Psychological Science* 23 (2014): 60–66.

53. Frank J. Sulloway, *Born to Rebel* (New York: Pantheon, 1996), xiv.

54. Gustavo Deco et al.이 쓴 여러 논문은 휴식 상태의 네트워크 활동을 끌개 동역학으로 표현할 수 있음을 보여주었다.

55. Steve Connor, "Intelligent People's Brains Wired Diff erently to Those with Fewer Intellectual Abilities," *Independent*, September 28, 2005, accessed September 29, 2015, http://www.independent.co.uk/news/science/intelligent-peoples-brains-wired-diff erently-to-thosewith-fewer-intellectual-abilities-says-study-a6670441.html.

56. Suzana Herculano-Houzel and Roberto Lent, "Isotropic Fractionator: A Simple, Rapid Method for the Quantification of Total Cell and Neuron Numbers in the Brain," *The Journal of Neuroscience* 25 (2005): 2518–2521.

57. Colin Freeman, "Did This Doctor Save Nigeria from Ebola?" *The Telegraph*, October 20, 2015, accessed November 27, 2015, http://www.telegraph.co.uk/news/worldnews/11174750/Did-this-doctorsave-Nigeria-from-Ebola.html.

58. Klucharev et al., "Reinforcement Learning Signal Predicts Social Conformity," *Neuron* 61 (2009): 140–151.

59. 이 주장은 로버트 새폴스키Robert Sapolsky가 여러 맥락에서 했다.

60. Benjamin Libet et al., "Time of Conscious Intention to Act in Relation to Onset of Cerebral Activity (Readiness-Potential): The Unconscious

Initiation of a Freely Voluntary Act," *Brain* 106 (1983): 623–642.

61. 이어지는 네 인용문의 출처는 Milan Kundera, *The Joke*(New York: HarperCollins, 1992), 31, 34, 317, 288이다.

62. Christian Salmon, "Milan Kundera, The Art of Fiction No. 81," *The Paris Review*, accessed August 21, 2014, http://www.theparisreview.org/interviews/2977/the-art-of-fiction-no-81-milan-kundera.

63. George Orwell, "Funny, But Not Vulgar," *Leader*, July 28, 1945.

64. 로제타석에 관한 이 이야기의 출처는 다음과 같다: Andrew Robinson, *Cracking the Egyptian Code: The Revolutionary Life of Jean-Francois Champollion* (New York: Oxford University Press, 2012), Kindle edition; Simon Singh, *The Code Book* (New York: Anchor, 2000), 205–214; and Roy and Lesley Adkins, email messages, January 27, 2015.

65. Bruce Hood, *The Self Illusion* (New York: Oxford University Press, 2012), xi.

66. Robb B. Rutledge et al., "A Computational and Neural Model of Momentary Subjective Well-being," *Proceedings of the National Academy of Sciences* 111 (2014): 12252–12257.

67. Ian McGregor et al., "Compensatory Conviction in the Face of Personal Uncertainty: Going to Extremes and Being Oneself," *Journal of Personality and Social Psychology* 80 (2001): 472–488.

68. Katherine W. Phillips, "How Diversity Makes Us Smarter," *Scientific American* (October 1, 2014), accessed October 20, 2015, http://www.scientificamerican.com/article/how-diversity-makes-us-smarter/

69. Frédéric C. Godart et al., "Fashion with a Foreign Flair: Professional Experiences Abroad Facilitate the Creative Innovations of Organizations," *Academy of Management Journal* 58 (2015): 195–220.

70. Paul Theroux, *The Tao of Travel: Enlightenments from Lives on the Road*(New York: Houghton Mifflin Harcourt, 2011), ix.

71. Paul Theroux, *Ghost Train to the Eastern Star* (New York: Houghton Mifflin Harcourt, 2008), 88.

72. Robert Sapolsky, *A Primate's Memoir: A Neuroscientist's Unconventional Life among the Baboons* (New York: Touchstone, 2001), 104.

73. Michael David et al., "Phasic vs. Sustained Fear in Rats and Humans: Role of the Extended Amygdala in Fear vs. Anxiety," *Neuropsychopharmacology* 35 (2010): 105–135.

74. Jennifer Lerner et al., "Fear, Anger, and Risk," *Journal of Personality and Social Psychology* 81 (2001): 146–159.

75. Rachel Nuwer, "Will Religion Ever Disappear?" BBC, December 19, 2014, accessed December 20, 2014, http://www.bbc.com/future/story/20141219-will-religion-ever-disappear.

76. John M. Gottman and Nan Silver, *The Seven Principles for Making Marriage Work* (New York: Random House, 1999).

77. Sara Lazar et al., "Mindfulness Practice Leads to Increases in Regional Brain Gray Matter Density," *Psychiatry Research: Neuroimaging* 191 (2011): 36–43.

78. M. Xue et al., "Equalizing Excitation–Inhibition Ratios across Visual Cortical Neurons," *Nature* 511 (2014): 596–600.

79. Chris Parr, "Imperial College London to 'Review Procedures' after Death of Academic," *Times Higher Education*, November 27, 2014, accessed February 28, 2014, http://www.timeshighereducation.co.uk/news/imperial-college-london-to-review-procedures-afterdeath-of-academic/2017188.article.

80. Harry Jerison, *Evolution of the Brain and Intelligence* (New York:

Academic Press, 1973), 158.

81. Leander Kahney, *Jony Ive: The Genius behind Apple's Greatest Products*(New York: Penguin, 2013).

82. Wendy Joung et al., "Using 'War Stories' to Train for Adaptive Performance: Is It Better to Learn from Error or Success?" *Applied Psychology* 55 (2006): 282–302.

83. Megan Feldman Bettencourt, "The Science of Forgiveness," *Salon*, August 23, 2015, accessed July 24, 2015, http://www.salon.com/2015/08/24/the_science_of_forgiveness_when_you_dont_forgive_you_release_all_the_chemicals_of_the_stress_response/

84. Anna Steidle and Lioba Werth, "Freedom from Constraints: Darkness and Dim Illumination Promote Creativity," *Journal of Environmental Psychology* 35 (2013): 67–80.

85. Joan Meyers-Levy and Zhu Rui, "The Infl uence of Ceiling Height: The Effect of Priming on the Type of Processing That People Use," *Journal of Consumer Research* 34 (2007): 174–186.

86. Marc Roig et al., "A Single Bout of Exercise Improves Motor Memory," *PLoS One* 7 (2012): e44594.

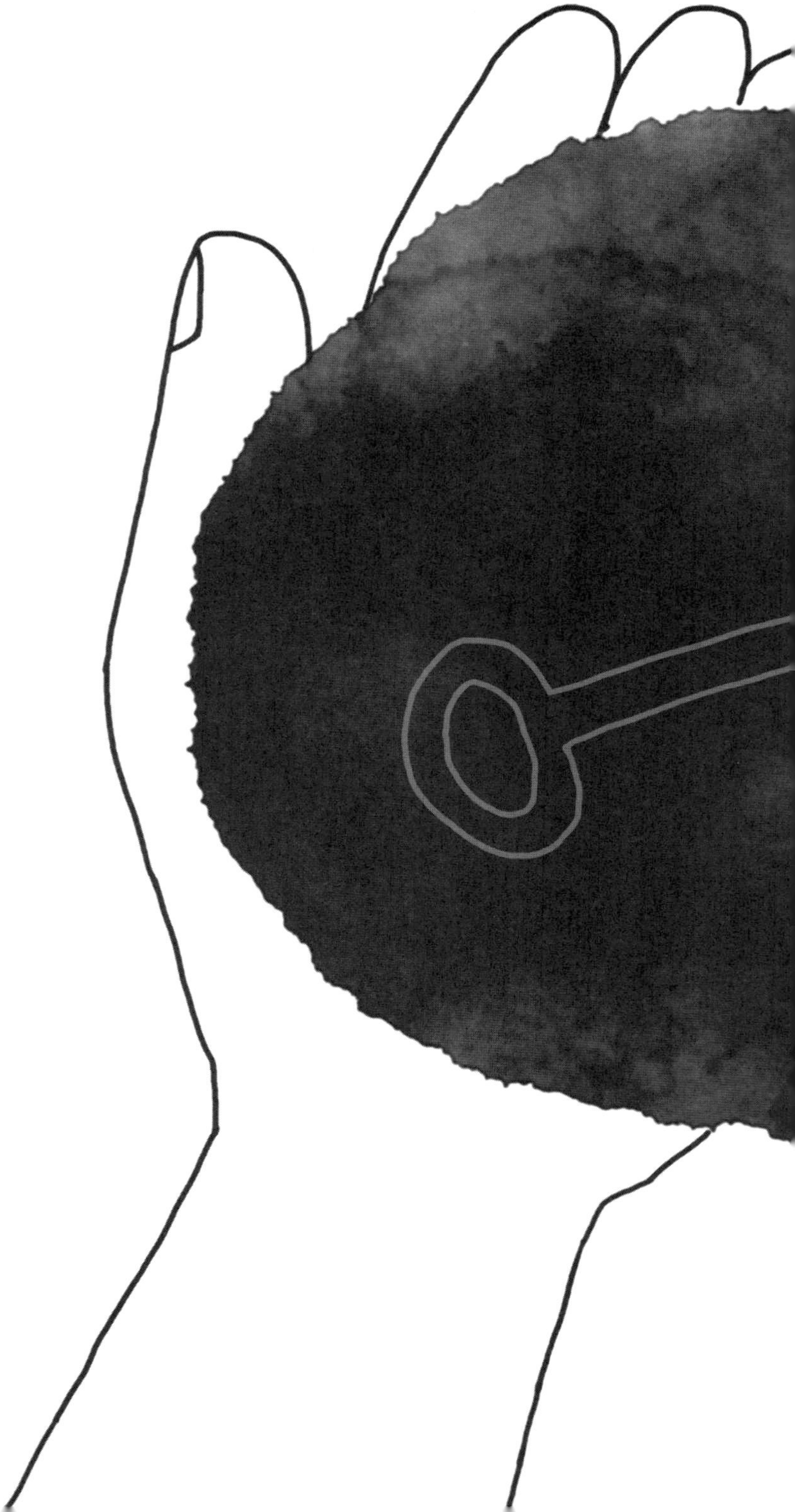

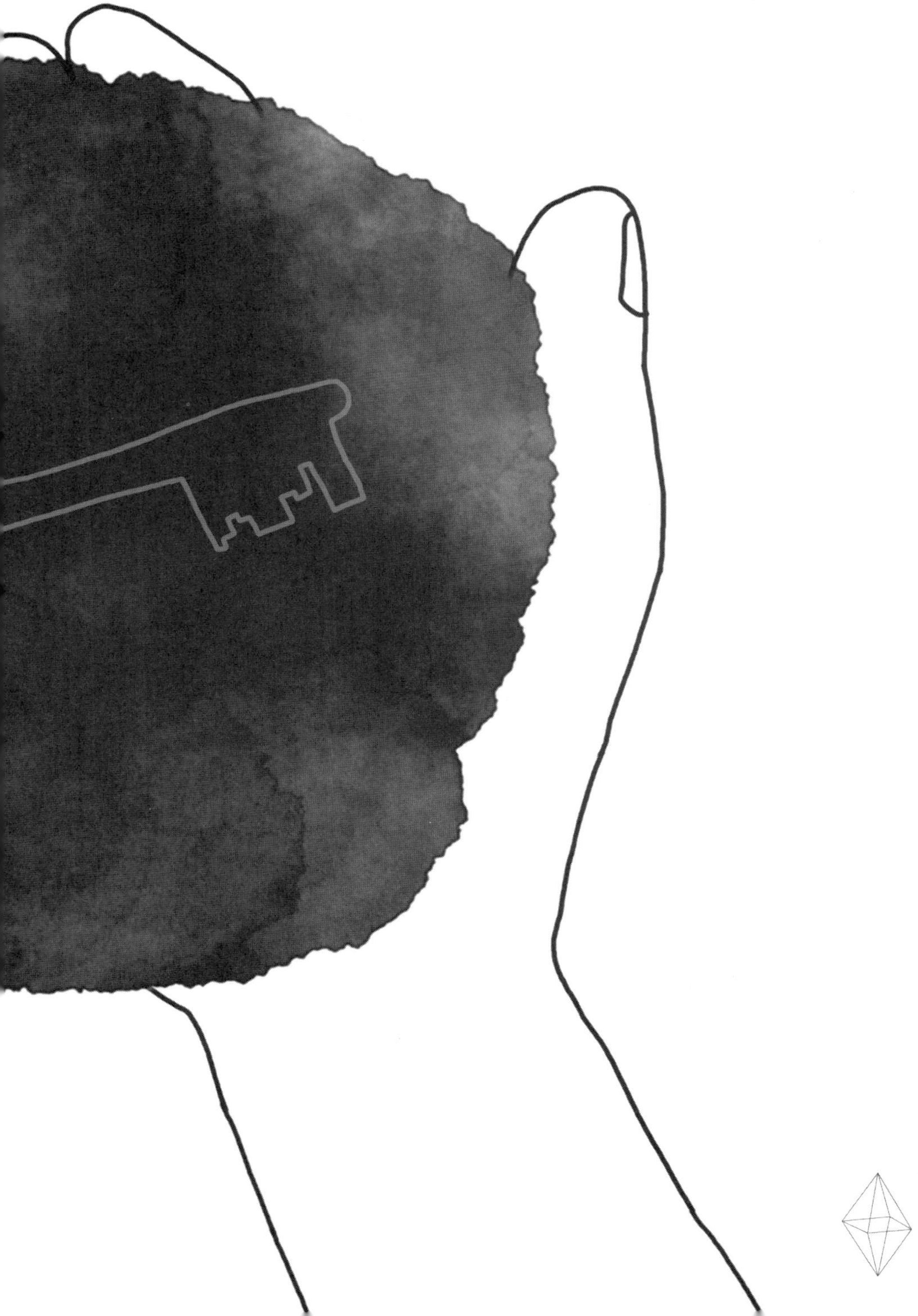

ㅅ

ㅇ

ㅎ

A~Z, 기호

옮긴이 이충호

서울대학교 사범대학 화학과를 졸업했다. 지금은 교양 과학도서의 번역가로 활동하고 있다. 『신은 왜 우리 곁을 떠나지 않았는가』로 제20회 한국과학기술도서(대한출판문화협회) 번역상을 수상했다. 옮긴 책으로는 『사라진 스푼』, 『바이올리니스트의 엄지』, 『뇌과학자들』, 『잠의 사생활』, 『화학이 화끈화끈』, 『와인 전쟁』, 『수학 괴물을 죽이는 법』, 『진화심리학』, 『루시퍼 이펙트』, 『도도의 노래』, 『수상한 내 인생』 등이 있다.

그러므로 나는 의심한다

1판 1쇄 2019년 12월 16일
1판 3쇄 2023년 3월 14일

지은이 보 로토
옮긴이 이충호
펴낸이 김정순
편집 허영수 이보영
디자인 김수진
마케팅 이보민 양혜림 정지수

펴낸곳 (주)북하우스 퍼블리셔스
출판등록 1997년 9월 23일 제406-2003-055호
주소 04043 서울시 마포구 양화로 12길 16-9(서교동 북앤빌딩)
전자우편 henamu@hotmail.com
홈페이지 www.bookhouse.co.kr
전화번호 02-3144-3123
팩스 02-3144-3121

ISBN 979-11-6405-046-8 03400

해나무는 (주)북하우스 퍼블리셔스의 과학 브랜드입니다.